DERRICK CRUMP

Behandlung von Holzoberflächen

DERRICK CRUMP

Behandlung von Holzoberflächen

URANIA

Alle in diesem Buch veröffentlichten Abbildungen und Modelle sind urheberrechtlich geschützt und dürfen nur mit ausdrücklicher schriftlicher Genehmigung des Verlages und der Urheber gewerblich genutzt werden.

Bei der Anwendung im Unterricht oder in Kursen ist auf dieses Buch und den Verlag hinzuweisen.

Die im Buch veröffentlichten Ratschläge wurden von den Autoren und vom Verlag sorgfältig erarbeitet und geprüft. Eine Garantie kann dennoch nicht übernommen werden, ebenso ist eine Haftung der Autoren bzw. des Verlages und seiner Beauftragten für Personen-, Sach- und Vermögensschäden ausgeschlossen.

Bibliografische Information Der Deutschen Bibliothek
Die Deutsche Bibliothek verzeichnet diese Publikation in der Deutschen Nationalbibliografie; detaillierte bibliografische Daten sind im Internet über http://dnb.ddb.de abrufbar.
ISBN 3-332-00921-4

Die Originalfassung erschien 1993 in Großbritannien unter dem Titel: »The Complete Guide to Wood Finishes«.

www.dornier-verlage.de
www.urania-verlag.de
3. Auflage April 2003

Der Urania Verlag ist ein Unternehmen
der Verlagsgruppe Dornier.

Aus dem Englischen übersetzt von Sabine Sarre
Umschlagfoto: Ernst Fesseler
Mitarbeit: Antik Hölzli, Ravensburg
Umschlaggestaltung: Behrend & Buchholz, Hamburg
Satz: Eduard Weishaupt, Meckenbeuren
Printed in Singapore

Wichtiger Hinweis

Das Arbeiten mit Oberflächenmaterialien erfordert große Sorgfalt, denn einige der verwendeten Chemikalien sind giftig und/oder ätzend. Das bedeutet, daß Sie im Umgang mit diesen Materialien einige Vorsichtsmaßregeln unbedingt beachten müssen:
Befolgen Sie immer genau die Hersteller- bzw. Gebrauchsanweisung. Bewahren Sie Chemikalien immer in deutlich gekennzeichneten Gefäßen auf, die sich eindeutig von Lebensmittelbehältern unterscheiden lassen, und lagern Sie sie außerhalb der Reichweite von Kindern.

Die Ratschläge und Informationen zur Behandlung von Holzoberflächen sowie zum Umgang mit den in diesem Buch erwähnten Oberflächenmaterialien, ihrer Verwendung und den damit erzielten Effekten, wurden vom Autor sowie vom Verlag sorgfältig geprüft und erwogen. Jedoch können weder der Autor noch der Verlag und seine Beauftragten für eventuelle Personen-, Sach- und Vermögensschäden irgendeine Haftung übernehmen.

Weitere Bücher zum Thema Holz

Albert Jackson / David Day
Handbuch der Holzbearbeitung
240 Seiten
ISBN 3-332-00926-5

Albert Jackson / David Day
Holzverbindungen
128 Seiten
ISBN 3-332-00927-3

Albert Jackson / David Day
Werkstoff Holz
128 Seiten
ISBN 3-332-00684-3

Albert Jackson / David Day
Werkzeuge zur Holzbearbeitung
128 Seiten
ISBN 3-332-00725-4

Helmut Schubert
Handbuch Schnitzen
160 Seiten
ISBN 3-332-01141-3

Ellinor Schnaus
Möbel restaurieren
160 Seiten
ISBN 3-332-00933-8

Ellinor Schnaus
Oberflächenbehandlung alter Möbel
180 Seiten
ISBN 3-332-00934-6

James Krenov
Die Kunst des Möbelbaus
192 Seiten
ISBN 3-332-01101-4

INHALTSVERZEICHNIS

Kapitel 1: Werkzeuge und Ausrüstung

Kapitel 2: Vorbereitung der Holzoberfläche

Kapitel 3: Grundlegende Oberflächentechniken

Kapitel 4: Dekorative Oberflächengestaltung

Kapitel 5: Spritzlackierte Oberflächen

Kapitel 6: Kleine Holzkunde

Vorwort

Holz sieht stumpf, matt und wenig attraktiv aus, wenn es nicht behandelt ist. Erst durch eine Behandlung seiner Oberfläche kommt die natürliche Schönheit der Holzmaserung richtig zur Geltung, und das Holz wird gleichzeitig geschützt. Über viele Jahrhunderte wurde Holz nur mit Bienenwachs, Ölen oder, um das Holz zu färben, mit einer Mischung aus Pigmenten und Bindemitteln behandelt. Heute steht uns eine riesige Auswahl an Oberflächenmaterialien zur Verfügung. Viele sind nur für ganz spezielle Zwecke, wie z. B. für Fußböden, geeignet. Andere lassen sich sehr vielfältig einsetzen. Und es gibt Oberflächenprodukte, die ausschließlich für die Behandlung von Möbeln und edleren Schreinerarbeiten gedacht sind, weil hier eine erstklassige Oberfläche verlangt wird.

Die Oberflächenbehandlung des Holzes hatte schon immer den Ruf des Geheimnisvollen. Doch mit den uns heute zur Verfügung stehenden modernen Materialien kann sogar der Laie Resultate erzielen, die meistens weitaus besser sind als die Oberflächen von Möbeln aus der Massenproduktion.

Vergessen Sie nicht, daß ein Stück, egal wie gut es gearbeitet ist, immer nach seiner Oberfläche beurteilt wird. Das Holz muß sauber, glatt und fehlerfrei geschliffen sein, denn jeder Mangel oder Fehler wird durch eine Oberflächenbehandlung noch deutlicher sichtbar.

Die wichtigsten Arbeiten der Oberflächenbehandlung sind Kitten, Spachteln, Beizen und das Auftragen des Oberflächenmittels. Eventuell kann auch ein Bleichen nötig sein, um Flecke zu entfernen oder um das Holz aufzuhellen.

Wenn Sie ein ein altes Stück aufarbeiten, und die ursprüngliche Oberfläche ist in sehr schlechtem Zustand, dann müssen Sie es zuerst vollständig abbeizen und die Oberfläche neu aufbauen, so als wäre es aus neuem Holz.

Die Mittel, die auf der Holzoberfläche einen Überzugsfilm bilden, lassen sich in drei Kategorien einteilen. Sie trocknen entweder durch: 1. das Verdunsten der Lösungsmittel, wie bei der Schellackpolitur oder den Nitrozelluloselacken; 2. die Oxidation oder Polymerisation, indem sie den Sauerstoff aus der Luft aufnehmen, wie bei Leinöl und anderen Trockenölen; oder 3. durch

eine Quervernetzung, d. h. das Verbinden der Moleküle nach der Zugabe eines Katalysators, wie bei den säurehärtenden Lacken und den Zweikomponenten-Polyurethanlacken. Letztere ergeben eine höchst strapazierfähige Oberfläche, die unempfindlich gegen Hitze, Lösungsmittel und Abrieb ist.
Bei der Überlegung, welches Oberflächenmittel Sie anwenden wollen, sollten Sie vor allem an den Gebrauch und Nutzen des Stückes denken. Es lohnt sich z. B. nicht, einen teuren Zweikomponentenlack auf eine Wandverkleidung aufzutragen, die nicht der gleichen Abnutzung ausgesetzt sein wird wie ein Fußboden oder eine Tischplatte.
Machen Sie es sich zur goldenen Regel, immer die Herstelleranweisung zu lesen. Verwenden Sie ein Produkt, mit dem Sie noch keine Erfahrung haben, probieren Sie dieses Mittel zuerst auf einem Stück Restholz aus.
In Antiquitäten- und Trödlerläden, auf Auktionen oder Flohmärkten findet man oft alte und manchmal sogar wertvolle Möbel. Solange die Konstruktion des Möbels noch in Ordnung ist, läßt sich die Oberfläche wieder gut aufarbeiten – oft sogar, ohne das Holz abzulaugen. Sie haben danach ein echtes Schmuckstück.
Ich wünsche Ihnen, daß auch Sie solches Glück haben, und bin mir ganz sicher, daß Sie, ob Sie nun alte Möbel restaurieren oder neues Holz bearbeiten, die Behandlung dieser Holzoberfläche als eine interessante und spannende Tätigkeit empfinden.

Ronnie Rustin

Ronnie Rustin

1

Werkzeuge und Ausrüstung

Für die Oberflächenbehandlung braucht man nur wenige besondere Werkzeuge. Ein Schreiner mit einer Grundausstattung wird zusätzlich nur noch einige Pinsel und Lappen benötigen. Ein Anfänger braucht eine Arbeitsfläche und einige Ziehklingen, aber sonst nicht viel mehr.

Die wichtigsten Werkzeuge

SIEHE AUCH

30–32 FURNIER AUSBESSERN

40–43 KITTE UND AUSKITTEN

94–97 MARMORIEREN

Für eine Oberflächenbehandlung benötigt man zwar wenig Werkzeuge, trotzdem wird man sich bei einiger Erfahrung ein umfangreicheres Werkzeugsortiment zulegen. Als Neuling auf diesem Gebiet benötigen Sie nicht unbedingt eine reichlich ausgestattete Werkstatt. Sie brauchen jedoch einige Dinge, die Ihnen anfangs möglicherweise nicht recht einleuchten, die Ihnen aber eine wertvolle Hilfe bei der erfolgreichen Behandlung von Holzoberflächen sein werden.
Ein Skalpell z. B. wird meist sehr unterschätzt. Oft wird nur die Spitze zum Schneiden eingesetzt, doch auch die scharfe Schneide kann sehr nützlich sein, um Spuren von einer Oberfläche zu entfernen. Sehr wichtig ist auch Klebeband, um eine bestimmte Fläche abzudecken, während Sie eine andere behandeln. Kleben Sie die empfindliche Stelle ab und schneiden Sie vorsichtig um die Form herum.
Ein Metallineal ist beim Schneiden gerader Kanten

► **Naturschwamm**
Ein Schwamm eignet sich gut zum Auftragen bestimmter Oberflächenmittel, z. B. beim Marmorieren.

◄ **Handbohrmaschine**
Eine Handbohrmaschine ist sehr nützlich zum Vorbohren von Löchern für kleinere Nägel und Stifte, die das Holz spalten könnten.

▲ **Bügelschraubzwinge**
Eine kleine Zwinge mit 100 mm Spannweite ist für die meisten Arbeiten völlig ausreichend.

► **Lötkolben**
Um Schellackstangen zum Schmelzen zu bringen, reicht eine einfache Ausführung. Vergessen Sie nicht, den Lötkolben nach Gebrauch auszuschalten, und denken Sie daran, daß auch billige Lötkolben sehr heiß werden können.

sehr hilfreich. Beim Durchschneiden von Klebeband sind mehrere Schnitte mit dem Skalpell besser als nur einer. Klebeband läßt sich auch zum Fixieren von kleinen Teilen verwenden, die eingeleimt werden sollen. Verwenden Sie eine kleine Schraubzwinge, falls das Klebeband nicht genügend Anpreßdruck erzeugt.

Andere Werkzeuge, die man sich zulegen sollte, sind ein Naturschwamm, eine kleine Handbohrmaschine und ein kleiner Lötkolben. Naturschwämme eignen sich für den Oberflächenauftrag, vor allem für dekorative Effekte, besser als Kunstschwämme. Die Handbohrmaschine ist sehr hilfreich zum Vorbohren von Löchern für Stifte und Nägel, die das Holz sonst spalten könnten.

► **Spachtel**
Er ist wie geschaffen für das Aufbringen von Kitt. Lassen Sie den Kitt nicht an der Klinge hart werden.

► **Skalpell**
Ein Skalpell ist wichtig zum Schneiden und auch zum Entfernen ungewollter Oberflächenspuren.

▼ **Stecheisen**
Stecheisen sind sehr praktisch, um damit Leim abzustechen, wenn Sie z. B. alte Möbelstücke bearbeiten.

▲ **Klebeband**
Klebeband eignet sich vorzüglich zum schützenden Abkleben einer Fläche, während Sie eine andere bearbeiten.

TÜCHER, WATTE, RUNDPINSEL

- Weiße Lappen, die oft nach Gewicht verkauft werden, sollten aus reiner Baumwolle und ungestärkt sein. Man verwendet sie als Überzug für den Polierballen.
- Trikotstoff wird zum Polieren verwendet, wenn Schleifpaste, Wachs oder Öl aufgetragen wird.
- Sackleinen ist ein grobgewebter Stoff. Er wird zum Auftragen und Abreiben von Porenfüllern verwendet.
- Gute Polierwatte erhalten Sie in Drogerien. Sie dient als Einlage für den Polierballen. Polierwatte ist meist eine langfaserige Mischwatte, denn reine Baumwolle saugt sich zu stark voll.
- Vergolderpinsel sind dicke, weiche Pinsel mit runder Spitze. Für das Beizen oder Streichen von Profilen sind sie oft praktischer als Lappen.
- Eine Lammfellscheibe zum Aufstecken auf eine Bohrmaschine wird zum Schwabbeln von Lackflächen verwendet.

Pinsel für die Oberfläche

SIEHE AUCH

50 – 52 BLEICHEN
58 – 65 SCHELLACK-HANDPOLITUR
84 – 123 DEKORATIVE OBERFLÄCHEN-GESTALTUNG

Pinsel sind ein wesentlicher Bestandteil der Ausrüstung für die Oberflächenbehandlung. Die meisten Werkzeughandlungen bieten hier eine große Auswahl an. Pinsel bestehen aus verschiedenen synthetischen oder natürlichen Borsten. Je höher der Preis, desto besser ist im allgemeinen die Qualität. Langfristig gesehen lohnt es sich auf jeden Fall, Qualitätspinsel zu kaufen. Die Pinsel mit den feinsten Haaren sind am teuersten. Sie bestehen aus Dachs-, Pferde-, Marder-, Kamelhaar oder aus Schweinsborsten. Naturhaarpinsel erzeugen eine feine Oberfläche und haben eine Elastizität, die das aufzutragende Material in den Pinselhaaren festhält. Die Hersteller verwenden oft eine Haarmischung, um den hohen Anforderungen zu entsprechen. Feine, dünne Pinsel aus Marderhaar liefern die besten Ergebnisse.

◄ Kielpinsel
Es sind kleine Flachpinsel zum Retuschieren.

► Vergolderpin
Sie werden für Be Farbe oder Politu wendet, sind in d Größen 2 - 20 erh lich und aus Marc haar oder Schwe borsten geferti

► Modler
Sie werden zum Maserieren von Farb- und Lasuraufträgen verwendet und haben Schweinsborsten.

▼ Malpinsel
Diese feinen Pinsel werden zum Retuschieren und für Marmor- und Maserimitationen verwendet. Es gibt sie in den Größen 2 bis 10. Sie sind aus Kamel- oder Marderhaaren gefertigt.

▼ Drahtbürste
Sie wird zum Öffnen der Poren bei einer gekalkten Oberfläche und zur Vorbereitung des Abbeizens von Profilen und Schnitzereien verwendet.

▲ Dachshaarvertreiber
Sie dienen zum „Dämpfen", d. h. zum Verwischen von Maser- oder Marmoreffekten.

▼ Stupfpinsel
Sie werden vor allem in der Schablonenmalerei eingesetzt. Sie sind wie Rasierpinsel geformt und werden stupfend verwendet.

▼ Künstlerpinsel
Diese Pinsel mit Borsten aus Schweinshaar sind für das Bearbeiten von Profilen und Ecken gedacht.

▼ Mattierbürste
Diese Bürste mit kurzen Schweinsborsten wird zum Mattbürsten von glänzenden Oberflächen benutzt.

▲ Fiberpinsel
Fiber- oder Nylonpinsel sind ideal zum Bleichen. Normale Pinsel aus Tierhaaren sind nicht säurebeständig und verlieren ihre Haare, wenn sie mit Bleichmitteln in Berührung kommen.

◀ Flachpinsel
Sie werden zum Auftragen von Beize, Lasur, Lack und Farbe verwendet. Die Borsten sind aus Schweins- oder Pferdehaar.

▼ Stupfbürste
Kräftige Schweinsborsten eignen sich gut zum Auftupfen von Oberflächenmitteln auf Holz und andere Untergründe, um gepunktete Effekte zu erzielen.

▶ Maserierpinsel
Sie werden beim Maserieren eingesetzt und sind aus Schweinsborsten.

PFLEGE DER PINSEL

- Bewahren Sie Ihre Pinsel in einer Plastiktüte auf.
- Hängen Sie die Pinsel zum Reinigen in ein Lösungsmittel.
- Betrachten Sie Pinsel als Werkzeuge und pflegen Sie sie deshalb sorgfältig, so daß die Haare nicht geknickt oder verbogen werden.

Ziehklingen und Schaber

SIEHE AUCH

18–19 SCHLEIF-MASCHINEN
20–22 SCHLEIFMITTEL
30–32 FURNIER AUSBESSERN

Ziehklingen benutzt man, um allerfeinste Späne abzuheben und dadurch eine glatte Oberfläche zu erreichen. Erfahrene Schreiner verwenden Ziehklingen als Alternative zu immer feiner werdenden Schleifpapieren. Ziehklingen eignen sich vor allem zum Putzen von Flächen mit wilder, unregelmäßiger Maserung, die ein Hobel nur aufreißen würde. Sie eignen sich auch für das Putzen von Furnier, das wegen seiner geringen Stärke besonders empfindlich ist. Sie sind einfacher zu führen als ein Hobel. Für die Bearbeitung von Profilen und Ecken können sie entsprechend geformt sein.
Es gibt zwar viele unterschiedliche Ziehklingen, doch alle bestehen aus einem dünnen Stück Stahlblech und schneiden mit einem Grat und nicht mit einer Schneide wie ein Hobeleisen. Das Anziehen dieses Grats geschieht mit einer Feile und dem Ziehklingenstahl. Eine Ziehklinge muß gut gepflegt und regelmäßig nachgeschärft werden. Sie wird nur dann sauber schneiden, wenn ihre Kante gerade und rechtwinklig ist.

Führen der Ziehklinge

Nehmen Sie die Ziehklinge in beide Hände, mit den Daumen auf der Vorderseite, und schieben Sie sie vorwärts über die Fläche. Man kann eine Ziehklinge auch ziehend führen, wobei die Finger hinter der Klinge den Druck ausüben.

► **Ziehklinge**
Diese Ziehklinge ist die verbreitetste Ausführung. Es handelt sich um einen einfachen, rechteckigen Stahl in der Größe von etwa 10 x 5 cm.

► **Schaber**
Eine Weiterentwicklung der Ziehklinge ist der gekröpfte Schaber, den es in verschiedenen Formen gibt. Seine Klinge hat oft Profilformen und einfache Rundungen.

► **Farbspachtel**
Auch der Farb- oder Malerspachtel zählt zu den Schabern mit denen sich eine Fläche bearbeiten und putzen läßt.

Wie steil eine Ziehklinge gehalten werden muß, wird durch den Winkel des angezogenen Grats bestimmt. Die Ziehklinge kann beim Führen mit den Daumen oder Fingern auch leicht gebogen werden. Das erleichtert den Schnitt, macht den entstehenden Span aber auch schmaler. Achten Sie jedoch darauf, daß Sie nicht zuviel Material entfernen.

HINWEISE UND TIPS

- Ein Tropfen Öl oder Speichel auf dem Ziehklingenstahl hilft beim Anziehen des scharfen Schneidgrats.
- Probieren Sie verschiedene Winkel beim Schärfen und Führen aus.
- Auch Glasscherben sind gute Schaber. Ihre Kanten sind aber sehr schnell stumpf und auch gefährlich.

◄► Ziehklingenhobel
Bei diesen Hobeln ist die Stahlklinge zwischen zwei Griffen fest eingespannt und läßt sich bis zum Ende verbrauchen.

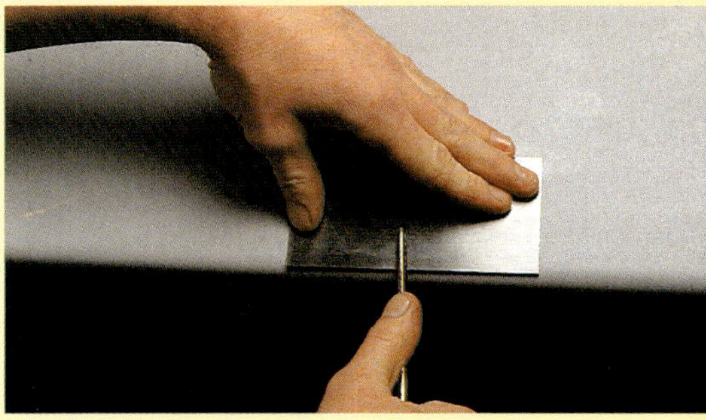

Das Schärfen einer Ziehklinge

▲ **1** *Feilen Sie die Kanten der Ziehklinge gerade und streichen Sie dann mit einem Ziehklingenstahl über die Fläche, um den alten Grat zu entfernen. Jetzt kann ein neuer Grat angezogen werden.*

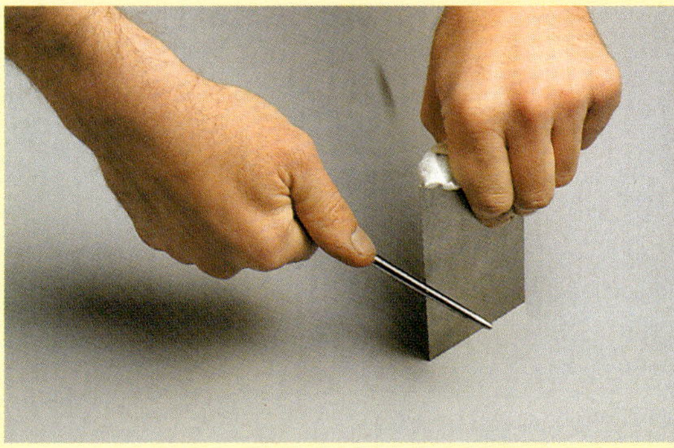

▲ **2** *Halten Sie die Ziehklinge gut fest oder spannen Sie sie in einen Schraubstock. Nun fahren Sie mit dem Ziehklingenstahl über die Kante. Wenn sich der neue Grat gebildet hat, drehen Sie den Ziehklingenstahl ein wenig, um dem Grat eine „Nase" von etwa 5° zu geben.*

▲ **Führen der Ziehklinge**
Halten Sie die Ziehklinge so, daß Ihre Finger auf der Rückseite und die Daumen auf der Vorderseite liegen. Neigen Sie sie vom Körper weg und biegen Sie mit den Daumen die Klinge ein wenig rund, während Sie sie nach vorn schieben.

Schleifmaschinen

SIEHE AUCH

20 – 22
SCHLEIFMITTEL

168 – 169
GESUNDHEIT
UND SICHERHEIT

Mit Schleifmaschinen läßt sich Material schnell abnehmen und eine glatte Oberfläche erzeugen. Es gibt sie in verschiedenen Ausführungen und Größen sowie als handgeführte oder feststehende Maschinen. Handgeführte Maschinen werden mit Strom, Akku oder Druckluft angetrieben. Feststehenden Maschinen sind in der Regel Band- oder Scheibenschleifmaschinen. Die Schleifbänder gibt es in verschiedenen Längen und Breiten. Auch Drehbänke lassen sich häufig mit Schleifscheiben ausstatten. Jedoch darf ein fast fertiggestelltes Werkstück nur noch mit einer Schleifmaschine feingeschliffen werden. Handbandschleifer sind sehr leistungsstarke Maschinen, mit denen man ein Furnier allerdings sehr schnell durchschleifen kann. Sie hinterlassen deutliche Schleifspuren, wenn man sie quer zur Faser einsetzt. Mit Schwingschleifern kann man längs und quer zur Faser schleifen, doch sollte man nur längs zur Faser arbeiten. Ein wichtiger Bestandteil jeder Schleifmaschine ist die Absaugvorrichtung. Tragen Sie während des Schleifens eine Staubmaske, vor allem dann, wenn die Schleifmaschine keine Absaugvorrichtung hat.

▼ **Exzenterschleifer**
Die gröbsten Schleifblätter dieser Maschinen (etwa bei Winkelschleifern) zerkratzen das Holz, das oberflächenbehandelt werden soll, zu stark und hinterlassen deutliche Schleifringe. Exzenterschleifer sind aber sehr nützlich zum Glätten runder Oberflächen. Sind sie mit einem Gummischleifteller versehen, können Sie den Formen eines Werkstücks folgen wie mit keiner anderen Schleifmaschine. Es gibt verschiedene walzenförmige Schleifzubehörteile, die auf eine Bohrmaschine aufgesetzt werden können. Sie sind bei Drechslern sehr beliebt, um damit Werkstücke auf der laufenden Drehbank bearbeiten zu können.

◄ Schleifzubehör für Bohrmaschinen
Zubehörartikel wie diese sind zum Schleifen von gedrechselten Teilen und Profilen geeignet.

▼ Bandschleifer
Der Vorteil eines Bandschleifers ist es, schnell viel Material von einer großen Fläche abtragen zu können. Mit Hilfe eines Bandschleifers lassen sich auch Farbanstriche schnell und effektiv entfernen. Schalten Sie einen Bandschleifer nie ein, wenn er das Werkstück berührt. Heben Sie ihn auch immer vom Werkstück ab, bevor Sie ihn ausschalten. Denken Sie daran, daß es beim Aufsetzen des Bandschleifers auf eine Oberfläche einen plötzlichen Ruck geben wird.

◄ Schwingschleifer
Einige Hersteller bieten auch kleinere Einhand- und Akkugeräte an, aber die gebräuchlichsten Schwingschleifer sind auf eine genormte Schleifblattgröße ausgelegt. Die Schleifplatte wird durch den Antrieb in eine elliptische oder kreisförmige Bewegung versetzt. Obwohl ihre leichte Handhabung die Maschinen für Oberflächenarbeiten sehr geeignet macht, hinterlassen sie doch oft feine Schleifkringel. Die besseren Ausführungen dieser Maschinen haben ein Absaugsystem, das den Staub von der Schleiffläche absaugt und so das Zerkratzen verringert.

Schleifmittel

SIEHE AUCH

18–19 SCHLEIF-MASCHINEN

26–27 DRUCKSTELLEN UND KRATZER

30–31 FURNIER AUSBESSERN

Heute werden als Schleifmittel nicht mehr nur Schleif- oder sogar Glaspapier, sondern alle möglichen anderen Materialien eingesetzt. Es gibt nicht nur Schleifpapiere mit Papierrücken, sondern auch mit Gewebe, Pappe und Klettverschluß als Kornträger. Das billige, früher überall erhältliche Glas-Schleifpapier (meist braun und aus zerbrochenem Flaschenglas hergestellt) wird heute kaum noch verwendet.

Es werden inzwischen verschiedene bessere Schleifmittel angeboten, die man auf ihre Tauglichkeit für die eigene Arbeit prüfen sollte.

Schleifmittel werden nach ihrer Körnung unterteilt, die als Nummer auf der Rückseite jedes Schleifblatts steht. Je niedriger diese Nummer ist, desto gröber ist die Körnung. Man wird nur selten ein Schleifmittel mit einer gröberen Körnung als 80 benötigen. Die Körnung 240 am anderen Ende der Skala ist sehr fein und reicht für die Vorbereitung einer Holzfläche völlig aus. Zwischen zwei Aufträgen kann eventuell mit einer feineren Körnung zwischengeschliffen werden. Denken Sie aber daran, daß beim Schleifen mit einer Maschine die Wirkung des Schleifpapiers größer ist, als wenn Sie mit der Hand schleifen. Bei der Behandlung von Holzoberflächen spricht man oft von Vor- und Feinschliff und meint damit die Reihenfolge der Körnungen von grob zu fein. Drei Korngrößen sind dazu meist ausreichend: Beginnen Sie mit Körnung 100, weiter mit Körnung 180 und schließlich Körnung 240.

Granat

Granat ist ein häufig verwendetes Universalschleifmittel. Es ist

Schleifpapiere

1 *Schleifvlies für das Schleifen von runden Flächen.*
2 *Schmirgelpapier für rauhe Holzoberflächen sowie zum Zwischenschleifen.*
3 *Zum Zwischenschleifen bei zwei Lackaufträgen wird selbstschmierendes Siliziumkarbid-Schleifpapier verwendet.*
4 *Verwenden Sie Glaspapier zum Schleifen von rohem Holz.*
5 *Feines Granatschleifpapier für Holz- und Lackschliffe.*

selbstschärfend, denn bei jedem zerbrochenen Korn entstehen neue scharfe Kanten. Obwohl Granat gleichbleibend schleift, ist es ratsam, ab und zu mit dem Schleifpapier über eine Eichen- oder Metallfläche zu fahren, bevor man es zum Schleifen einer feinen Oberfläche verwendet. Die Granatkörnung ist scharf und kann sonst tiefe Kratzspuren hinterlassen. Granatschleifpapier sollte nur für den Handschliff verwendet werden, denn die Haftung des Granatkorns auf dem Träger ist nicht so stark, daß sie für einen Maschinenschliff geeignet ist. Ein Granatschleifmittel kann bei rohem oder behandeltem Holz eingesetzt werden.

◀ Bimsmehl
Verwenden Sie Bimsmehl zum Mattieren und zum Zwischenschleifen beim Polieren. Reiben Sie das Bimsmehl mit einer Mattierbürste oder einem sauberen Tuch über die Fläche.

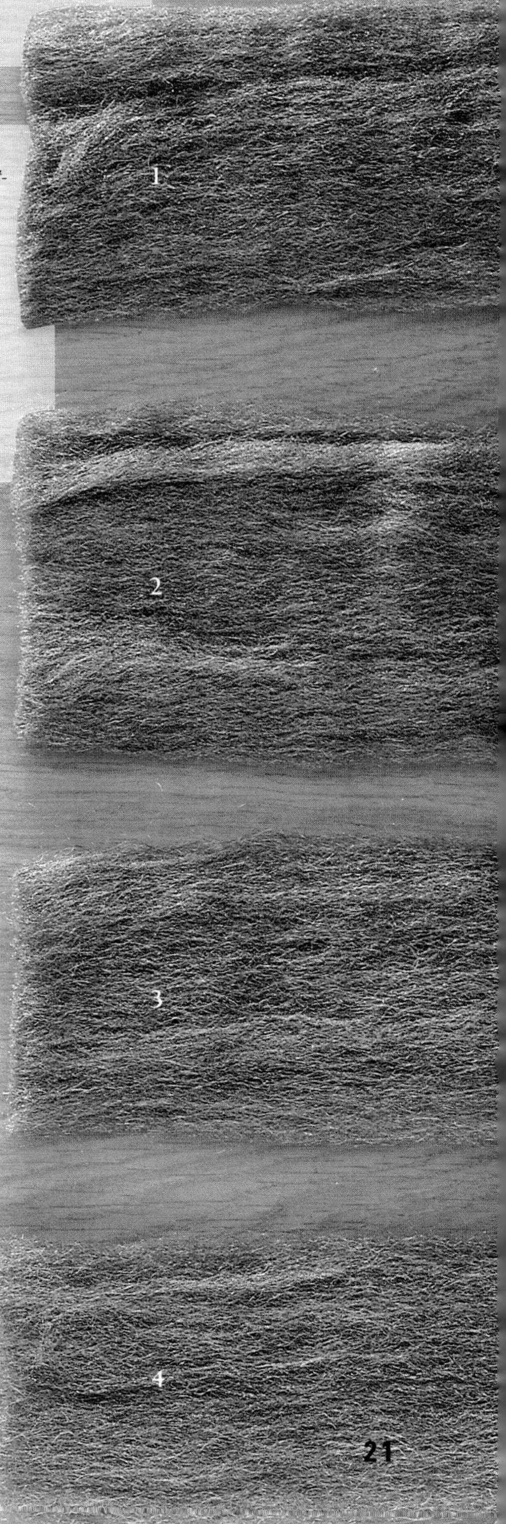

Stahlwolle
1. *Nr. 0 dient zum Mattschleifen mit Wachs.*
2. *Nr. 00 ist für eine seidenglänzende Oberfläche geeignet.*
3. *Nr. 000 für sehr feine Matteffekte.*
4. *Nr. 0000 ist so fein, daß sich eine glänzende Oberfläche erzeugen läßt.*

▲ Korkschleifklotz
Verwenden Sie einen Schleifklotz aus Kork zum Handschleifen ebener Flächen. Legen Sie das Schleifpapier um den Klotz und arbeiten Sie damit längs zur Holzfaser. So erhalten Sie eine gleichmäßig glatte Oberfläche.

6 *Grobes Granatschleifpapier wird für den Vorschliff verwendet.*
7 *Grobes Elektrokorund-Schleifpapier eignet sich für den Vorschliff, feines Korundpapier für Zwischenschliffe.*

TIPS

- Schleifpapier können Sie zerschneiden, falten oder abreißen. Es ist in genormten Breiten auf Rollen oder als Bogen erhältlich.
- Schleifen Sie beim Handschliff immer mit gleichmäßigem Druck.
- Verwenden Sie für ebene Flächen einen Schleifklotz aus Kork, Holz oder Gummi.
- Rund oder hohl geformte Schleifklötze machen das Schleifen gekrümmter Flächen einfacher.
- Greift das Schleifmittel die Oberfläche zu stark an, ziehen Sie es kurz über eine Hartholz- oder Metallfläche.
- Falten Sie das Schleifpapier nie so zusammen, daß die Schleifflächen aufeinander zu liegen kommen.
- Klopfen Sie Schleifpapier aus, wenn es mit Staub zugesetzt ist.
- Wenn Sie eingedrückte Fasern aufstellen wollen, wässern Sie das Holz und schleifen die Fläche nach dem Trocknen glatt.
- Überprüfen Sie die Holzfläche immer wieder in schräg einfallendem Licht, um Fehlerstellen zu erkennen.

Aluminiumoxid

Aluminiumoxid (Elektrokorund) ist als Universalschleifmittel die Alternative zu Granat. Es wird auf verschiedenen Trägermaterialien geliefert und kann für den Maschinen- und für den Handschliff eingesetzt werden.
Bei schweren Schleifarbeiten und bei Schwingschleifern sollten Sie Aluminiumoxid mit einem kräftigen Trägerpapier verwenden. Seine offene Streuung gewährleistet eine rasche Materialabnahme, ohne daß sich das Papier zusetzt. Für eine feine, glatte Oberfläche ist ein Schleifpapier, das kaum stopft, am geeignetsten. Auf Gewebe aufgeleimtes Aluminiumoxid ist widerstandsfähiger und wesentlich elastischer als Schleifpapier mit Papierträger. Setzen Sie Schleifpapier mit Gewebeseite ein, wenn Sie mit einem Exzenter- oder Winkelschleifer arbeiten. Verwenden Sie es außerdem für Arbeiten mit weichen oder pneumatischen Schleifwalzen, die sich ausgezeichnet für das Schleifen von Konturen eignen.

Siliziumkarbid

Besonders beim Schleifen zwischen zwei Oberflächenaufträgen dürfen keine Kratzer entstehen. Mit Seife und Wasser oder Terpentinersatz können Sie solche Kratzer vermeiden. Als moderne Alternative dazu haben die Hersteller ein Siliziumkarbidpapier mit einem Pulver entwickelt, das die Lücken zwischen den Schleifkörnern ausfüllt und so das Risiko des Zustopfens und Kratzens verringert. Dieses Schleifpapier eignet sich für den Hand- und den Maschinenschliff.

Stahlwolle

Eine Alternative zum Schleifpapier ist die Stahlwolle, die den Vorteil hat, daß sie sich nicht zusetzt. Es gibt sie in verschiedenen Schleifgraden.

Das Handschleifen

▲ **1** *Wischen Sie mit einem feuchten Tuch über die Fläche, damit sich die Holzfasern aufrichten.*

▲ **2** *Schneiden Sie das Schleifpapier in der benötigten Größe zu und legen Sie es straff um einen Korkschleifklotz.*

▲ **3** *Schleifen Sie mit gleichmäßigem, nicht zu starkem Druck und folgen Sie dem Faserverlauf des Holzes.*

Die Werkstatt

SIEHE AUCH

10–11 WERKZEUGE UND AUSRÜSTUNG
168–169 GESUNDHEIT UND SICHERHEIT

OPTIMALE LAGERUNG

- Schaffen Sie in der Werkstatt viel Lagerplatz, um Werkzeuge und Materialien unterzubringen. Feuergefährliche Oberflächenmittel müssen in einem abschließbaren Schrank gesondert gelagert werden.
- Besorgen Sie sich luftdicht abschließbare Behälter zur Aufbewahrung von Polier- und Watteballen, die sie weiterbenutzen wollen. Verwenden Sie niemals Lebensmittelbehälter oder Milchflaschen. Beschriften und datieren Sie die Behältnisse. Halten Sie für die Abfälle, die sicher entsorgt werden müssen, immer einen verschließbaren Behälter bereit.

Die Einrichtung der Werkstatt ist mitentscheidend für die Bearbeitung von Holzoberflächen. Die Werkstatt muß trocken, warm und möglichst hell sein. Für Werkbänke und Lagerräume gibt es zahlreiche Hilfsvorrichtungen und Tricks, die die Oberflächenbehandlung wesentlich vereinfachen.
Wahrscheinlich werden Sie Ihre Werkstatt nicht nur für Oberflächenarbeiten nutzen. Deshalb sind Probleme mit dem anfallenden Staub fast unvermeidlich. Ein guter Abzug oder ein Industriestaubsauger schaffen weitgehend Abhilfe. Sorgen Sie aber dafür, daß es in der Werkstatt nicht zieht und daß sie möglichst sauber ist.

Heizung und Belüftung

Die Herstellerfirmen der meisten Oberflächenmaterialien empfehlen für die Verarbeitung ihr Produkte eine Mindesttemperatur von 16 °C. Trocknet eine Oberfläche nicht innerhalb des empfohlenen Zeitraums, können Fehler in der Oberfläche auftreten.
Alle benötigten Materialien sollten mindestens eine Stunde vor Arbeitsbeginn in der Werkstatt temperiert werden.
Ist es sehr kalt, oder ist die Werkstatt nicht beheizbar, verwenden Sie starke wärmeabstrahlende Lichtquellen oder einen Fön, um die Oberfläche optimal vorzuwärmen (Holz hält die Temperatur erstaunlich lange!).
Oberflächenmittel müssen bei ihrer Verarbeitung flüssig sein, sie sind allerdings sehr kälteempfindlich. Fließen und verlaufen sie nicht, bleiben Pinselspuren auf der Oberfläche sichtbar. Achten Sie darauf, daß in der Werkstatt kein Durchzug herrscht. Sorgen Sie aber für eine gute Belüftung, um die Kondensation gering zu halten.

Beleuchtung

Bei der Behandlung einer Oberfläche müssen Sie ständig die Farbwirkung und ihren Oberflächenglanz beobachten. Dazu brauchen Sie gute Lichtverhältnisse. Die beste Lichtquelle ist natürlich das Tageslicht, das Farbnuancen und Schattierungen sichtbar macht. Das ist vor allem bei Farbangleichungen wichtig. Wenn möglich, sollte das Licht von Norden her einfallen. Direktes Sonnenlicht ist nicht zu empfehlen, da es schwierig ist, bei grellem Licht eine Farbe richtig zu beurteilen. Die beste Alternative zum Tageslicht sind Leuchtstoffröhren oder Leuchten, die ein „natürliches Licht“ abgeben.

Trockengestelle

Ein wichtiger Bestandteil jeder Werkstatt ist das Trockengestell. Es kann fest installiert oder beweglich sein. Wichtig dabei ist, daß die Luft zwischen den einzelnen Werkstücken gut zirkulieren kann, während sie trocknen. Lange Dübel, in senkrechte Pfosten eingelassen, eignen sich gut als Trockengestell. Zwischen den einzelnen Dübeln muß aber mindestens ein Abstand von 10 cm sein. Die Konstruktion eines Trockengestells hängt von der Art der auszuführenden Arbeiten ab.

Die Werkbank

Eine auf Böcken liegende starke Holzplatte kann als Werkbank ausreichen. Sie können so kleinere Werkstücke und Platten in einer angenehmen Höhe bearbeiten, während Sie zur Bearbeitung großer, frei stehender Stücke diese Werkbank abbauen können. Schneiden Sie sich einige schmale Holzstreifen als Unterleghölzer zu, auf denen Sie dann flache Teile auflegen können.

2

Vorbereitung der Holzoberfläche

Jede Oberflächenbehandlung ist so gut wie ihre Vorbereitung. Eine glatte und saubere Holzoberfläche ist Voraussetzung. Schauen Sie sich die Fläche genau an. Bei einiger Erfahrung werden Sie ein Gefühl dafür bekommen, ob die Oberfläche ausreichend vorbereitet ist.

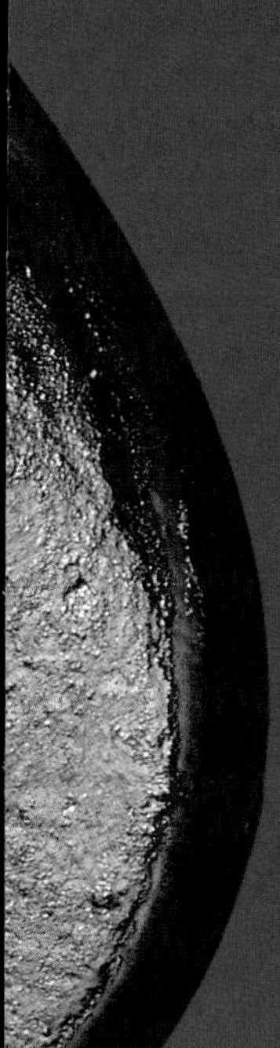

Druck-stellen und Kratzer

SIEHE AUCH

18–19 SCHLEIF-MASCHINEN

30–32 FURNIER AUSBESSERN

40–43 KITTE UND AUSKITTEN

80–83 ALTE OBERFLÄCHEN AUFFRISCHEN

Vertiefungen in der Holzoberfläche entstehen entweder durch eingedrückte Holzfasern (Druckstellen und Dellen) oder, bei Kratzern, durch gerissene Holzfasern. Diese Fehler müssen vor dem Schleifen beseitigt werden. Sind es tiefe Dellen oder Kratzer, so ist es besser, diese Stellen anzuheben, als zu versuchen, sie herauszuschleifen. Schleift man zu stark, entsteht oft eine unebene Fläche. Bei einem furnierten Werkstück kann dabei sogar das Furnier durchgeschliffen werden.
Beim Anheben von Druckstellen werden die eingedrückten Holzfasern mit Wärme und Dampf aufgequollen. Durch die Ausdehnung der Fasern wird die Fläche wieder eben. Dies gelingt schlecht, wenn die Holzfasern stark zerstört sind, oder bei Kratzern quer zur Faser. Das Dämpfen reduziert aber den Aufwand bei Kitt- oder Schleifarbeiten.

Das Dämpfen

Legen Sie ein feuchtes Tuch über die beschädigte Stelle und drücken Sie mit einem heißen Bügeleisen sanft darauf. Dabei entsteht Dampf. Hebt sich die Druckstelle nicht gleich beim ersten Versuch, wiederholen Sie den Vorgang so lange, bis die Stelle eben ist. Feuchten Sie das Tuch dabei jedesmal neu an. Bei Kanten oder Profilen müssen Sie vorsichtig arbeiten, da man diese Stellen eher als ebene Flächen beschädigt oder sogar verbrennt. Doch leider sind genau diese Stellen besonders oft reparaturbedürftig.

Hochdämpfen einer Delle

▲ **1** *Ein Bilderrahmen vor dem Ausbügeln der Druckstelle. Profile und Ecken sind meist besonders betroffen, da sie vorstehen und ihre nach außen gewölbten Formen schneller beschädigt werden können. Mit dem Ausbügeln können Sie Kratzer kaum beseitigen. Die meisten anderen Beschädigungen lassen sich so aber gut beseitigen. Alte Anstriche oder Lacke müssen vorher gründlich entfernt werden.*

▲ **2** *Feuchten Sie die Fläche um die Delle herum mit einem nassen Tuch an. Achten Sie immer darauf, daß Wasser und Tuch sauber sind, da sonst Flecke auf dem Holz entstehen können. Nehmen Sie ein sauberes, weißes Tuch, auf keinen Fall aber eines, das zuvor zum Beizen benutzt wurde. Drücken Sie das Tuch auf die entsprechende Stelle, so daß das Wasser in die Holzfasern eindringt und nicht nur abläuft. Feuchten Sie keine zu große Fläche an, sonst können sich Furnier und Verbindungen lösen.*

◀ **Der reparierte Rahmen**
Nachdem Sie die Delle herausgedämpft haben, lassen Sie die Fläche trocknen und schleifen die Stelle dann mit feinem Schleifpapier glatt.

◀ **3** *Legen Sie das feuchte Tuch über die Druckstelle. Falten Sie das Tuch am Anfang nur einmal. Wenn Sie merken, daß es so zu schnell austrocknet, falten Sie das Tuch noch einmal zusammen. Sie können auch die Temperatur des Bügeleisens senken. Verwenden Sie kein zu dünnes Tuch, da sonst Brandflecke oder auch weitere Druckstellen entstehen können.*

◀ **4** *Drücken Sie das Bügeleisen auf das feuchte Tuch. Die Feuchtigkeit darf allerdings nicht verdampfen, bevor sie in das Holz eingedrungen ist. Drükken Sie auf das Bügeleisen, bis kein Dampf mehr entsteht. Nehmen Sie dann Bügeleisen und Tuch weg, um die Druckstelle zu begutachten. Ist sie noch nicht ausgeglichen, wiederholen Sie den Vorgang mit einem frisch angefeuchteten Tuch. Lassen Sie die Oberfläche vor einer weiteren Bearbeitung gut trocknen.*

HINWEISE UND TIPS

- Überschüssiges Wasser läßt sich mit dem Bügeleisen entfernen. Halten Sie aber eine Menge trockener Lappen bereit.
- Vermeiden Sie einen direkten Kontakt des Eisens mit dem Werkstück.

WICHTIG

Sicherheit

Schaffen Sie Platz, damit Sie das heiße Bügeleisen sicher abstellen können.

Material

- Bügeleisen
- Weiße oder farbechte Lappen
- Wasser

Geeignete Oberflächen

Weiches Nadelholz reagiert beim Dämpfen schneller als Hartholz. Bei weicheren Holzarten ist der Unterschied zwischen harten und weichen Jahresringen jedoch markanter. Überprüfen Sie, ob Sie die Druckstelle ausgleichen konnten.

Das Hochdämpfen tiefer Dellen gelingt besser bei Massivholz. Bei Furnieren kann der Leimfilm als Dampfsperre wirken, so daß die Fasern des Trägermaterials nicht so gut aufquellen.

Probleme

Sind die Holzfasern gerissen, muß ausgekittet und geschliffen werden.

Trockenzeit

Dellen können relativ schnell hochgedämpft werden. Lassen Sie die Oberfläche vor einer Weiterbearbeitung gut trocknen.

Kürschner leimen

SIEHE AUCH

16–17
ZIEHKLINGEN UND SCHABER
18–19
SCHLEIF-MASCHINEN
30–32
FURNIER AUSBESSERN

Furnierblasen, in der Schreinersprache Kürschner genannt, entstehen durch Luftblasen unter dem Furnier oder durch einen fehlerhaften Leimauftrag. Um diesen Fehler zu beseitigen, muß die Blase geöffnet werden, damit die Luft herauskann. Danach kann das Furnier mit Leim wieder an das Trägermaterial gepreßt werden.
Alte Möbel haben häufig auch aufstehende Fugen. Man findet sie meist an Stoßstellen zwischen Furnierstreifen oder an Plattenkanten. Diese aufstehenden Fugen werden genauso wie Kürschner beseitigt. Die Trägerplatte muß allerdings völlig trocken sein.

Das Aufleimen

Spritzen Sie den Leim mit Hilfe einer Injektionsspritze unter das Furnier. Drücken Sie nicht zu viel Leim in die Blase, da der Leim nur schlecht wieder herausquellen kann und eventuell unter die noch bestehende Leimung gepreßt wird. Oft ist es hilfreich, ein winziges Loch in die Blase zu bohren und die Spritze dort anzusetzen.
Sie können die Blase auch mit einem Furniermesser oder Skalpell aufschneiden. Bringen Sie den Leim unter das Furnier und drücken Sie es dann mit einem heißen Bügeleisen flach. Um das Furnier vor Verbrennungen zu schützen, legen Sie Papier zwischen das Bügeleisen und die Werkstückoberfläche.
Ist die geleimte Blase trocken, schleifen Sie leicht darüber oder verwenden eine Ziehklinge, um etwaige Leimspuren zu beseitigen (s. Seite 16–17). Wurde die Blase mit einem Messer aufgeschnitten, kann eine entstandene leichte Überlappung des Furniers beigeschliffen werden.

TIPS

- Schneiden Sie mit einem scharfen Messer in Faserrichtung.
- Legen Sie beim Anpressen Wachspapier auf das Furnier, so daß die Oberfläche nicht aufreißt.
- Verwenden Sie zum Anpressen Zwingen, sollten Sie freitragende Bereiche, etwa Schubladenhohlräume, überbrücken.

Das Leimen von Kürschnern

▲ **1** *Blasen entstehen, wenn das Furnier nicht richtig angepreßt wurde oder sich unter dem Furnier eine Luftblase gebildet hat. Um solche Blasen zu finden, streichen Sie mit der Hand über die Fläche oder klopfen Sie mit den Fingerspitzen auf das Furnier. Achten Sie dabei auf ein hohles Geräusch. Kürschner lassen sich nicht durch Schleifen entfernen. Man würde dabei das Furnier durchschleifen. Es muß neu geleimt werden.*

▲ **2** *Schneiden Sie die Blase mit einem scharfen Skalpell oder einem Furniermesser auf, damit die Luft entweicht und Sie neuen Leim angeben können. Schneiden Sie immer in Faserrichtung und folgen Sie dabei, wenn möglich, der Maserung. Versuchen Sie, das Furnier mit einem Schnitt zu durchtrennen. Schneiden Sie dabei nicht in die Trägerplatte.*

▲ **3** *Heben Sie eine Seite der aufgeschnittenen Blase mit der Spitze des Messers an und spritzen Sie Leim darunter. Geben Sie nur soviel Leim wie nötig an, um die Blase nicht aufzublähen. Der heute dazu verwendete Weißleim (PVAC) ist einfacher in der Anwendung als der früher benutzte Knochenleim.*

▲ **4** *Falls Sie keine Injektionsspritze haben, schieben Sie den Leim mit der Messerspitze unter das Furnier. Verteilen Sie den Leim unter dem Furnier. Verwenden Sie ein Messer speziell für diesen Zweck, denn der Leim läßt sich nur schlecht von der Klinge entfernen und macht das Messer schnell stumpf.*

▲ **5** *Wischen Sie den herausquellenden Leim mit einem feuchten Tuch gründlich ab. Auf der Oberfläche eingetrockneter Leim bleibt oft sogar nach sorgfältigem Schleifen noch sichtbar. Wischen Sie den Leim ab, solange er noch feucht ist.*

▲ **6** *Verwenden Sie eine Zwinge, um das Furnier herunterzupressen, während der Leim trocknet. Legen Sie ein Stück Papier über die Blase, damit der herausquellende Leim nicht an der Zwinge festklebt. Dünne Holzzulagen zwischen dem Papier und dem Zwingenkopf verhindern Druckstellen. Befindet sich der Kürschner in der Mitte einer Platte, und läßt er sich mit einer Zwinge nicht erreichen, dann pressen Sie ein heißes Bügeleisen darauf, bis die Stelle völlig eben ist. Auch hierbei verhindert ein Stück Papier, daß der Leim am Eisen festklebt. Überprüfen Sie zum Schluß die Fläche auf weitere Kürschner.*

WICHTIG

Werkzeug und Materialien

- Furniermesser oder Skalpell
- Weißleim
- Bügeleisen
- Injektionsspritze
- Zwingen oder Gewichte
- Papier

Vorsichtsmaßnahmen

Vermeiden Sie Leimspuren auf einer furnierten Fläche. Wischen Sie Leim immer sofort weg.

Prüfen Sie, ob sich das Furnier durch den verwendeten Leim verfärbt, indem Sie dies an einer nicht sichtbaren Stelle testen.

Probleme

Zu starke Hitze kann das unbeschädigte Furnier lösen.

Geeignete Oberflächen

Furniere mit gerader Maserung lassen sich am besten mit einem Messer aufschneiden. Bei Maser- oder Riegelfurnieren ist der Schnitt anschließend nicht mehr sichtbar.

Trockenzeit

Drücken Sie das Bügeleisen nur etwa 30 Sekunden auf die Fläche.

Furnier ausbessern

SIEHE AUCH

28 – 29
KÜRSCHNER
LEIMEN

40 – 43
KITTE UND
AUSKITTEN

Ist ein Furnier an einer Stelle zu stark beschädigt, muß es ausgebessert, d. h. ein Flicken passenden Furniers neu eingesetzt werden. Dazu ist es wichtig, ein in Farbton und Maserung gut passendes Furnier zu wählen und das Flickstück so zu schneiden, daß sein Maserverlauf mit dem übrigen Furnier übereinstimmt und die Stoßfuge nicht sichtbar ist. Denken Sie daran, daß für die Anpassung des Furnierstücks sein Maserverlauf genauso wichtig ist wie seine Farbe. Wurde das Werkstück vorher nicht abgebeizt, müssen Sie beachten, daß der eingesetzte Flicken anfangs etwas heller ist, da er durch die spätere Oberflächenbehandlung nachdunkeln wird.
Ausgebrochene Furniere findet man häufig an Schubladen- und Tischkanten, besonders dort, wo sich das Blindfurnier gelöst hat. Häufig ist es besser, einen ganzen Furnierstreifen zu entfernen und ihn vollständig zu erneuern, anstatt viele einzelne Flicken zu setzen. Spezielle Furnierhandlungen verkaufen Ihnen eventuell auch kleinere Furnierstücke, wenn Sie genau wissen, welches Furnier Sie benötigen.

Flicken setzen

Das wichtigste Werkzeug zum Flickensetzen ist ein scharfes Messer. Beim Ausschneiden der Schadstelle sollten Sie der Maserung folgen oder schräg zu ihr schneiden. Lange Schnittlinien sollten, wenn möglich, bogen- oder wellenförmig verlaufen, denn so fallen sie, vor allem auf unruhiger Maserung, weniger auf. Gut ausgewählte Furnierflicken lassen sich auf solchen Maserungen kaum mehr erkennen. Falls Sie viele Flicken setzen müssen, können spezielle Ausschlageisen sehr hilfreich sein. Man stanzt mit ihnen die schadhaften Stellen im Furnier aus und setzt neue, mit dem gleichen Eisen ausgestanzte Furnierstücke dafür ein. Diese Ausschlageisen gibt es in verschiedenen Größen. Sie haben unregelmäßig geformte Schneiden, um den Flicken weniger auffällig zu machen.
Haben Sie mit dem Messer die Schadstelle herausgeschnitten, heben Sie das beschädigte Furnier vorsichtig heraus, ohne umliegende Bereiche zu verletzen. Achten Sie sorgfältig auf den Maserverlauf des Flickens, damit Sie ihn richtig einleimen. Nehmen Sie dann ein Bügeleisen, um die Stelle glattzubügeln, so wie Sie das auch bei einem Kürschner machen würden (s. Seite 28 – 29).

Beschädigte Furnierstellen ausbessern

▶ **1** *Die Ecke dieser Platte ist beschädigt und muß ausgebessert werden. Die üblichen Hilfsmittel, um Oberflächenfehler zu beseitigen, also Kitt und Spachtel, wären an einer Ecke wie dieser ungeeignet. Auch die farbliche Angleichung wäre äußerst schwierig. Die beste Lösung ist hier das Einsetzen eines neuen, passenden Furnierstücks.*

◀ **2** *Schneiden Sie mit einem Messer und einem Lineal die ausgebrochene Stelle gerade ab. Sie erhalten so eine saubere Stoßfuge. Führen Sie das Messer gerade und fest am Lineal entlang, das die unbeschädigte Fläche sicher abdeckt. So wird das Messer, falls Sie ausrutschen, nur das zu entfernende Stück beschädigen. Ritzen Sie die Schnittlinie zuerst nur leicht vor und schneiden Sie dann in einem Zug durch das Furnier. Schneiden Sie dabei nicht in die Trägerplatte.*

◀ **3** *Entfernen Sie alle losen Furnierstückchen. Unter Umständen ist auch die Trägerplatte beschädigt. In diesem Fall müssen Sie alle losen Stückchen der Platte wieder festleimen und Hohlräume und Vertiefungen auffüllen, damit die Leimfläche absolut eben ist.*

WICHTIG

Werkzeuge und Materialien

- Passendes Furnier
- Weißleim
- Furniermesser
- Bügeleisen
- Papierklebeband
- Furnierausschlag-eisen

Probleme

Schnitte quer zur Holzfaser sind immer auffällig und wirken störend auf den Gesamteindruck der Fläche.

Anfänger passen den Flicken oft nicht genau genug ein.

▲ **4** *Verwenden Sie Weißleim und verteilen Sie ihn gleichmäßig auf der freigelegten, sauberen Fläche. Er sollte so dick aufgetragen werden, daß er unter dem neuen Furnierstück hervorquillt.*

▼ **5** *Wählen Sie ein passendes Furnier für den Flicken. Es sollte in Farbton und Maserung mit dem alten Furnier übereinstimmen. Schneiden Sie das Paßstück so zurecht, daß der Maserverlauf dem der Platte folgt. Schneiden Sie das Stück etwas größer als nötig und hobeln Sie den Überstand ab, wenn der Leim getrocknet ist. Solche Flicken sollten möglichst immer leicht schräg zur Faser angesetzt werden.*

HINWEISE UND TIPS

- Kleben Sie sehr dünnes Furnier mit Klebeband ab, bevor Sie den neuen Flicken herausschneiden. Kennzeichnen Sie das Klebeband, um den Flicken dann richtig einsetzen zu können.
- Um eine saubere Schnittkante zu erhalten, schlagen Sie den Flicken mit einem einzigen Hammerschlag auf das Furnierausschlageisen heraus.
- Schärfen Sie die Außenkante der Ausschlageisen, damit sie gut schneiden.

◄ **6** *Verwenden Sie ein Bügeleisen, um das Abbinden des Leims zu beschleunigen. Legen Sie ein Stück Papier zwischen Furnier und Bügeleisen, um Brandflecke zu verhindern. Drücken Sie das Eisen etwa eine Minute lang fest auf und prüfen Sie dann, ob der Leim schon trocken ist.*

◄ **7** *Ist der Leim trokken, machen Sie das überstehende Furnier bündig, indem Sie den Überstand mit einem Messer abnehmen und dann bündig feilen.*

Furnierarten

Halten Sie immer verschiedene Furnierarten auf Lager. Meist muß man mehrere Furnierstücke ausprobieren, bis man ein in Farbton und Maserung passendes Stück findet. Sie sollten aber immer eine möglichst gleiche Holzart verwenden, denn verschiedene Holzarten verändern auch ihren Farbton unterschiedlich.

1 *Vogelaugenahorn*
2 *Platane*
3 *Olivenholz*
4 *Rio-Palisander*
5 *Nußbaum*
6 *Esche*
7 *Padouk*

► **8** *Schleifen Sie den eingesetzten Flicken mit Schleifpapier der Körnung 100, das Sie um einen Korkschleifklotz legen. Schleifen Sie damit flach und immer in Maserrichtung.*

► **9** *Die Platte ist jetzt eben und glatt, und das eingesetzte Furnierstück ist kaum zu unterscheiden. Der Farbton wird sich durch die Oberflächenbehandlung eventuell verändern und kann später dann noch angeglichen werden.*

Flecke im Holz

Die Bläue und die Schwarzfärbung sind Holzfehler, die bei der künstlichen Trocknung entstehen. Die Bläue wird durch einen Pilz verursacht, der auf dem Holz wächst und blaue Verfärbungen hinterläßt, die wie Tintenflecke aussehen.

Die Schwarzfärbung entsteht durch im Holz befindliche Eisenpartikel von Nägeln, Schrauben, Sägeblättern oder ähnlichem, die mit der im Holz enthaltenen Gerbsäure reagieren. Vor allem Eichenholz reagiert auf diese Weise. Diese Verfärbung zeigt sich als kleine schwarze Punkte oder Flecke in der Maserung und erscheint oft erst nach dem Schleifen.

SIEHE AUCH

18–19 SCHLEIF-MASCHINEN

50–52 BLEICHEN

168–169 GESUNDHEIT UND SICHERHEIT

WICHTIG

Sicherheit

Tragen Sie beim Bleichen immer Schutzkleidung. Benutzen Sie Bleichmittel nur in gut belüfteten Räumen.

Beachten Sie die Anweisungen des Herstellers genau.

Halten Sie immer genügend Wasser bereit, um verschüttete Oxalsäure abwaschen zu können.

Tragen Sie eine Staubschutzmaske beim Schleifen von gebleichtem Holz.

Schütten Sie immer die Oxalsäure in das Wasser! Gießen Sie niemals das Wasser über das Pulver!

Material

- Handschuhe und Schutzbrille
- Oxalsäurekristalle oder Zweikomponentenbleichmittel
- Wasser
- Fiberpinsel
- Schutzmaske

Flecke entfernen

◄ **1** *Schwarze Flecke treten besonders bei gerbstoffhaltigem Eichenholz auf. Sie entstehen durch die Reaktion der Gerbsäure mit den in das Holz eingedrungenen Eisenpartikeln. Diese dunklen Flecke müssen mit Oxalsäure gebleicht werden, bevor die Oberfläche behandelt werden kann.*

► **2** *Oxalsäure ist als weißes Pulver in Kristallform erhältlich. Diese Säure ist eine giftige Substanz. Tragen Sie also Handschuhe und waschen Sie Ihre Hände nach der Arbeit sehr gründlich. Verwenden Sie Glas-, Kunststoff- oder Keramikgefäße zur Aufbewahrung und zum Mischen des Pulvers.*

Flecke entfernen

Zur Entfernung von Flecken nehmen Sie ein Bleichmittel (am besten Oxalsäure), das weder zu stark noch zu schwach ist. Ein Zweikomponentenbleichmittel (s. Seite 50 – 52) ist für kleine, vereinzelte Flecke eventuell zu aggressiv. Sofern die Flecke also nicht zu groß und nicht zu hartnäckig sind, sollten Sie besser Oxalsäurekristalle in warmem Wasser auflösen, um so eine gesättigte Bleichlösung zu erhalten (s. Seite 50 – 52).

Die Bleichlösung wird mit einem Fiberpinsel aufgetragen (s. Seite 14 – 15). Tränken Sie das Holz nicht zu sehr. Dies könnte sich negativ auf eine vorhandene Leimung auswirken. Lassen Sie das Werkstück trocknen und wiederholen Sie den Vorgang, falls der Fleck noch immer nicht verschwunden ist.

Ist der Fleck beseitigt, müssen Sie die Oberfläche mit klarem Wasser neutralisieren. Lassen Sie danach das Werkstück gründlich trocknen.

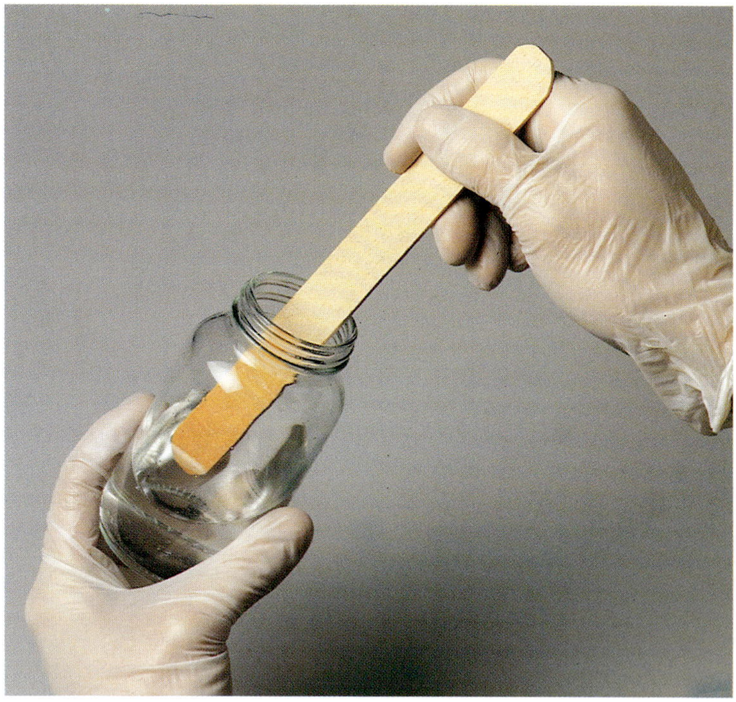

▲ **3** *Stellen Sie eine gesättigte Oxalsäurelösung her, indem Sie die Kristalle in warmes Wasser geben und umrühren. Geben Sie so lange Kristalle hinzu, bis diese sich nicht mehr auflösen. Geben Sie immer die Kristalle in das Wasser und nicht umgekehrt und lassen Sie die Lösung vor der Anwendung etwa 10 Minuten stehen.*

► **4** *Tragen Sie die Oxalsäurelösung mit einem Fiberpinsel auf. Die Haare eines normalen Pinsels würden sich beim Kontakt mit dem Bleichmittel auflösen. Streichen Sie das Bleichmittel gleichmäßig über den Fleck, möglichst ohne zu spritzen. Tragen Sie dabei eine Schutzbrille. Versuchen Sie, möglichst keine Tropfen auf die Oberfläche kommen zu lassen. Sie würden Flecke hinterlassen.*

◀ **5** *Lassen Sie die Bleichlösung etwa eine halbe Stunde in das Holz einwirken. Hartnäckigere Flecke brauchen vielleicht eine wiederholte Behandlung, bis sie ganz verschwunden sind. Vermeiden Sie, furnierte Flächen zu stark einzulassen. Die Leimbindung könnte sich unter dem Einfluß der wasserhaltigen Verbindung auflösen.*

HINWEISE UND TIPS

- Arbeiten Sie möglichst im Freien.
- Waschen Sie verschüttetes Bleichmittel ab.
- Bei der Bearbeitung einer größeren Fläche spannen Sie eine Querleiste unter die Platte, damit sie sich nicht verziehen kann.

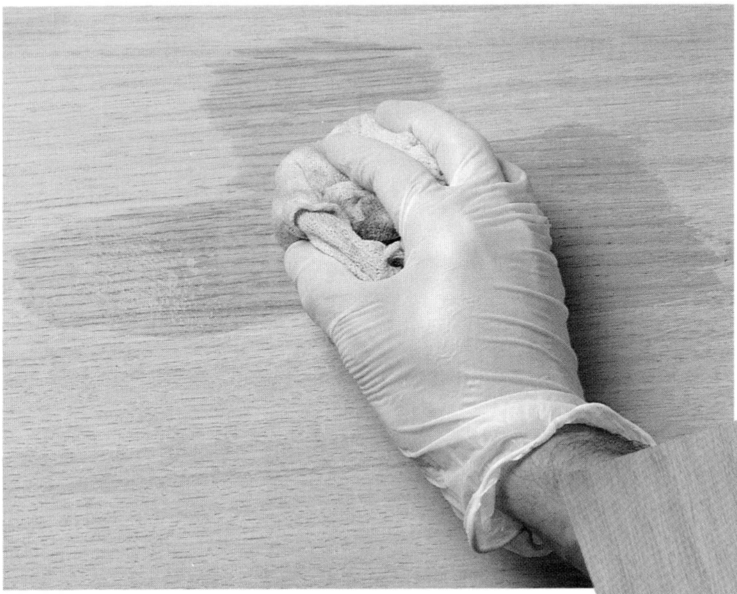

◀ **6** *Waschen Sie die Fläche gründlich mit sauberem Wasser nach.*

▶ **7** *Ist das Holz getrocknet, sollten weder Flecke noch Spuren einer Bleichung zu sehen sein. Schleifen Sie die Fläche leicht mit 240er-Granatschleifpapier glatt.*

Abbeizen

SIEHE AUCH

16–17 ZIEHKLINGEN UND SCHABER
18–19 SCHLEIF-MASCHINEN
58–65 SCHELLACK-HANDPOLITUR
80–83 ALTE OBERFLÄCHEN AUFFRISCHEN

Das Entfernen alter Oberflächen ist eine recht mühselige Angelegenheit. Diese Arbeit muß sehr sorgfältig ausgeführt werden, wenn die nachfolgende Oberflächenbehandlung die gewünschte Wirkung haben soll. Es ist wichtig, die Holzfläche von allen Spuren alter Anstriche gründlich zu befreien, da die Rückstände sonst später Flecke hervorrufen. Das Abbeizen und die nachfolgende Oberflächenbehandlung waren dann umsonst.
Eine Alternative zum Abbeizen ist das Abziehen der Fläche mit Ziehklingen oder das Abschleifen. Beides ist jedoch zeitaufwendiger und führt kaum zu einem besseren Ergebnis. Außerdem entfernt das Abziehen oder Abschleifen auch die Patina, die bestimmte Holzarten, wie Mahagoni, mit der Zeit bekommen. Zudem werden beim Abschleifen die Reste alter Anstriche nicht aus den Holzporen entfernt.
Es besteht außerdem die Gefahr, daß die Oberfläche ungleichmäßig wird oder einzelne Stellen zu tief herausgeschliffen werden. Es empfiehlt sich deshalb, ein lösungsmittelhaltiges Abbeizmittel zu benutzen.
Sie können das Werkstück aber auch in eine spezialisierte Ablaugerei geben, wo es sandgestrahlt oder in ein Ätzbad getaucht wird. Bei der letztgenannten Methode lösen sich leider oft auch die Holzverbindungen von Möbeln oder Türen. Das Sandstrahlen eignet sich gut für kompliziert geformte und geschnitzte Stücke. Die Oberfläche muß danach nicht mehr neutralisiert werden und ist fertig zur Weiterbehandlung.
Die Wahl des Abbeizmittels, wollen Sie selbst abbeizen, ist von der Art des Werkstücks und des zu entfernenden Überzugmittels abhängig. Es ist vergleichsweise einfach, einen Lack- von einem Wachsüberzug zu unterscheiden.

DAS ABBEIZ-VERFAHREN

- Verwenden Sie einen Abbeizer, der den Oberflächenüberzug blasig werden läßt, müssen Sie eine zweite Schicht davon auftragen, um die Blasen wieder an den Untergrund zu drücken.
- Lassen Sie das Abbeizmittel mindestens 15 Minuten einwirken, bevor Sie es entfernen.
- Es ist besser, das Abbeizmittel in mehreren Schichten nacheinander aufzustreichen.

Abbeizen alter Überzüge

◄ **1** *Schütten Sie den Abbeizer vorsichtig in ein Blechgefäß. Streichen Sie ihn mit einem flachen Pinsel auf das Werkstück. Tragen Sie Gummihandschuhe, eine Schutzbrille und Schutzkleidung, wenn Sie mit Abbeizmitteln arbeiten. Seien Sie vorsichtig beim Öffnen der Dose mit dem Abbeizmittel, da durch einen möglichen Überdruck das Mittel herausspritzen könnte.*

◀ **2** *Lassen Sie den Abbeizer in den alten Anstrich einziehen. Achten Sie darauf, daß genügend Abbeizmittel aufgetragen wurde, um die Oberfläche feucht zu halten. Verteilen Sie den Abbeizer nicht unnötig. Er trocknet sonst zu schnell aus.*

▶ **3** *Probieren Sie mit einem Spachtel, ob sich der alte Anstrich schon löst und sich entfernen läßt. Beginnen Sie damit nicht zu zeitig. Es ist günstiger, wenn Sie warten, bis der Abbeizer die Fläche völlig gelöst hat. Mit einem Farbspachtel schaben Sie dann den aufgeweichten Lack in Maserrichtung ab. Den schmierigen Farbbrei wickeln Sie dann in Zeitungspapier und sorgen dafür, daß er sicher und umweltgerecht entsorgt wird.*

◀ **4** *Wenn Sie die Oberfläche mit dem Spachtel sauber abgeschabt haben, tragen Sie eine zweite Schicht Abbeizer auf, warten einige Minuten und reiben ihn dann mit grober Stahlwolle ab. Diese Stahlwolle ist sehr scharf. Versuchen Sie nicht, sie zu zerreißen, sondern zerschneiden Sie sie mit einer alten Schere und tragen Sie dabei Schutzhandschuhe. Scheuern Sie die Reste der alten Lackschicht aus allen Ecken und Winkeln des Werkstücks, bis die ganze Oberfläche sauber ist.*

WICHTIG

Sicherheit

Tragen Sie unbedingt Gummihandschuhe und eine Schutzbrille.

Spritzer auf der Haut müssen Sie sofort mit Wasser abwaschen.

Wenden Sie Abbeizmittel nur im Freien oder in gut belüfteten Räumen an.

Streichen Sie die Lackreste zum Wegwerfen in eine alte Zeitung.

Einige Abbeizmittel sind feuergefährlich; es darf also bei ihrer Anwendung weder geraucht noch ein offenes Feuer unterhalten werden.

Achten Sie vor dem Anfassen des Werkstücks darauf, daß der Abbeizer auch völlig entfernt ist.

Vergewissern Sie sich, daß sich keine Abbeizerreste mehr in Ecken, Ritzen oder Profilen des Werkstücks befinden.

Denken Sie vor der Weiterbehandlung des Werkstücks daran, die Oberfläche mit Wasser oder Terpentinersatz zu neutralisieren.

Material

- Gummihandschuhe und Schutzbrille
- Abbeizmittel
- Stahlwolle
- Pinsel
- Terpentinersatz
- Ziehklinge oder Farbspachtel

◄ **5** *Ist das Abbeizen beendet, so lesen Sie auf dem Etikett nach, ob das Abbeizmittel neutralisiert werden muß. Oft genügt das Abwischen der Oberfläche mit einem Lappen und etwas Terpentinersatz. Säurehaltige Abbeizer werden mit einer Lösung aus Soda (Natriumkarbonat) und Wasser neutralisiert. Lösen Sie dazu zwei Becher Soda in 4,5 l heißem Wasser auf.*

▲ **6** *Waschen Sie die Fläche mit dem in Sodalösung getränkten Lappen ab. Entfernen Sie alle Rückstände und achten Sie darauf, alle Ecken und auch die weniger zugänglichen Stellen mitzubehandeln. Zurückbleibende Abbeizerreste auf oder im Holz werden mit späteren Oberflächenaufträgen reagieren.*

DER GEBRAUCH VON STAHLWOLLE

- Stahlwolle gibt es in verschiedenen Feinheitsgraden; die feinste wird üblicherweise mit 0000 bezeichnet.
- Versuchen Sie nicht, grobe Stahlwolle vom Strang abzureißen. Die Metallfasern sind scharf, und Sie würden sich daran verletzen.
- Schneiden Sie Stahlwolle mit einer alten oder billigen Schere ab.
- Arbeiten Sie immer mit einem etwa faustgroßen Bausch Stahlwolle.
- Sind die Stahlwollefasern mit Wachs oder anderen Rückständen zugesetzt, stülpen Sie den Bausch von innen nach außen, um ihn optimal weiterzuverwenden.
- Feinste Stahlwolle poliert manche modernen Lackoberflächen eher, als daß sie sie mattiert.

Andere Überzugmittel sind aber oft schwieriger zu identifizieren. Um sie zu bestimmen, probieren Sie am besten ein Lösungsmittel an einer unauffälligen Stelle des Werkstücks aus, z. B. an den Innenzargen eines Stuhls.

Terpentinersatz

Um ein Werkstück von Wachs oder Schmutz zu reinigen, ohne die Oberfläche zu beschädigen, geben Sie Terpentinersatz auf einen Lappen. Zeigt dies keine Wirkung, dann nehmen Sie statt des Lappens feine Stahlwolle, die Sie zu einem etwa tennisballgroßen Bausch formen. Schneiden Sie sich einen neuen Bausch mit der Schere vom Strang, wenn der erste mit Wachs oder anderen Rückständen zugesetzt ist.

Lösungsmittelhaltige Abbeizer

Diese Abbeizer gibt es gebrauchsfertig im Handel. Sie bestehen aus einem Lösungsmittelgemisch (meist Methylenchlorid) und einem Paraffinzusatz, der das Verdunstenverzögert. Sie werden zum Entfernen von Schellackpolituren, Nitrozelluloselacken, Öl- und Wachsüberzügen verwendet. Tragen Sie diese Abbeizpaste mit einem flachen Pinsel auf. Verteilen Sie die Paste auf der Fläche nicht noch weiter. Dies fördert das Verdunsten der in der Paste enthaltenen Lösungsmittel.

Lassen Sie den Abbeizer einwirken, wobei Sie die Oberfläche feucht halten müssen. Anschließend können Sie den alten Lack mit einem Spachtel oder einer Ziehklinge ablösen. Schaben Sie dabei immer in Faserrichtung. Eventuell ist es nötig, mehrere Schichten Abbeizer aufzutragen, bis sich der alte Überzug löst. Wenn der ursprüngliche Überzug zum größten Teil entfernt ist, nehmen Sie Stahlwolle, um auch seine letzten Reste abzureiben. Das ist besonders bei Profilen, in Ecken und Ritzen und bei Holzarten mit grobporiger Struktur wichtig. Vor einer Weiterbehandlung der

◀ **7** *Hat das Werkstück Dellen oder andere Beschädigungen, bearbeiten Sie es mit Schleifpapier, beginnend bei Körnung 100 und schleifen dann mit immer feiner werdendem bis zur Körnung 240. Denken Sie aber daran, daß einige Holzarten bei der Alterung eine wunderschöne Patina bekommen, die durch zu starkes Abschleifen entfernt würde. Überprüfen Sie die Oberfläche sorgfältig auf eventuelle Lackreste oder Dellen, bevor Sie die nächsten Restaurierungsschritte in Angriff nehmen.*

Oberfläche müssen manche lösungsmittelhaltigen Abbeizer noch neutralisiert werden. Beachten Sie also unbedingt die Herstellerhinweise. Ein säurehaltiger Abbeizer wird mit einer Sodalösung neutralisiert, ein alkalischer mit Essigsäure. Anschließend läßt man das Werkstück trocknen. Da sich durch die Einwirkung von Feuchtigkeit die Holzfasern aufrichten, muß das Holz anschließend geschliffen werden. Wenn vom Hersteller nicht ausdrücklich ein Neutralisieren des Mittels verlangt wird, genügt meist ein Abwischen der Oberfläche mit Terpentinersatz. Dabei quellen die Holzfasern übrigens nicht auf. Achtung! Einige lösungsmittelhaltige Abbeizpasten enthalten Ätznatron, das den Farbton vieler Holzarten verändert.

▶ **8** *Beim Abbeizen werden oft viele Schäden sichtbar, die zuvor unter Generationen von Farbschichten verborgen waren. Leimverbindungen können aufgegangen sein, oder verschiedene Stellen müssen ausgekittet werden. Sind die Schäden behoben, kann man mit einer neuen Oberflächenbehandlung beginnen.*

Kitte und Auskitten

SIEHE AUCH

16–17
ZIEHKLINGEN UND SCHABER

18–19
SCHLEIF-MASCHINEN

44–49
BEIZEN

53–55
PORENFÜLLER

Kitte werden zum Ausfüllen von Vertiefungen oder Fehlstellen im Holz verwendet, vergleichbar dem Gips bei Verputzarbeiten. Der Unterschied zwischen beiden besteht aber darin, daß Kitt dem Farbton des Stücks entsprechen muß. Er sollte außerdem elastisch sein, um dem Arbeiten des Holzes nachzugeben. Wenn irgend möglich sollte man jedoch keinen Kitt verwenden, denn die farbliche Anpassung an das Holz ist immer sehr schwierig. Bei Rissen, Ästen und tiefen Kratzern gibt es jedoch häufig keine andere Alternative.

Wählen Sie den für die Reparatur am besten geeigneten Kitt. Entscheidend für die Wahl des Kitts ist die Art der geplanten Oberflächenbehandlung. Während sich Schellackstangen für alle Oberflächen eignen, läßt sich Holzkitt (auch Flüssiges Holz genannt) schwer genau einfärben. Wollen Sie dazu eine Beize verwenden, müssen Sie darauf achten, daß sich diese mit dem Kitt verträgt. In der Gebrauchsanweisung erfahren Sie, ob sie öl- oder wasserlöslich ist. Schellackstangen werden unter herkömmlichen Oberflächen angewendet, Zweikomponentenkitte hingegen unter den modernen Spritzlacken. Wachskitte sollte man nur für kleine Fehlstellen benützen und dann auch nur während des Polierens oder bei einer Wachs- oder Öloberfläche. Holzkitt wird meist unter Lacken angewendet.

Obwohl manche schon getrockneten Kitte eine Beize annehmen, ist es doch besser, den Kitt vor dem Auftragen mit Pigmenten einzufärben.

Schellackstangen

Schellackstangen werden in vielen Farben passend zu den verschiedenen Holzarten verkauft. Sie bestehen aus dem gleichen Schellack, der auch beim Polieren Verwendung findet. Man erhält Sie in Heimwerkergeschäften und bei Spezriallieferanten. Wählen Sie die passende Farbe aus und halten Sie die Schellackstange über die betreffende Stelle. Mit einem Lötkolben oder einem heißen Messer schmelzen Sie den Schellack in das Loch. Lassen Sie so viel davon hineintropfen, daß der Schellack auch nach dem Hineindrücken in die Vertiefung noch etwas übersteht. Schellackkitt sollte nicht unter säurehärtenden Zweikomponentenlacken verwendet werden.

Holzkitt

Es ist der am meisten verwendete Kitt. Man bekommt ihn in den meisten Heimwerker- und Eisenwarengeschäften. Er ist in Dosen und in vielen verschiedenen Farbtönen erhältlich. Holzkitt trocknet schnell aus. Drücken Sie also nach dem Gebrauch den Deckel sofort wieder auf die Dose.

Auskitten

▲ **1** *Kitt wird als Füllmittel genommen, wenn kleine Stückchen einer Oberfläche ausgebrochen sind. Für diesen Bilderrahmen wurde Schellackkitt verwendet, den Sie bei Speziallieferanten erhalten.*

▶ **2** *Kleben Sie die Schadstelle ab.*

Holzkitt haftet nicht immer gut. Die Kittstelle muß sauber sein. Drücken Sie den Kitt mit einem Messer in das Loch. Da sich der Kitt beim Trocknen zusammenzieht, sollte er etwas überstehen. Es kann sogar nötig werden nachzukitten. Große Löcher sollte man schrittweise auffüllen.

▲ **3** *Halten Sie einen Lötkolben direkt über die Stelle und drücken Sie die Schellackstange dagegen, so daß sie schmilzt und wie Siegellack in das Loch tropft. Füllen Sie die Vertiefung auf diese Weise nach und nach auf.*

▲ **5** *Lassen Sie den Schellack etwa 5 Minuten aushärten. Ist er hart, können Sie ihn mit einem scharfen Stecheisen abstechen. Stechen Sie niemals zuviel auf einmal ab. Schellack ist spröde und bricht unter zu starkem Druck schnell aus.*

▲ **4** *Mit einer Ziehklinge oder einem anderen Werkzeug drücken Sie den Schellack in die Vertiefung, bevor er hart wird. Es ist wichtig, den Schellack in die entsprechende Form zu drücken, solange er noch weich ist. Die Masse darf nur ein klein wenig überstehen.*

▲ **6** *Schleifen Sie die Stelle dann mit grobem Schleifpapier glatt. Auf ebenen Flächen nehmen Sie dazu einen Schleifklotz, bei Profilen falten Sie ein 100er-Schleifpapier zusammen und schleifen vorsichtig mit dessen Ecken. Schleifen Sie die Stelle aber nicht hohl! Zum Abschluß fahren Sie dann noch mit ganz feinem Schleifpapier über die ausgebesserte Stelle.*

WICHTIG

Sicherheit

Tragen Sie beim Schleifen immer eine Staubmaske.

Material

- Fertiger Kitt oder Sägemehl
- Weißleim (PVAC) oder Harnstoffharzleim
- Lötkolben
- Stecheisen
- Kittmesser

Probleme

Von der Farbbezeichnung läßt sich nicht immer exakt auf die Farbe des Kitts nach dem Abtrocknen schließen.

Spritzlacke können auf Kitt ungleichmäßig trocknen.

Geeignete Oberflächen

Nehmen Sie Holzkitt für kleine Löcher.

Eine Mischung aus Leim und Sägemehl eignet sich für offene Verbindungs- oder Stoßfugen.

Trockenzeit

Schellackkitt wird sofort hart.

Holzkitt härtet etwa in 15 Minuten.

Zweikomponentenkitte trocknen etwa in 30 Minuten.

Leimkitt trocknet etwa in 3 Stunden.

Wachsstangen haben keine Trockenzeit.

Anmischen von Leimkitt

▲ **1** *Aus Leim und Sägemehl läßt sich schnell und billig ein passender Kitt herstellen. Mischen Sie Weißleim und Sägemehl auf einem Stück Karton. Geben Sie so viel Sägemehl zu dem Leim, bis er eine feste, aber noch weiche Konsistenz hat. Diese Leimmasse muß gründlich durchgerührt werden, damit sie gut haftet.*

▲ **2** *Um die gewünschte Farbe zu erhalten, verwenden Sie Trockenpigmente, die Sie nach und nach dem Leimkitt beigeben. Mischen Sie immer genügend davon an, denn es ist schwer, den gleichen Farbton später noch einmal genau anzumischen.*

► **3** *Tragen Sie den Kitt mit einem Plastik- oder Pappspachtel auf. Drücken Sie ihn in die Vertiefung, bis sie ganz aufgefüllt ist. Der Kitt darf ein wenig überstehen.*

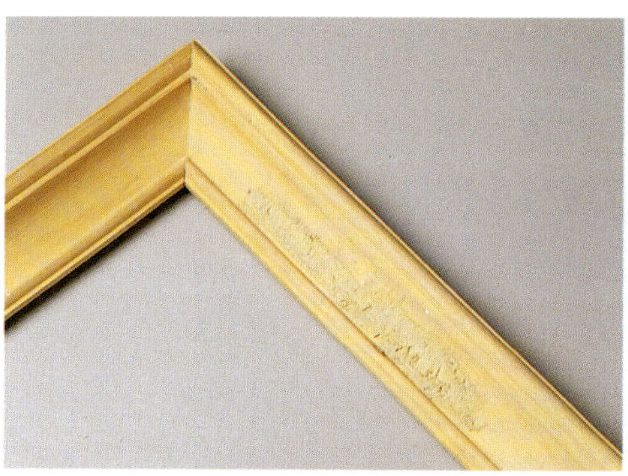

► **4** *Dieser Leimkitt muß mindestens 2 oder 3 Stunden trocknen. Er sitzt dann fest in der Vertiefung und ist hart genug, um ihn mit einer Feile und Schleifpapier bearbeiten und glätten zu können.*

Zweikomponentenkitte

Der Zweikomponentenkitt ist die härtere Variante des Holzkitts. Diese Kitte sind in verschiedenen Farben erhältlich und lassen sich mit Hilfe von Beizen und Pigmenten abtönen. Das Hervorbringen des richtigen Farbtons ist dabei sehr schwierig. Deshalb sollte man diese Kitte besser bei Baufehlern einsetzen (vor allem auf Spanplatten) als zum Auskitten deutlich sichtbarer Fehlstellen. Befolgen Sie genau die Herstelleranweisungen. Tragen Sie die Kittmasse mit einem Messer auf und lassen Sie sie nur wenig überstehen. Auch diese Zweikomponentenkitte schwinden etwas, aber nicht so stark wie normaler Holzkitt. Sie trocknen sehr hart aus. Achten Sie also darauf, nicht zuviel Kitt aufzutragen, sonst müssen Sie ihn nachher mühselig abstechen und abschleifen.

Wasserlösliche Holzkitte

Diese Holzkitte lassen sich mit Wasser verdünnen. Sie trocknen schnell und schwinden nur wenig. Es gibt sie in verschiedenen Farbtönen, und sie sind billiger als die Zweikomponentenkitte.

Leimkitt

Ein schnell zu verarbeitender und billiger Kitt läßt sich aus einer Mischung von Leim und dem zum Werkstück passenden Holzmehl zubereiten. Dieser Kitt eignet sich nicht für größere Flächen und verträgt sich nicht mit allen Überzugmitteln. Er eignet sich aber gut für kleinere Fugenlücken.
Vermengen Sie Weißleim mit dem Holzmehl, das beim Abschleifen des Werkstücks oder eines Abschnitts des gleichen Holzes angefallen ist. Der Leim muß mit sehr viel Holzmehl vermengt werden, damit er sich als Kittmasse eignet. Für größere Löcher verwendet man deshalb besser Harnstoffharzleim, der mit Sägemehl vermischt wurde.
Lassen Sie all diese Mischungen leicht überstehen und stechen und schleifen

Sie den Kitt nach dem Trocknen eben. Diese selbst angemachten Kitte sind wasserlöslich und nehmen, wenn sie trocken sind, eine Beize gut an. Trotzdem ist es besser den Kitt mit Beize oder Farbpigmenten vorher anzufärben.

Wachsstangen

Die Hersteller von Wachsprodukten bieten auch Wachskittstangen für kleinere Schadstellen an. Sie sind in verschiedenen Farben erhältlich und nur für bereits polierte Oberflächen oder Flächen, die gewachst werden sollen, geeignet. In manchen Fällen genügt reines Bienenwachs, vor allem dann, wenn kleinere Löcher ausgebessert werden müssen. Unter modernen Lacküberzügen darf aber kein Wachs verwendet werden. Verarbeiten Sie die Wachsstangen wie die Schellackstangen. Drücken Sie das Wachs mit einem kleinen Kittmesser fest in die Vertiefung. Ist es hart, schaben Sie das überstehende Wachs ab.

Das Anfärben von Zweikomponentenkitt mit Pigmenten

▲ **1** *Nachdem Sie den Kitt glattgeschliffen haben, verwenden Sie Farbpigmente, um die Kittstelle den umliegenden Holzpartien farblich anzupassen. Pigmente sind deckende Farben, die in ein Bindemittel – Öl, Acryl, Alkyd oder Schellack – gerieben werden.*

► **2** *Verwenden Sie Pigmente, um die Schadstelle zu retuschieren. Ein Kasten mit neun Farben sollte ausreichen. Probieren Sie verschiedene Pigmentmischungen aus, um eine Skala von Farbtönen kennenzulernen.*

► **3** *Vermengen Sie die Pigmente mit Schellackpolitur und tragen Sie sie mit einem feinen Pinsel auf. Tauchen Sie den Pinsel erst in klare Politur und dann in das gewünschte Farbpigment und vermengen Sie beides. Hier werden Titanweiß und Goldocker vermischt, um einen hellen Farbton zu erhalten.*

► **4** *Tragen Sie die Pigment-Politur-Mischung mit einem feinen Malpinsel Nr. 6 auf die Kittstelle auf. Imitieren Sie dabei die Holzmaserung. Lassen Sie die Farben ineinander übergehen.*

▲ **5** *Lassen Sie die Stelle 2–3 Minuten trocknen. Tragen Sie dann schrittweise Politur auf die Kittstelle auf, um die Farbe zu betonen. Ein zu starker einmaliger Polituraufrag würde die Farbe abreiben.*

Beizen

SIEHE AUCH

73–75 WACHS-OBERFLÄCHEN

124–149 SPRITZLACKE

Beizen eignen sich besonders zum Veredeln des Holzes und machen unansehnliche Oberflächen wieder attraktiver. Es sind in einem Lösungsmittel aufgelöste Farbstoffe und werden zum Färben von Holz eingesetzt. Sie dringen in die Holzfasern ein und verändern so den Farbton des Holzes – anders als Pigmente, die sich ungelöst auf der Holzoberfläche ablagern.

Die Trägerlösung der Farbstoffe entscheidet über die Eigenschaften der Beize, d. h. über die Trockenzeit, die Verträglichkeit und die Ergiebigkeit. Eine Beize soll die Maserung betonen und das Erscheinungsbild des Holzes verbessern. Sie muß einfach aufzutragen sein, sich mit dem Überzugmittel vertragen und sollte eine relativ kurze Trockenzeit haben. Außerdem sollte sie möglichst lichtecht sein.

Die meisten Holzbeizen dringen in das Holz ein. Beizen für die Außenanwendung aber bilden einen Film auf der Holzoberfläche und haben einen Effekt ähnlich dem Farbanstrich. Trotzdem bieten die meisten Beizen keinen Schutz für das Holz. Gebeizte Holzflächen müssen daher noch einen Überzug erhalten. Für die Wahl einer Beize sollte weniger die Farbe als ihre Eigenschaften ausschlaggebend sein. Eine gleiche Farbwirkung kann mit verschiedenen Beizen erreicht werden.

Die Farbe sollte also nicht das einzige Auswahlkriterium sein. Ihrer Entscheidung sollten daher mehrere Überlegungen zugrunde liegen: Wie schnell soll die Beize trocknen? Was für ein Überzugmittel und welche Holzart sollen verwenden werden? Welcher Beanspruchung wird das Werkstück ausgesetzt sein? Muß die Beize zu einem noch vorhandenen alten Farbton passen?

◄ **Eine Auswahl verschiedener Beizen auf Roteiche:**
1 *Gelb*
2 *Blauschwarz*
3 *Eiche goldgelb*
4 *Eiche hell*
5 *Olive*
6 *Palisander*

Was sind Wasserbeizen?

Wasserbeizen werden in Pulver- oder Kristallform hergestellt und in Wasser aufgelöst. Diese aus Bäumen und Pflanzen gewonnenen natürlichen Farbstoffe und die daraus hergestellten Beizen erhält man in Fachgeschäften. Einige dieser natürlichen Farbstoffe wurden aber inzwischen durch künstliche ersetzt.

Die wichtigsten Farbstoffe sind Van-Dyck-Braun, Mahagonibraun (warmes Braun) und Nigrosin (Schwarz). Diese Farben können untereinander gemischt werden, um verschiedene Farbtöne zu erhalten.

Man kann ihre Farbintensität beeinflussen, indem man das Verhältnis von Wasser zu Pulver verändert. Testen Sie Wasserbeizen immer erst auf einem Reststück, bevor Sie sie auf das eigentliche Werkstück auftragen. Auf diesem Beizmuster sollten Sie dann auch das gewünschte Überzugmittel ausprobieren.

Das Auftragen der Beize

Tragen Sie die Beize mit einem Lappen, Pinsel, Schwamm oder Wattebausch auf. Sie werden schnell merken, daß sich für Profile, Ecken und Schnitzereien ein Pinsel am besten eignet und daß Watte die Beize stark aufsaugt. Befeuchten Sie das Holz vor dem ersten Beizauftrag, um eine gleichmäßige Verteilung zu gewährleisten. Streichen Sie die Beize in Faserrichtung naß in naß auf.

Setzen Sie immer eine ausreichende Menge der Beize an, so daß sie für das ganze Stück ausreicht. Tragen Sie Beize immer sehr satt auf, so stark, als wollten Sie die Fläche damit abwaschen. Wasserbeize trocknet langsam. Sie haben also Zeit genug, überschüssige Beize mit einem Lappen oder Papier abzuwischen. Ist die Beize getrocknet, können Sie hellere Bereiche ein zweites Mal nachbeizen.

Die Verarbeitung von Wasserbeizen

► **1** *Wasserbeizen sind in der Regel in Pulverform erhältlich. Setzen Sie die Beizlösung an, indem Sie das Pulver, je nach dem gewünschten Farbton, in der nötigen Menge in das Wasser geben. Eine höhere Pulverbeigabe macht die Beize dunkler, mehr Wasser macht sie heller.*

BEIZTIPS

- Beizen trocknen zwar heller aus, werden aber durch die nachfolgende Oberflächenbehandlung wieder dunkler.
- Durch ein Nachbeizen läßt sich jede Fläche dunkler tönen. Es ist aber unmöglich, eine Farbe aufzuhellen, ohne auf Bleichmittel zurückzugreifen.
- Eine dunkle Beize zeigt auf einem hellen Holz eine stärkere Wirkung als auf einem dunkleren.
- Tragen Sie Beize immer naß in naß auf.
- Planen Sie den Beizauftrag vorher, um eine einheitliche Färbung zu erhalten.
- Feuchtet man das Werkstück vorher ein wenig an, bekommt man eine Vorstellung davon, wie sich der Farbton durch das Auftragen eines klaren Überzugmittels vor oder nach dem Beizen verändern wird.
- Die farbliche Abstimmung des Werkstücks sollte schrittweise erfolgen. Versuchen Sie nicht, den gewünschten Farbton in einem Durchgang aufzutragen. Man erreicht dies durch aufeinanderfolgende Aufträge.

▼ **2** *Rühren Sie die Lösung sorgfältig um, um sicherzugehen, daß sich das Pulver vollständig aufgelöst hat. Nehmen Sie einen Holzspachtel zum Umrühren und einen anderen Spachtel zum Zugeben des Pulvers. Heißes Wasser und die Zugabe einiger Tropfen Ammoniak (Salmiakgeist) können das Eindringen der Beize in das Holz verbessern. Lassen Sie die Beizlösung 10 Minuten stehen, bevor Sie sie verwenden.*

WICHTIG

WASSERBEIZEN

Material

- Beizpulver
- Wasser
- Lappen, Pinsel oder Watte
- Tücher oder Papier zum Abreiben

Probleme

Durch Wasserbeizen quellen die Holzfasern auf, und die Fläche wird rauh. Gebeizte Flächen sollten jedoch möglichst nicht geschliffen werden. Deshalb muß die Holzoberfläche vor dem Beizen gewässert und nach dem Trocknen feingeschliffen werden.

Trockenzeit

Wasserbeizen brauchen etwa 40 Minuten zum Trocknen. Lassen Sie sie aber besser 12 Stunden oder über Nacht trocknen, bevor Sie die Fläche weiterbehandeln.

▼ **3** *Tragen Sie die Beize mit einem Lappen oder einem Wattebausch auf. Die Beize muß sehr satt aufgebracht werden, um eine gleichmäßige Verteilung zu garantieren. Reiben Sie sie mit kreisförmigen Bewegungen in das Holz. Beizen Sie Profile mit einem Pinsel, aber genauso wie eine ebene Fläche naß in naß.*

Was sind Lösungsmittelbeizen?

Diese Beizen werden gebrauchsfertig, meist in Dosen, geliefert. Die Farbstoffe sind in Terpentin, Testbenzin oder einem ähnlichen Kohlenwasserstoff gelöst. Sie sind unter den Farbbezeichnungen „Mahagoni dunkel" oder „Eiche hell" im Handel. Man kann sie aber auf jeder Holzart anwenden. Diese Bezeichnungen dienen nur als Hinweis auf ihren Farbton. Lösungsmittelbeizen werden vor allem bei Schreinerarbeiten eingesetzt. Tragen Sie die Beize, die dem gewünschten Farbton am nächsten kommt, schichtweise auf, um die entsprechende Schattierung zu erhalten. Ist die Farbe zu dunkel, kann sie mit Lösungsmittel verdünnt werden.

Die Verarbeitung von Lösungsmittelbeizen

Lösungsmittelbeizen lassen die Holzfasern nicht aufquellen, färben aber Stellen mit grobporiger und ungleichmäßiger Maserung (wie z. B. Buche) intensiver. Es ist deshalb wichtig, rauhe Stellen sorgfältig vorzubereiten. Diese Holzbeizen lassen sich einfach anwenden und dringen tief in das Holz ein. Sie eignen sich für die Verarbeitung im Freien, denn sie haben eine geringere Trockenzeit als Wasserbeizen. Spiritusbeizen hingegen trocknen auf großen Beizflächen zu schnell ab.

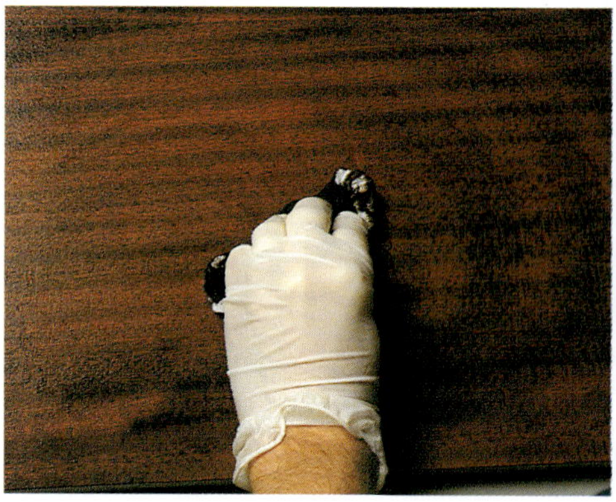

▲ **4** *Wasserbeizen trocknen langsam. Sie haben also genügend Zeit, die überschüssige Beize abzuwischen. Fahren Sie dazu mit einem Lappen oder Wattebausch in Faserrichtung über die Fläche. Lassen Sie die gebeizte Fläche etwa eine Stunde trocknen, bevor Sie sie weiterbearbeiten.*

▼ **5** *Beim Trocknen wird die Beize sehr wahrscheinlich heller. Außerdem wird sich die Fläche dort rauh anfühlen, wo die Holzfasern durch das Wasser aufgequollen sind. Nehmen Sie 240er-Schleifpapier und fahren Sie damit ganz leicht über die Oberfläche. Schleifen Sie in Faserrichtung, aber achten Sie darauf, daß Sie nicht durch die Beize schleifen, vor allem nicht an den Ecken.*

PROBLEME BEIM BEIZEN

- Fehlstellen im Holz und Hirnholz saugen meist mehr Beizflüssigkeit auf und werden dadurch dunkler. Befeuchten Sie diese Stellen deshalb vor dem Beizen mit Wasser oder lassen Sie sie mit dünner Schellackgrundierung ein.
- Vermeiden Sie Beizläufer, indem Sie die Unterseite des Stücks zuerst bearbeiten.
- Ein „Palisandereffekt" läßt sich nicht in einem einzigen Beizdurchgang erreichen. Man muß hierzu zuerst eine Mahagonibeize auftragen und, wenn diese trocken ist, mit einem feinen Pinsel schwarze Streifen mit einer Ebenholzbeize in die Fläche zeichnen.
- Wegen der unterschiedlichen Saugfähigkeit der Holzfasern ist es günstiger, bei Kiefernholz eine Lackbeize zu verwenden.

Was sind Spiritusbeizen?

Diese Beizen sind in Spiritus oder Alkohol gelöste Anilinfarben. Sie werden wegen der zur Verfügung stehenden umfangreichen Farbpalette von den Schreinern gerne verwendet.
Die Beizen werden nach ihrer Farbe bezeichnet (z. B. Spiritusgelb und Spiritusgrün). Bismarckbraun ist aber beispielsweise ein eher rötlicher Ton.
Spiritusbeizen lassen sich mit dem Pinsel, einem Lappen oder der Spritzpistole auftragen und werden auch beim Tauchverfahren verwendet.
Da sie spirituslöslich sind, kann man mit ihnen auch eine Schellackpolitur abtönen. Dies ist vor allem für Farbangleichungen und bei Retuschierarbeiten während des Poliervorgangs mit Schellackpolitur sehr hilfreich.
Spiritusbeizen trocknen sehr schnell. Sie eignen sich deshalb auch ideal zum Spritzen. Das Holz läßt sich beinahe sofort weiterbehandeln. Ihre kurze Trockenzeit macht aber das Auftragen der Beize schwierig und führt oft zu einem fleckigen Beizbild. Verwenden Sie deshalb Spiritusbeizen für kleinere Werkstücke, die man in einem kleinen Tauchbad behandeln kann.
Erhält die Fläche allerdings später einen Schellacküberzug, hellt der im Schellack enthaltene Spiritus die Beize auf und verändert so ihren Farbton.

Die Verarbeitung von Spiritusbeizen

Spiritusbeizen werden wie Anilinfarben in Pulverform verkauft und jeweils angemischt. Eine dunklere Lösung enthält mehr Beizpulver. Die einzelnen Farben lassen sich auch mischen.
Tragen Sie die Beize sparsam auf, da sie beim Polieren sonst abgerieben wird.
Beim Tauchen sollten Sie das Teil etwa 5 Minuten in der Beizlösung belassen.
Es empfiehlt sich, der Beizlösung ein wenig Schellackpolitur beizumischen, um die Spiritusbeize auf dem Holz zu „fixieren“.

Was sind chemische Beizen?

Chemische Beizen werden schon seit Jahrhunderten verwendet und bewirken die unterschiedlichsten Effekte. Genaugenommen sind sie keine Beizen im eigentlichen Sinn. Die meisten dieser Beizen sind farblos und färben das Holz nicht, sondern verändern nur dessen Farbton. Diese Farbveränderung beruht auf der Reaktion der „Beize“ mit dem Holz. Da jede Holzart eine andere Zusammensetzung hat, kann der Farbton jeweils unterschiedlich ausfallen. (Die chemische Zusammensetzung der jeweiligen Holzart hängt vom Klima und dem Standort des Baums ab.) Am bekannteste dürfte wohl der Gerbstoff sein, der sich vor allem in Eichenholz findet.
Diese Beizen erhalten Sie eher in Fachgeschäften oder über Speziallieferanten.
Für das Beizen werden hauptsächlich folgende Substanzen verwendet:

- Ammoniak (als 10prozentige Lösung in Wasser für dunkle Töne)
- Kaliumdichromat
- Eisenvitriol
- Kaliumkarbonat (Pottasche)

Die Verarbeitung chemischer Beizen

Lösen Sie, wie bei den Wasserbeizen, so viel Pulver in Wasser auf, daß eine gesättigte Lösung entsteht. In warmem Wasser lösen sich die Chemikalien schneller auf. Zirka 2 Teelöffel Kaliumdichromat auf 0,5 l Wasser benötigt man für Mahagoni. Tragen Sie die Lösung mit einem Pinsel auf. Wischen Sie die überschüssige Beize ab und lassen Sie sie dann einwirken. Ist der gewünschte Farbton erreicht, neutralisieren Sie die Chemikalien mit Spiritus.
Kaliumdichromat darf nicht unter säurehärtenden Lacken verwendet werden.
Dies kann die Lackfläche später beeinträchtigen und zu den sogenannten Nadelstichen führen, bei denen die Oberfläche mit winzigen Poren übersät ist. Nach dem Gebrauch chemischer

WICHTIG

LÖSUNGSMITTELBEIZEN

Material

- Rund- oder Flachpinsel
- Lappen oder Watte zum Auftragen
- Beize
- Lappen oder Papier zum Abreiben

Probleme

Verwenden Sie Lösungsmittelbeizen nicht unter Spritzlacken.

Lösungsmittelbeizen dringen sehr schnell ein. Beim Pinselauftrag werden die ersten Streifen deshalb oft dunkler. Tragen Sie deshalb die Beize mit einem Tuch auf.

Trockenzeit

30 – 40 Minuten

SPIRITUSBEIZEN

Material

- Beizpulver
- Spiritus
- Watte
- Beizpinsel oder Spritzpistole

Probleme

Trocknet die Spiritusbeize zu schnell, kann man ein wenig Schellack beimengen, um den Beizauftrag zu erleichtern.

Trockenzeit

Etwa 5 Minuten.

Beizen müssen Sie die verwendeten Gefäße gründlich auswaschen.

Was sind Dispersionsbeizen?

Diese Beizen bestehen aus feingemahlenen Pigmenten, die in einer Flüssigkeit dispergiert (fein verteilt) sind.
Die Pigmente werden nicht gelöst wie die Farbstoffe. Sie sind aber so fein zermahlen, daß sie sich nicht absetzen, sondern ständig fein verteilt in dem Lösemittel schweben.
Dispersionsbeizen bewirken eine leicht deckende Färbung des Holzes. Sie eignen sich gut zur optischen Aufwertung minderwertigerer Holzarten, da sie das Holz intensiver tönen und es so attraktiver machen.

Die Verarbeitung von Dispersionsbeizen

Wird die Dispersionsbeize in Pulverform geliefert, muß sie mit Wasser angesetzt werden. In der Regel nimmt man etwa einen Teelöffel Beizpulver auf 0,5 l Wasser. Diese Beizen werden aber auch als fertige Beizlösung geliefert. Tragen Sie Dispersionsbeizen mit einem Pinsel oder einem Tuch satt auf. Vergessen Sie nicht, die überschüssige Beize

Abdecken einer Intarsie vor dem Beizen

▼ **1** *Der Farbkontrast zwischen verschiedenen Intarsien kann beim Beizen eines Werkstücks verlorengehen. Um dies zu verhindern, tragen Sie eine weiße oder klare Politur auf, um die intarsierten Teile vor dem Beizen abzudecken.*

► **3** *Ist die Politur trocken, beizen Sie die ganze Fläche. Verwenden Sie eine Wasser- oder Lösungsmittelbeize, aber keine Spiritusbeize. Der Spiritus würde die Politur lösen und somit die Abdeckung zerstören. Tragen Sie die Beize satt und gleichmäßig in kreisförmigen Bewegungen auf und streichen Sie sie dann in Faserrichtung aus. Lassen Sie die Fläche trocknen.*

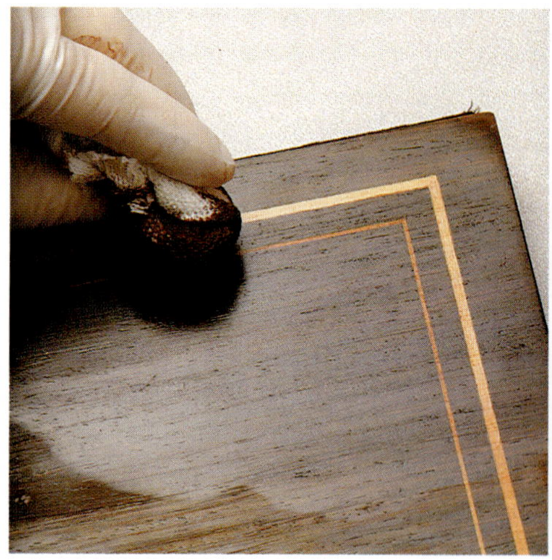

► **2** *Auf dieser Palisanderplatte mit Buchsbaumadern soll die äußere Ader abgedeckt werden, die dünne innere jedoch nicht. Decken Sie die Ader sorgfältig mit der Politur ab. Verwenden Sie dazu einen feinen Pinsel Nr. 6. Achten Sie darauf, nicht über den Rand hinaus zu geraten und gleichzeitig keine Stelle auszulassen. Lassen Sie die Politur dann 15 Minuten trocknen.*

▼ **4** *Ist die Beize trocken, sieht man, daß die äußere, abgedeckte Ader ihre blaßgelbe Farbe behalten hat. Die innere Ader aber hat die Beize angenommen und ist dadurch leicht bräunlich geworden.*

gut abzuwischen, sonst wird das Beizbild fleckig und zu stark deckend.

Was sind Wachsbeizen?

Wachsbeizen sind Wachsemulsionen, die in verschiedenen Farbtönen als Beizlösung erhältlich sind und direkt auf das Holz oder über eine schon bestehende Beizung aufgetragen werden können. Wachsbeizen dürfen unter Lacküberzügen, wie Polyurethan- oder säurehärtende Lacke, nicht verwendet werden. Sie eignen sich aber sehr gut zum Einlassen von Profilen, Schnitzereien oder Drechselarbeiten.

Die Verarbeitung von Wachsbeizen

Tragen Sie Wachsbeizen mit einem Tuch auf und reiben Sie das Wachs in das Holz. Lassen Sie die Oberfläche möglichst über Nacht trocknen, bevor Sie sie auspolieren.

1

2

3

4

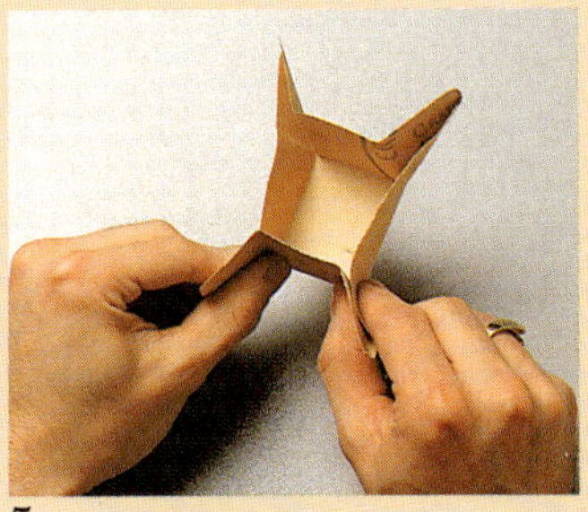

5

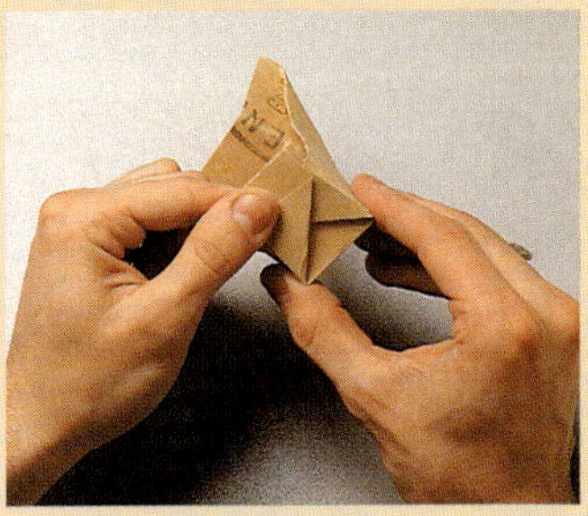

6

7

8

Ein Papierschiffchen bauen

Solche Papierschiffchen werden zum Anmischen und zur Verarbeitung kleinerer Flüssigkeitsmengen verwendet. Alte Schleifpapierreste lassen sich hier gut aufbrauchen.

1 *Nehmen Sie ein Stück Schleifpapier mit den Maßen 7,5 x 12,5 cm.*

2 *Falten Sie die beiden langen Enden nach innen.*

3 *Falten Sie die beiden kurzen Enden nach innen.*

4 *Klappen Sie das Papier wieder auseinander.*

5 *Drücken Sie die Ecken zusammen.*

6 *Klappen Sie die Eckzipfel übereinander, damit der Würfel stabil bleibt.*

7 *Falten Sie die überstehenden Enden nach außen, um einen Rand zu bilden.*

8 *So behält das Papierschiffchen seine Form.*

WICHTIG

CHEMISCHE BEIZEN

Werkzeuge und Materialien

- Chemikalien in Pulverform
- Wasser
- Pinsel
- Glas-, Plastik- oder Tongefäß

Vorsichtsmaßnahmen

Tragen Sie Gummihandschuhe und eine Schutzbrille.

Trockenzeit

Lassen Sie die Beize einwirken, bis der gewünschte Farbton erreicht ist.

DISPERSIONSBEIZEN

Werkzeuge und Materialien

- Pinsel oder Lappen
- Pulver oder fertige Beizlösung

Trockenzeit

Etwa 1 Stunde

WACHSBEIZEN

Werkzeuge und Materialien

- Weiches Tuch
- Feine Stahlwolle
- Wachsbeize

Trockenzeit

Über Nacht

Bleichen

SIEHE AUCH

14–15
PINSEL FÜR DIE OBERFLÄCHE
23
DIE WERKSTATT
44–49
BEIZEN
168–169
GESUNDHEIT UND SICHERHEIT

Durch das Bleichen wird der Farbton des Holzes aufgehellt. Das kann aus rein ästhetischen Gründen geschehen. Gebleicht wird aber auch, um Flecke und optische Mängel zu beseitigen oder um dunklere Teile farblich anzupassen. Bei abgebeiztem Holz muß manchmal der so entstandene Farbton durch Bleichen wieder gedämpft werden. Auch Tinten- oder Wasserflecke verschwinden durch das Bleichen.
Es gibt zahlreiche Bleichmittel, und sogar normale Haushaltsbleichmittel können auf Holz verwendet werden. Es ist jedoch besser, Sie setzen sich selbst eine Bleichlösung aus Oxalsäure und Wasser an, oder Sie kaufen ein aus zwei Komponenten bestehendes spezielles Holzbleichmittel. Für letzteres ist ein Neutralisationsmittel unerläßlich, um die chemische Reaktion abzubrechen und um sicherzustellen, daß keinerlei Reste des Bleichmittels die weitere Oberflächenbehandlung beeinträchtigen. In der Regel wird eine 5prozentige Lösung von Essigsäure in Wasser verwendet, um ein Zweikomponentenbleichmittel zu neutralisieren. Außerdem benötigt man reichlich Wasser zum Nachwaschen der Oberfläche. Da Bleichmittel mit Metall reagieren (sie werden auch dazu verwendet, die Eisenpartikelspuren im Holz zu beseitigen!), verwenden Sie immer Glas-, Kunststoff- oder Tongefäße, wenn Sie mit diesen Chemikalien arbeiten. Bleichmittel sind gefährliche Substanzen. Lesen Sie also immer sorgfältig die Gebrauchsanweisung des Herstellers und befolgen Sie die angegebenen Hinweise. Halten Sie Bleichmittel grundsätzlich von Kindern fern und bewahren Sie sie nie in Lebensmittelbehältern auf.

TIPS

- Füllen Sie Bleichmittel nur in Glas-, Kunststoff- oder Tongefäße.
- Verwenden Sie einen Fiberpinsel, denn Tierhaare lösen sich in Bleichmitteln auf.
- Wollen Sie den Bleichprozeß stoppen, waschen Sie mit Wasser nach.

Die Anwendung von Zweikomponentenbleichmitteln

▲ **1** *Durch das Bleichen wird der Farbton dieser Dose aufgehellt, und vorhandene Flecke werden beseitigt.*

▲ **2** *Tragen Sie den Inhalt des Gebindes A mit einem Pinsel auf. Kennzeichnen Sie das Gefäß und den Pinsel, um eine Verwechslung mit dem Gebinde B zu vermeiden. Tragen Sie dabei immer dicke Gummihandschuhe und pinseln Sie das Stück satt und gleichmäßig mit der Lösung ein.*

► **3** *Tragen Sie den Inhalt des Gebindes B 5 Minuten nach dem ersten Auftrag mit einem extra Pinsel auf. Vergessen Sie nicht die Handschuhe! Die Fläche wird jetzt dunkler aussehen. Die Reaktion der beiden Chemikalien bleicht das Holz. Eventuell entstehen dabei schaumartige Blasen. Lassen Sie das Bleichmittel einwirken, bis die gewünschte Aufhellung da ist.*

◄ **4** *Ist dieser gewünschte Bleichton erreicht, muß die chemische Reaktion neutralisiert werden. Dazu behandeln Sie die Fläche mit einer 5prozentigen Essigsäurelösung, die Sie mit einem extra Pinsel auftragen.*

▼ **5** *Reiben Sie die Essigsäurelösung in das Holz, um das Bleichmittel vollständig zu neutralisieren, sonst bilden sich Flecke. Lassen Sie das Werkstück dann trocknen.*

► **6** *Die fertig gebleichte Dose.*

WICHTIG

Werkzeuge und Materialien

- Bleichmittel
- Essigsäurelösung zum Neutralisieren von Zweikomponentenbleichmitteln
- Fiberpinsel
- Kunststoff-, Glas- oder Tongefäße
- Wasser
- Eimer und Schwamm

Probleme

Achtung! Große Werkstücke könnten sich durch einseitiges Anfeuchten verziehen. Befestigen Sie auf der Unterseite vorsorglich eine Verstärkungsleiste.

Bildet sich Schaum auf der Oberfläche, entfernen Sie ihn mit einer Bürste und Wasser.

Furnier kann beim Bleichen schwinden. Beim Restaurieren alter Möbel sollten Sie deshalb neue Furnierstücke vor dem Aufleimen bleichen und neutralisieren.

Trockenzeit

Oxalsäure muß etwa 30 Minuten einwirken.

Zweikomponentenbleichmittel brauchen mehrere Stunden um zu wirken.

Haushaltsbleichmittel müssen nach Bedarf trocknen (meist etwa 30 Minuten bei Raumtemperatur).

SICHERE ANWENDUNG

- Arbeiten Sie möglichst im Freien.
- Tragen Sie eine Schutzbrille, Gummihandschuhe und Schutzbekleidung.
- Falls Sie in Innenräumen arbeiten, stellen Sie einen Eimer mit Wasser und einen Schwamm bereit.
- Lüften Sie die Werkstatt gut.
- Falls Sie Bleichmittel auf die Haut bekommen, müssen Sie es sofort mit viel Wasser abwaschen.
- Bewahren Sie Bleichmittel an einem kühlen, dunklen Ort auf.
- Tragen Sie beim Schleifen gebleichter Oberflächen eine Staubmaske.
- Geben Sie Oxalsäurekristalle immer ganz langsam in das Wasser. Gießen Sie niemals das Wasser auf die Kristalle!
- Oxalsäure muß vor Kindern sicher aufbewahrt werden.

Oxalsäure

Oxalsäurekristalle, die man in der Drogerie oder in Fachgeschäften erhält, werden in Wasser aufgelöst. Die gesättigte Lösung ist ein schwaches Bleichmittel. Oxalsäure eignet sich gut zum Beseitigen von Flecken und Fehlstellen auf den meisten Holzarten, ist aber nicht wirksam genug, große Flächen aufzuhellen. Oxalsäure ist preiswert, und die Kristalle lassen sich leicht auflösen. Verwenden Sie 400 g Oxalsäure auf 5 l Wasser. In heißem Wasser lösen sich die Kristalle besser auf. Füllen Sie immer zuerst das Wasser in das Gefäß (das nicht aus Metall sein darf!) und geben Sie dann die Kristalle hinzu.

Tragen Sie die Lösung gleichmäßig und immer in Faserrichtung mit einem Fiberpinsel auf (s. Seite 14 – 15) und lassen Sie sie dann trocknen. Haben Sie zu schwach gebleicht, wiederholen Sie den Auftrag. Wenn der gewünschte Bleichton erreicht ist, waschen Sie die Fläche gründlich mit klarem Wasser ab. Der Bleichprozeß ist meist innerhalb einer halben Stunde abgeschlossen. Oxalsäure kann auch zum Reinigen alter Hölzer, vor allem Eiche, und zum Entfetten von ölhaltigen Holzflächen, etwa bei Teak, eingesetzt werden.

Zweikomponentenbleichmittel

Diese Bleichmittel sind starke Aufheller. Sie sind aber auch gefährlich! Gehen Sie also vorsichtig mit ihnen um. Die Bleichmittel werden in der Regel in zwei Flaschen geliefert, die meist mit A und B oder 1 und 2 gekennzeichnet sind. Die erste Flasche enthält eine Lösung, die das Holz zunächst dunkler macht. Gibt man dann die Wasserstoffperoxidlösung dazu, wird der Bleichprozeß ausgelöst. Achten Sie genau darauf, welche Flasche welche Lösung enthält, und verwechseln Sie sie nie! Das Vermischen der beiden Lösungen kann zu heftigen Reaktionen führen.

Tragen Sie den Inhalt der ersten Flasche (A oder 1) mit einem Fiberpinsel auf und lassen Sie ihn 5 Minuten einwirken, bevor Sie den Inhalt der zweiten Flasche auftragen. Verwenden Sie von beiden Lösungen die gleiche Menge, ohne das Holz zu sehr zu tränken. Der entstehende Schaum bleicht das Holz durch Oxidation. Warten Sie, bis die Fläche getrocknet oder der gewünschte Farbton erreicht ist. Dann muß das Bleichmittel mit einer Lösung aus Wasser und Essigsäure neutralisiert werden.

Haushaltsbleichmittel

Diese Mittel werden wie eine Oxalsäurelösung aufgetragen, haben jedoch eine geringere Bleichwirkung. Sie eignen sich am besten zur Entfernung von Flecken. Lassen Sie das Mittel trocknen und waschen Sie dann mit Wasser nach.

BLEICHEN VERSCHIEDENER HOLZARTEN

Leicht zu bleichen	Zwei Bleichaufträge nötig	Schwer zu bleichen
Esche	Mahagoni	Kirschbaum
Rüster	Eiche	Palisander
Buche	Nußbaum	Satinholz
Ahorn	Rotzeder	Padouk
Birke	Eukalyptus	Ebenholz
Birne	Kastanie	Wenge
Apfel	Eibe	Schwarznuß
Hemlocktanne	Douglasie	Jakaranda

Porenfüller

SIEHE AUCH

20–22
SCHLEIFMITTEL
44–49
BEIZEN

Einige Holzarten, wie Eiche, sind sehr grobporig. Das macht es schwer, eine absolut glatte, polierte Fläche zu erreichen. Bei diesen Holzarten müssen die offenen Poren mit einem feinen Pulver gefüllt werden, das als Paste oder Flüssigkeit aufgebracht wird. Dieses Schließen der Poren erleichtert auch das Polieren, da die Poren nicht mit Politur gefüllt werden müssen – das wäre die zeitraubende Alternativlösung.
Ursprünglich wurde Gips als Porenfüllstoff verwendet, der mit Wasser und einem Pigment vermischt wurde. Diese Gipsfüller führen aber zu einem Vergrauen der Flächen, und die Poren erscheinen weiß. Die heutigen Porenfüller bestehen deshalb aus einer Mischung von Porenfüllpulver, Bindemittel, Farbstoff und Lösungsmittel. Es gibt hierbei viele Mischungsvarianten, die vom Verwendungszweck abhängen. Entscheidend ist dabei das verwendete Bindemittel.
Porenfüller werden nach Gewicht und in vielen Farbtönen verkauft. Mahagoni, Nußbaum und Eiche hell sollten Ihnen für den Anfang genügen. Porenfüller auf Terpentinbasis können auch mit Lösungsmittelbeizen abgetönt werden. Im allgemeinen sind Porenfüller jedoch schwer anzufärben, da dazu Farbstoffe nötig sind, die in das Bindemittel hineingerieben werden müssen.
Nehmen Sie Sackleinen oder grobgewebtes Tuch, um die Füllmasse mit kreisförmigen Bewegungen in die Poren zu reiben. Reiben Sie immer quer zur Holzfaserrichtung, sonst dringt die Masse nicht in die Poren. Den überschüssigen Rest wischen Sie quer zur Faser mit einem Stück Sackleinen ab. Falls Sie einen Porenfüller auf Terpentinbasis verwendet haben, reiben Sie die Fläche mit einem mit Terpentinersatz angefeuchteten Tuch quer zur Faser ab, um die auf der Oberfläche befindlichen Rückstände zu entfernen. Andere Porenfüller läßt man trocknen und schleift dann mit feinem Schleifpapier vorsichtig über die Fläche, um eventuelle Reste des Füllstoffs von der Oberfläche zu entfernen.

VERWENDUNG DER PORENFÜLLER

Ölporenfüller

Ölhaltige Porenfüller werden oft auch Patentfüller genannt. Ihre Anwendung empfiehlt sich nicht bei Nitrozelluloselacken. Sie können allerdings unter Polyurethanlack oder Schellackpolitur verwendet werden.

Lackporenfüller

Lackporenfüller werden als fertige Pasten in vielen Farbtönen verkauft. Das Anfärben von Lackporenfüllern ist sehr schwierig. Lackporenfüller vertragen sich mit jedem Überzugmittel, lassen sich leicht abwischen und eignen sich auch für ölhaltige Holzarten.

Zweikomponentenfüller

Diese Porenfüller müssen zusammen mit einem Härter- oder Katalysatorzusatz verwendet werden. Man verarbeitet sie meist im Verhältnis von 3 Teilen Füller und 1 Teil Härter. Der Füller ist farbig. Auch hier sind eine Reihe von Farbtönen erhältlich. Die Zweikomponentenfüller werden sehr hart und eignen sich deshalb gut zum Füllen tiefer Poren.

Gipsmehl

Gips führt im Laufe der Zeit zu einem Vergrauen der Flächen. Er bleibt aber ein nützliches Mittel, um rauhe Oberflächen (etwa Spanplatten) zu glätten, bevor diese mit einer deckenden Farbe gestrichen werden. Wischen Sie Gipsporenfüller mit Leinöl ab. Das macht den Füller transparent.

Auftragen des Porenfüllers

▲ **1** *Porenfüller werden in Dosen geliefert und sind in vielen Farbnuancen erhältlich. Der hier gezeigte Füller ist ein Mahagonimittel. Man füllt mit ihm die offenen Poren einer Holzmaserung, um eine geschlossene Oberfläche zu erreichen und sich so viele Polituraufträge zu ersparen. Bei längerer Lagerung setzt sich der Doseninhalt oft ab und muß deshalb vor Gebrauch gründlich durchgerührt werden.*

▲ **2** *Vor dem Porenfüllen müssen Sie die Holzfläche feinschleifen und, wenn nötig, beizen. Die Oberfläche muß staub- und schmutzfrei sein, damit der Porenfüller gut in den Holzporen haftenbleibt.*

▲ **3** *Um die dickflüssige Porenfüllpaste aufzutragen, nehmen Sie ein handgroßes Stück Sackleinen und knüllen es zu einem Ballen. Diesen tauchen Sie in den Porenfüller, so daß er sich vollsaugt.*

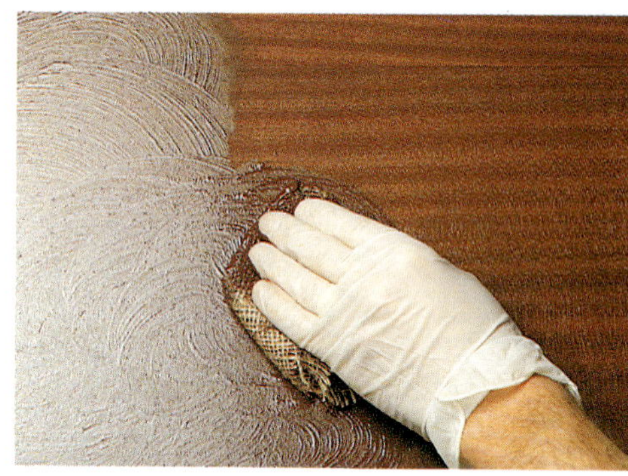

▲ **4** *Reiben Sie mit diesem Ballen kreisförmig über die Fläche. Er sollte dabei immer gut getränkt sein und leicht über die Fläche gleiten, um den Porenfüller sanft in die Poren zu drücken. Tragen Sie so lange weiteren Porenfüller auf, bis die ganze Oberfläche bedeckt ist.*

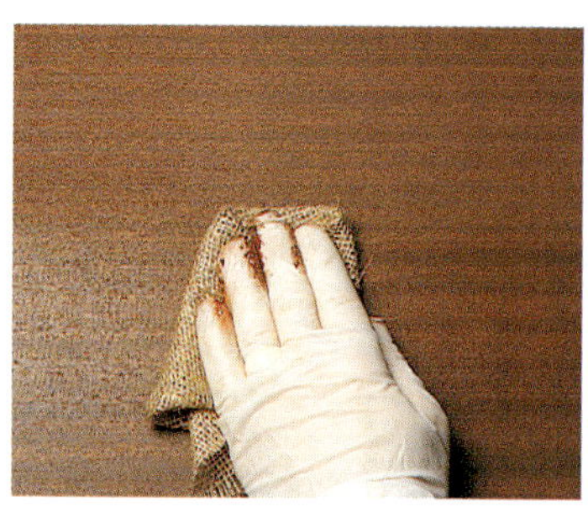

▲ **5** *Wischen Sie den überschüssigen Porenfüller quer zur Holzfaserrichtung ab. (Mit Terpentinersatz verdünnbare Porenfüller werden mit einem mit Terpentinersatz befeuchteten Lappen quer zur Holzfaser abgerieben.*

▲ **6** *Die Maserung der Oberfläche wirkt jetzt wie mit einem Schleier überzogen. Die Fläche muß nun ganz leicht geschliffen werden, um die Porenfüllerrückstände zu entfernen.*

Ansetzen von Gipsporenfüller

► **1** *Gips ist ein traditioneller Porenfüllstoff, der sich mit Pigmenten abtönen läßt. Er eignet sich zum Schließen tiefer Poren, wird aber im Laufe der Zeit weiß. Die Oberfläche wird mit Leinöl abgerieben, um das Grauwerden der Fläche zu vermeiden. Die Anwendung von Gipsporenfüller bleibt aber problematisch, vor allem unter säurehärtenden Lacken.*

◄ **2** *Mischen Sie die Pigmente und das Gipsmehl auf einem Stück starken Papier oder Karton. Der Farbton des Gips-Pigment-Gemischs ist ungefähr der gleiche wie später der der gefüllten, abgetrockneten Poren.*

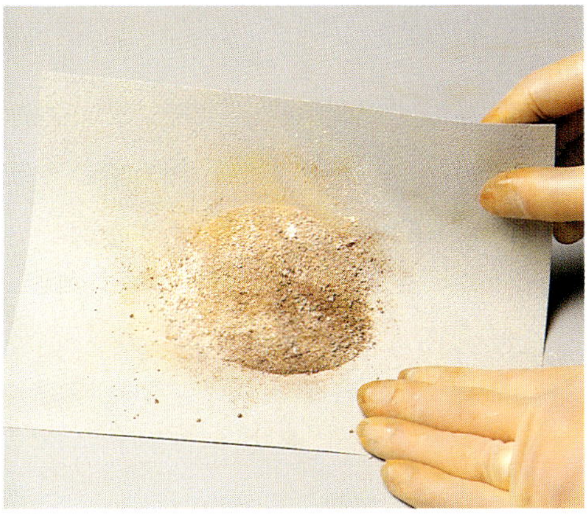

► **3** *(kleines Foto) Tauchen Sie ein sauberes Stück Sackleinen in eine flache Schale mit Wasser und drücken Sie es auf das Gipsmehl, um so eine cremige Konsistenz des Mehls zu bekommen, das sich dann auftragen läßt.*

▲ **4** *Tragen Sie den Füller anfangs mit kreisförmigen Bewegungen und später dann in Maserrichtung auf die Fläche. Der Porenfüller trocknet sehr schnell.*

HINWEISE UND TIPS

- Porenfüller dürfen nicht zu dünnflüssig sein.
- Wischen Sie Porenfüller immer quer zur Faser ab.
- Porenfüller trocknen hell aus. Wählen Sie also eine Farbvariante, die dunkler als das Werkstück ist.
- Füllen Sie die Poren nach dem Beizen und überziehen Sie die Fläche mit einer dünnen Schicht Schellackgrundierung.
- Porenfüller auf Terpentinbasis können mit Lösungsmittelbeizen abgetönt werden.

WICHTIG

Material

- Sackleinen oder grobes Tuch
- Porenfüller
- Weiches Tuch
- Terpentinersatz
- Schleifpapier

Probleme

Porenfüller können weiß werden, wenn man sie nicht durchtrocknen läßt.

Nach der Verwendung von Porenfüllern kann die Oberfläche wie mit einem Schleier überzogen wirken.

Nicht gründlich abgewischte Porenfüllerrückstände können zu einer fleckigen Oberfläche führen.

Wurde vor dem Porenfüllen gebeizt, kann beim Abschleifen des überschüssigen Porenfüllers auch die Beizschicht durchgeschliffen werden.

Geeignete Oberflächen

Porenfüller werden besonders bei grobporigen Holzarten verwendet. Sie können aber ebenso für feinporigere Hölzer verwendet werden.

Trockenzeit

Gips trocknet in etwa 15 Minuten.

Ölhaltige Porenfüller brauchen bis zu 3 Stunden zum Trocknen.

Lassen Sie alle anderen Füller 60 – 90 Minuten trocknen.

3

Grundlegende Oberflächentechniken

Die bekannteste Art, eine Holzoberfläche zu behandeln, ist das Lackieren. Lack kann ein ideales Überzugmittel sein. Es gibt aber Oberflächen, bei denen eine Schellackpolitur, ein Öl- oder Wachsüberzug geeigneter ist. Und auch diese sind erstaunlich einfach auszuführen.

Schellack-Handpolitur

SIEHE AUCH

12 – 13
DIE WICHTIGSTEN WERKZEUGE
23
DIE WERKSTATT
40 – 43
KITTE UND AUSKITTEN
44 – 49
BEIZEN
53 – 55
PORENFÜLLER
66 – 69
FARBSTOFFE UND PIGMENTE
73 – 75
WACHSOBERFLÄCHEN

Grundprinzip des Polierens ist es, mit dünnen Schichten klarer oder gefärbter Politur eine glänzende Oberfläche aufzubauen. Schellackpolitur wird von Hand mit dem Ballen in die Oberfläche gearbeitet und nicht wie Farbe, Streich- oder Spritzlack in einer Schicht auf die Fläche aufgetragen. Man benötigt zum Polieren nur wenige Hilfsmittel. Die Schellackpolitur erhält man entweder gebrauchsfertig oder setzt sie aus gekauften Rohmaterialien selbst an. Anfangs sollten Sie besser gebrauchsfertige Markenpolituren verwenden und erst dann, wenn Sie sicherer sind, damit beginnen, sich Ihre Politur selbst anzusetzen. Der Begriff Politur allein ist mißverständlich, weil es heute viele Politurarten gibt. Doch nur das Handpolieren mit Schellack verdient die Bezeichnung „Hohe Schule der Oberflächenbehandlung“, denn es erfordert einiges an Geschick, Übung und Erfahrung.
Eine hochglänzende Schellackpolitur kommt wahrscheinlich am besten auf Mahagoni zur Geltung. Die feinporige Struktur des Holzes eignet sich wunderbar für diese Art der Oberflächenbehandlung. Seine schöne Zeichnung wird durch die Tiefenwirkung der Politur noch besonders hervorgehoben. Aber auch Nußbaum, Palisander, Kirschbaum und Ahorn eignen sich hervorragend für dieses Polierverfahren. Eiche dagegen ist weniger dafür geeignet. Für sie ist eine Wachsoberfläche wirkungsvoller.

Das Polieren

Die Arbeitsmaterialien zum Polieren (Schellack, Polierspiritus, Leinöl und der Polierballen zum Auftragen) haben sich im Laufe der Jahrhunderte kaum verändert.

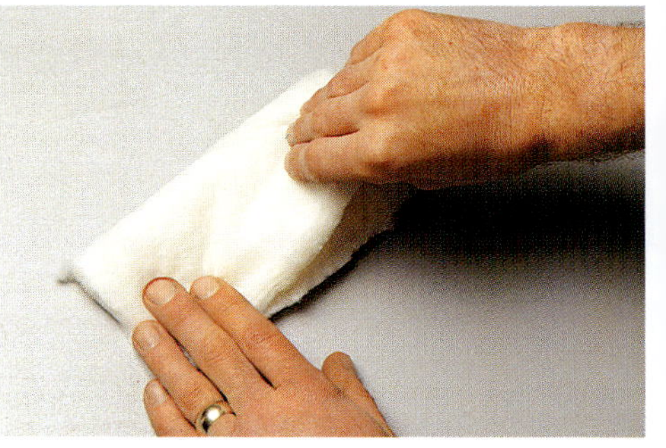

Einen Polierballen formen

▲ **1** *Mit dem Polierballen wird die Schellackpolitur auf die Fläche aufgetragen. Falten Sie ein quadratisches, etwa 15 cm großes Stück Polierwatte auf die Hälfte zusammen. (Sie können auch reine Baumwollwatte nehmen. Die polierte Fläche wird dann aber nicht so gut sein.)*

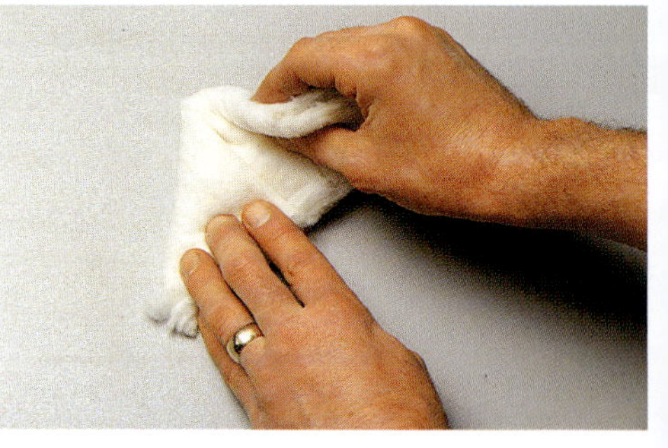

▲ **2** *Falten Sie die Ecken nach innen, um eine Spitze zu formen. Die Watte ähnelt jetzt einem Dreispitz.*

► **3** *Schlagen Sie die langen Enden zur Mitte und stecken Sie sie fest.*

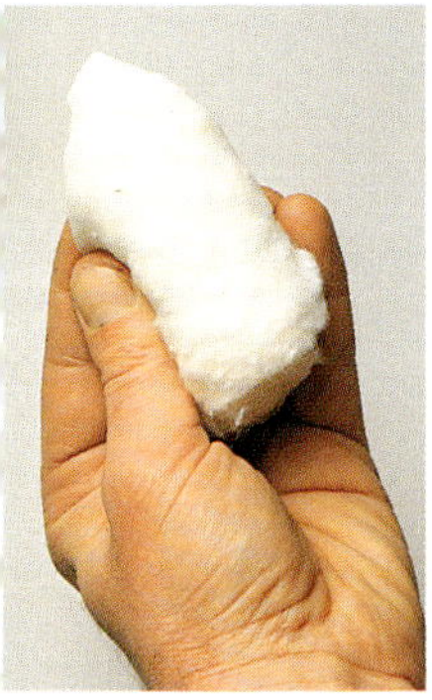

◄ **4** *Drücken Sie den Ballen birnenförmig zusammen. Achten Sie darauf, daß die Sohle des Ballens flach ist, wenn Sie ihn zwischen den Fingern halten. Es geht darum, dem Polierballen einen festen Kern zu geben.*

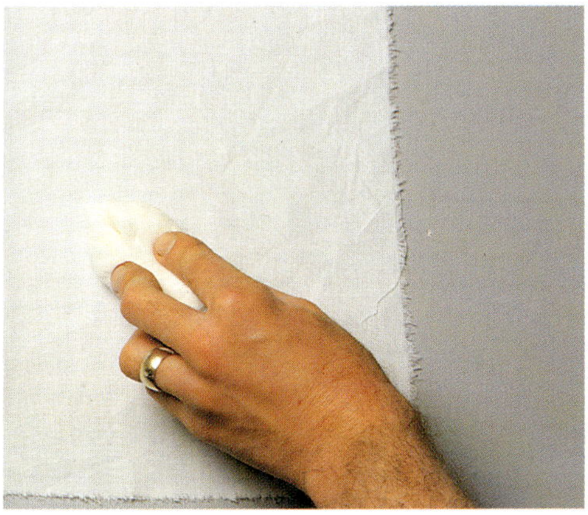

▲ **5** *Setzen Sie den Wattekern mit der Sohle nach unten diagonal auf ein 22,5 cm großes, quadratisches Stück Baumwollstoff. Der Stoff darf weder gestärkt noch gefärbt sein.*

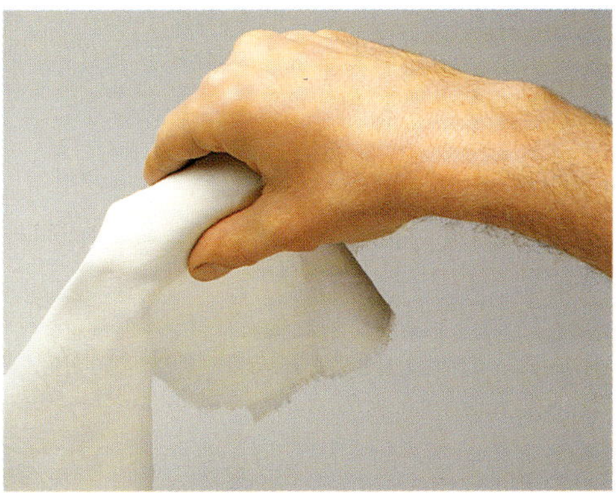

▲ **6** *Fassen Sie den Wattekern von unten und halten Sie ihn so zwischen Daumen und Zeigefinger, daß die Tuchfalten an den Seiten herabhängen. Schlagen Sie das Tuch an der Spitze des Wattekerns einmal nach innen.*

▲ **7** *Falten Sie das Tuch noch einmal und ziehen Sie die Enden unter dem Kern zusammen. So wird eine Spitze gebildet.*

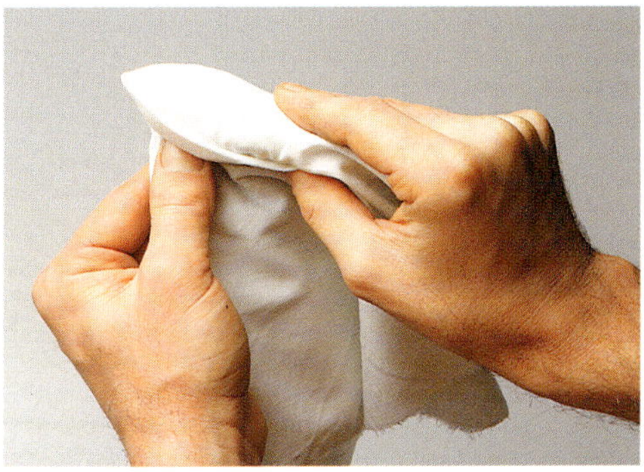

▲ **8** *Ziehen Sie das restliche Tuch darüber und drehen Sie die Enden straff zusammen.*

▼ **9** *Nach einer letzten Drehung klappen Sie das fest zusammengedrehte Ende nach oben.*

► **10** *Den Ballen bewahrt man in einer dicht verschließbaren Dose auf.*

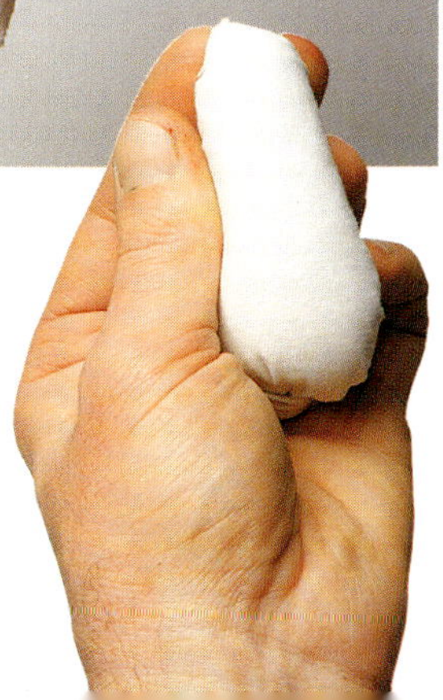

WICHTIG

Material

- Schellackpolitur
- Weißes Baumwolltuch
- Polierwatte
- Leinöl
- Feines Siliziumkarbidpapier
- Spiritus

Probleme

Ungleichmäßiger Druck beim Deckpolieren kann zu Wischern führen.

Konzentriert man sich beim Polieren zu sehr auf die Mitte des Werkstücks, entsteht nur dort der Glanz.

In einem kalten oder feuchten Arbeitsraum kann es zu weißlichgrauen Trübungen in der Oberfläche kommen.

Geeignete Oberflächen

Beinahe alle Holzarten lassen sich mit Schellack polieren.

Trockenzeit

Der erste Politurauftrag trocknet innerhalb einer Stunde.

Polieren Sie weiter, bis die Fläche anfängt klebrig zu werden. Dann lassen Sie sie über Nacht ruhen, bevor Sie am nächsten Tag weiterpolieren. Auch den zweiten Politurauftrag über Nacht trocknen lassen.

WAS IST SCHELLACK?

• Es wird wahrscheinlich ein Geheimnis bleiben, wie jemand herausfand, daß die Absonderung der weiblichen Lackschildlaus eine ideale Substanz zum Polieren von Möbeln ist. Schellack wird schon seit Tausenden von Jahren zur Oberflächenbehandlung benutzt. Reste davon wurden in ägyptischen Gräbern und auf Gegenständen aus dem alten China und Rom entdeckt. Heute findet sich Schellack auch in Haarspray, Süßigkeiten, Farben und Lacken.

• Die Geschichte des Schellackpolierens läßt sich nicht mehr völlig nachzeichnen. Man weiß aber, daß das Polierverfahren zuerst von den Brüdern Etienne und Simon Martin um 1730 in Paris verwendet wurde. Sie mischten Schellack mit Alkohol in dem Bestreben, die Lackoberflächen nachzuahmen, die damals auf importierten japanischen Möbeln sehr geschätzt und bewundert wurden.

• Obgleich der Alkohol durch Industriealkohol ersetzt wurde, wird Schellack heute immer noch nach traditionellen Methoden hergestellt. Er wird in verschiedenen Formen angeboten, vom rohen Blätterschellack bis zu gebleichten Polituren. Es gibt sogar eine Schellacksorte, die unempfindlich gegen heißes Wasser ist.

• Blätterschellack ist das bekannteste Rohprodukt und kann in denaturiertem Spiritus aufgelöst werden. Je nach der Konzentration des Blätterschellacks, der in einer bestimmten Menge Spiritus gelöst ist, spricht man von einer „starken" oder „schwachen" Politur. Sie läßt sich natürlich nach Bedarf weiterverdünnen. Verwenden Sie weiße, klare oder „blonde" Schellackpolitur.

Grundieren der Oberfläche

► **1** *Vor dem Polieren wird die Oberfläche mit einer ersten Schicht Schellackpolitur dünn eingelassen. Nehmen Sie dazu möglichst einen Wattekern, der schon als Einlage in einem Polierballen benutzt wurde. (Ein neuer Wattebausch würde Flusen hinterlassen.) Tränken Sie diesen mit Politur aus einer unzerbrechlichen Flasche, in deren Deckel sich ein kleines Loch befindet, damit sich die Flüssigkeit sparsam dosieren läßt.*

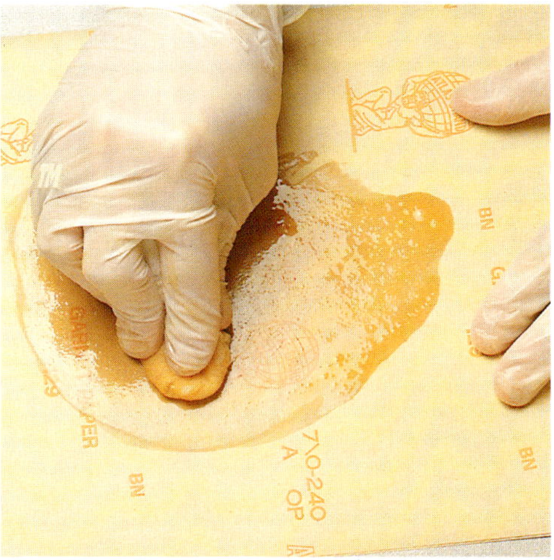

◄ **2** *Der Wattebausch darf nicht zu stark getränkt sein, denn er soll sich zwar feucht, aber nicht zu naß anfühlen. Drücken Sie den Watteballen gegebenenfalls auf einem sauberen Stück Papier aus, um so sicherzugehen, daß er keinen Staub oder Schmutz aufnimmt. Die Werkbankoberfläche eignet sich dazu nicht.*

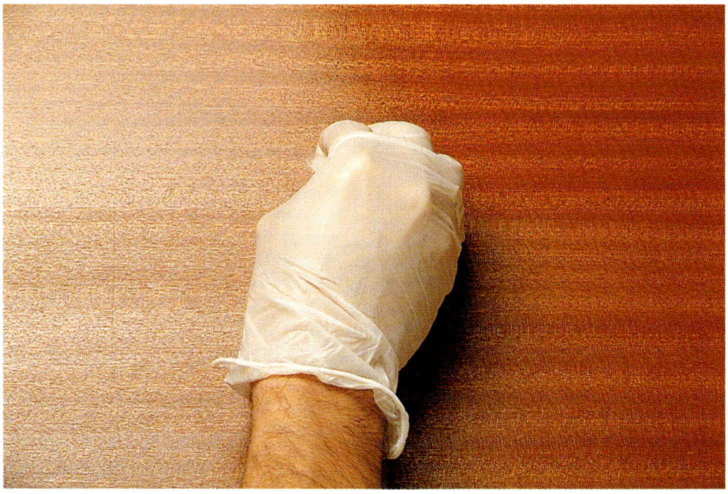

◄ **3** *Fahren Sie mit dem Watteballen in Faserrichtung über die Fläche. Die ersten zwei oder drei Züge sollten Sie ohne Druck ausführen. Dann gehen Sie zu kleinen Kreisbewegungen über, und während der Ballen trockener wird, verstärken Sie langsam den Druck. Tränken Sie den Ballen neu, wenn er ganz trocken ist. Arbeiten Sie so lange weiter, bis die Fläche klebrig wird.*

Führung des Ballens beim Politurauftrag

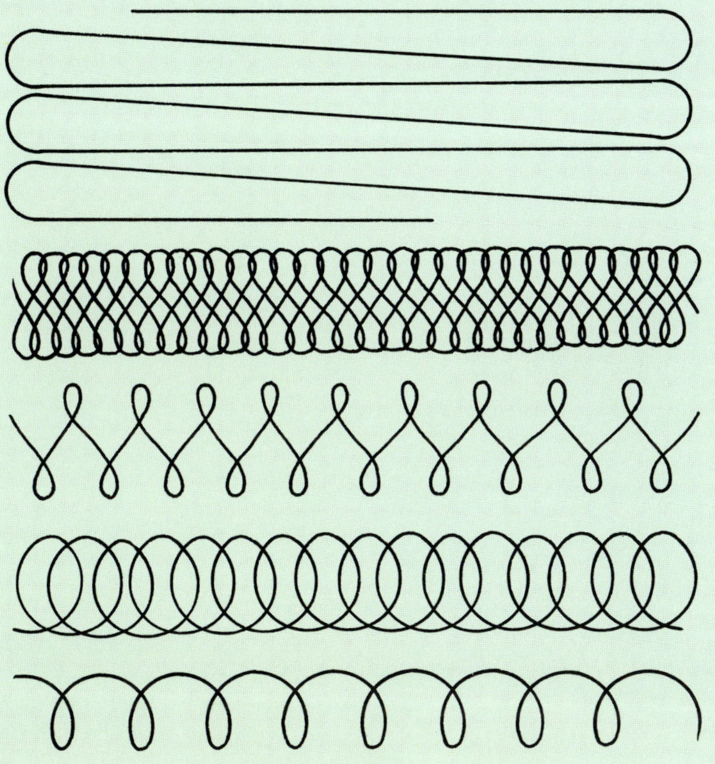

Gerade Züge in Holzfaserrichtung

Ineinandergreifende Achterbewegungen

Weite Achterbewegungen

Ineinandergreifende Kreisbewegungen für einen gleichmäßigen Auftrag

Weite Kreise zum anfänglichen Verteilen der Politur

▲ **4** *Ist der erste Politurauftrag trocken, wird sich die Fläche rauh anfühlen. Schleifen Sie sie leicht mit feinem 320er-Siliziumkarbidpapier. Legen Sie das Papier ganz flach auf die Fläche und fahren Sie mit kreisförmigen Bewegungen sanft darüber. Lassen Sie keine Stelle aus und schleifen Sie die ganze Fläche möglichst gleichmäßig glatt.*

Schellackpolierter Eichentisch

Dieser runde Eßtisch wurde mit Schellack poliert, um eine feine, natürlich wirkende Oberfläche zu erhalten.

Beim Auftragen der Schellackpolitur dürfen keine Spuren bleiben. Mit dem Polierballen muß die Mischung aus Schellack und Polierspiritus gleichmäßig über die zuvor mit Leinöl eingelassene Oberfläche verteilt werden. Der Ballen muß dabei ständig in Bewegung bleiben. Um beispielsweise die Glätte der Oberfläche eines Konzertflügels zu erreichen (das höchste Ziel eines Polierers, obwohl Flügel heute meist spritzlackiert und geschwabbelt werden), müssen die Vorbereitungen dazu mustergültig sein. Sollen die Poren des Holzes völlig geschlossen sein, werden sie mit Porenfüller behandelt (s. Seite 53 – 55). Anschließend muß die Fläche mit immer feiner werdendem Schleifpapier absolut glatt und eben geschliffen werden. Schellack ist besonders empfindlich gegen Wasser und Alkohol. Kontrollieren Sie also, ob die zu polierende Fläche auch wirklich ganz trocken ist. Noch feuchte Stellen schlagen später durch, und die Fläche wird grau. Falls nötig, können Sie die Feuchtigkeit mit einem Bügeleisen und einigen Lagen Packpapier herausbügeln. Denken Sie beim Beizen eines Werkstücks daran, daß der Spiritus in der Schellackpolitur Spiritusbeizen lösen und somit den Farbton verändern wird.

Das Deckpolieren

Wenn auf die Oberfläche eine erste Politurschicht aufgetragen (ein Vorgang, der Grundieren oder auch Grundpolieren genannt wird) und die Fläche leicht zwischengeschliffen und entstaubt worden ist, können Sie mit dem eigentlichen Aufbau der Politurschicht beginnen. Es ist das Deckpolieren. Beginnen Sie mit geraden Strichbahnen zunächst in Faserrichtung des Holzes, dann auch quer dazu. Führen Sie den Ballen mit mäßigem Druck. Wenn Sie auf diese Weise zwei- oder dreimal über die Fläche gegangen sind, wechseln Sie zu kreisförmigen Bewegungen, um die Politur gleichmäßig zu verteilen. Versuchen Sie auch diese Kreise mit gleichbleibendem Druck zu führen. Man neigt gern dazu, bei der Einwärtsbewegung, also dem Bogen hin zum Körper, stärker aufzudrücken. Beschreiben Sie etwa 12 – 15 cm große Kreise und gehen Sie mit dem Ballen über die ganze Kreisfläche. Für größere Flächen braucht man größere Polierballen.

Sobald der Ballen hängenbleibt oder zu schleifen beginnt, muß der Druck auf ihn verstärkt werden, damit er wieder Politur an die Fläche abgibt. Die Oberfläche nimmt in dieser Phase die Politur sehr schnell auf. Sie werden also den Ballen häufig nachfüllen müssen.

Fahren Sie fort, die Politur mit Kreis- und Achterbewegungen in die Fläche zu arbeiten, und halten Sie den Ballen immer in Bewegung.

Fahren Sie nicht über die Stellen, an denen die Politur noch weich ist, da Sie sonst die Politurschicht aufreißen. Lassen Sie sie einige Minuten trocknen, bevor Sie weiterarbeiten.

Hat die ganze Fläche einen feinen Glanz, polieren Sie sie mit geraden Zügen in Faserrichtung aus und lassen die Politur trocknen.

TRÄNKEN DES POLIERBALLENS

- Die Politur muß den Wattekern ganz durchtränken, darf aber nicht heraustropfen. Das Austreten der Politur muß durch stärkeren oder geringeren Druck der Hand auf den Ballen reguliert werden können.
- Falls Sie den Ballen doch zu stark gefüllt haben, pressen Sie den Politurüberschuß heraus und ziehen den Ballen dann über ein sauberes Holzbrettchen, so daß die Sohle trocken wird.
- Verwenden Sie eine mit Politur gefüllte Flasche, um den Ballen zu tränken. Damit Sie die Menge besser dosieren können, schneiden Sie in den Deckel der Flasche Löcher oder einen Schlitz.
- Bewahren Sie den Polierballen nach Gebrauch in einem luftdichten Gefäß auf, damit er nicht austrocknet. Werfen Sie gebrauchte Polierballen nicht weg. Sie sind im Laufe des Gebrauchs immer besser zu verwenden, während ein neuer Ballen erst eingearbeitet werden muß. Ist der Wattekern allerdings hart geworden, müssen Sie ihn doch ersetzen.

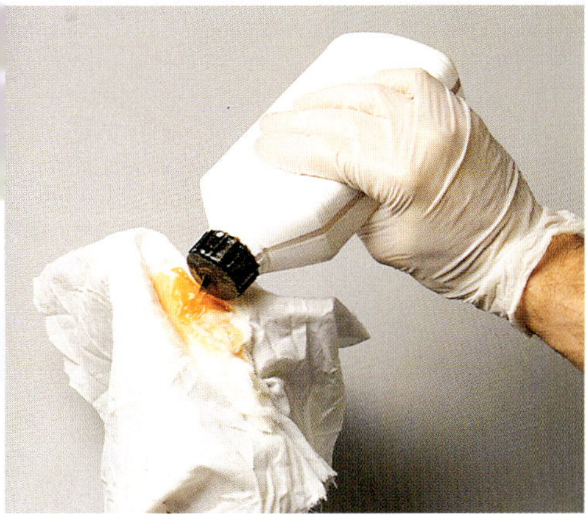

Deckpolieren

▲ **1** *Ist die Oberfläche grundiert und zwischengeschliffen, beginnt das Auftragen der Politur mit dem Polierballen, das sogenannte Deckpolieren. Tränken Sie den Polierballen, indem Sie den Überzugstoff aufklappen und Politur auf den Kern träufeln, bis dieser gesättigt ist. Drücken Sie den Überschuß heraus, indem Sie den Ballen auf ein Papier oder ein Holzbrettchen pressen.*

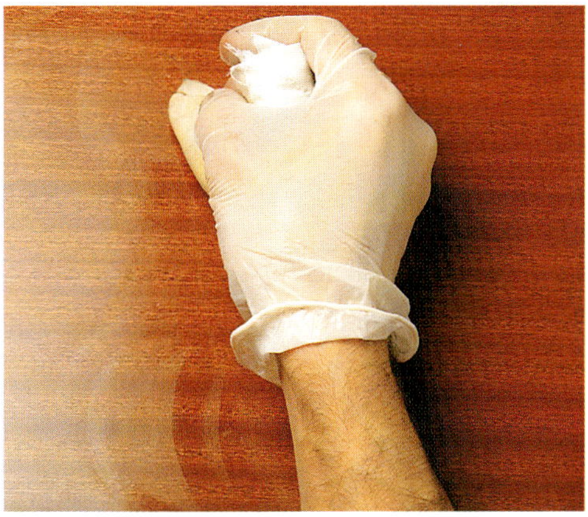

▲ **2** *Bearbeiten Sie die Fläche zuerst mit langen Strichbahnen, dann mit Kreis- und Achterbewegungen. Verstärken Sie den Druck auf den Ballen, wenn dieser allmählich trocken wird. Dazwischen muß er immer wieder neu mit Politur gefüllt werden.*

► **3** *Nach einiger Zeit wird die Fläche leicht klebrig, und der Ballen beginnt zu „ziehen". Geben Sie dann mit dem Finger ein Tröpfchen Leinöl auf die Ballensohle und verreiben Sie es. Nehmen Sie niemals zuviel Öl! Sie können dann in Kreisbewegungen weiterpolieren.*

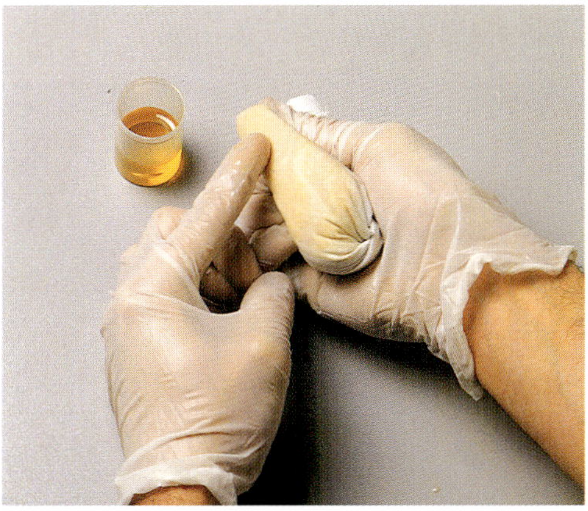

▼ **4** *Durch das Deckpolieren ist jetzt eine glänzende Politurschicht entstanden. Arbeiten Sie aber in Kreis- und Achterbewegungen, dazwischen auch mit langen Quer- und Längszügen weiter. Tränken Sie den Ballen neu, wenn er trocken ist. Machen Sie dies sparsam, aber öfter.*

POLITUR-SORTEN

Das Handpolieren bezieht sich vor allem auf das Polieren mit Schellackpolitur.

Blonde Schellackpolitur

Sie ist bräunlich-gelb und wird auf Nußbaum und Mahagoni verwendet.

Knopfschellack

Dieser Schellack hat eine goldbraune Farbe.

Granatpolitur

Sie ist dunkelrotbraun und wird zum Restaurieren alter Oberflächen empfohlen.

Weiße Politur

Diese Politur wird aus gebleichtem Schellack gewonnen und ist milchig weiß. Sie wird für helle Holzarten, wie Ahorn und Esche, verwendet.

Klare Politur

Sie besteht aus gebleichtem, entwachstem und filtriertem Schellack.

HINWEISE UND TIPS

- Der Polierballen soll feucht, aber niemals zu naß sein.
- Verwenden Sie das Leinöl äußerst sparsam – wenig und öfter ist besser.
- Versuchen Sie, den Ballen immer mit gleichmäßigem Druck zu führen.
- Arbeiten Sie in einer staubfreien Umgebung.
- Drücken Sie einen etwaigen Politurüberschuß auf einem sauberen Brettchen aus dem Ballen.
- Halten Sie Ihre Fingernägel kurz, sie könnten sonst die Oberfläche zerkratzen.
- Der Arbeitsraum sollte zum Polieren eine Temperatur von etwa 18 °C haben.

Farbangleichung

Unterschiede im Farbton zeigen sich oft erst, wenn die Politur trocken ist. Holznägel in Stuhlverbindungen können zu hell sein, oder an den Furnierfugen können sich Schatten zeigen. Betrachten Sie die Fläche in einigem Abstand, um Fehler zu erkennen. Farbunterschiede müssen ausgeglichen und retuschiert werden. Schauen Sie sich deshalb die Oberfläche genau an, um Farbdifferenzen festzustellen. Verwenden Sie zur Farbangleichung Spiritusbeizen und mischen Sie diese mit Politur. Gehen Sie aber vorsichtig mit diesen Beizen um, denn die Farben sind kräftig und werden nur in stark verdünnter Form benötigt, um eine Tönung zu erzeugen. Denken Sie daran, daß es leichter ist, eine Oberfläche dunkler als heller zu machen. Dosieren Sie die Farben vorsichtig. Tragen Sie die Farbe mit einem Watteballen oder Rundpinsel auf. Mischen Sie die Farbe auf einem Stück Papier an. Fehler wie Äste, Leimdurchschlag und Kittstellen müssen mit Pigmenten (s. Seite 66 – 69) retuschiert und abgedeckt werden. Achten Sie darauf, daß sich Pigmente nicht als farbige Stellen auf der Fläche abheben. Retuschieren Sie nötigenfalls mit einem kleinen Pinsel einige Farbtupfer hinzu, um die Maserung nachzuahmen.

Auskitten

Dellen und kleine Löcher können Sie jetzt beseitigen. Füllen Sie die Vertiefungen mit Wachskitt, den Sie mit einem kleinen Messer in die Löcher drücken. Ist der Kitt hart, glätten Sie ihn mit der Rückseite eines Stücks Schleifpapier. Eventuell müssen Sie diese Stellen noch mit einem farbigen Hartwachs nachretuschieren.

Auspolieren

Die deckpolierte Fläche ist nun zum Auspolieren bereit. Nehmen Sie den

Retuschieren

◄ **1** *Der Kratzer auf dieser Oberfläche geht durch die Farbschicht bis in das Holz. Er läßt sich mit Spiritusfarben retuschieren.*

◄ **2** *Mischen Sie die Spiritusfarben, indem Sie ein wenig Beize zu einer 1 : 1-Lösung aus Politur und Spiritus geben. Nehmen Sie zum Ausbessern einen kleinen Malpinsel Nr. 6. Vergleichen Sie die Farbwirkung mit der des Werkstücks, indem Sie die Farbe zur Probe auf ein Brettchen oder ein Stück Karton tupfen.*

◄ **3** *Tupfen Sie die Farbe mit der Pinselspitze auf den Kratzer. Halten Sie Ihre Hand dabei so ruhig wie möglich. Füllen Sie den Kratzer schichtweise auf, während Sie ihn farblich der umliegenden Fläche angleichen. Versuchen Sie beim Retuschieren, die Holzmaserung nachzuahmen.*

◄ **4** *Tragen Sie die Retuschierfarbe nicht auf einmal, sondern schichtweise auf. Ist der Kratzer aufgefüllt, muß er poliert werden, damit die Fläche wieder einheitlich wirkt.*

Polierballen aus der Polierbüchse, tränken Sie ihn mit dünner Politur und bearbeiten Sie damit die Fläche unter leichtem Druck. Beginnt der Ballen zu ziehen, geben Sie einen Tropfen Leinöl auf die Sohle, so daß er besser gleitet. Es bildet sich jetzt ein leichter Ölschleier auf der Oberfläche. Je mehr sich der Glanz steigert, desto trockener wird der Ballen auspoliert, den Sie jetzt nur noch mit Spiritus anfeuchten, um die Oberfläche zu glätten. Zum Schluß geben Sie noch einmal etwas Politur auf den Ballen und fahren damit in langen Zügen in Maserrichtung von einem Ende der Fläche zum anderen. Lassen Sie die Fläche anschließend gut durchtrocknen.

Abpolieren

Für eine Hochglanzoberfläche feuchten Sie den Ballen nur mit reinem Spiritus an und gehen in Rundbewegungen und Längszügen über die Fläche. Der Polierballen muß sich kalt, aber nicht naß anfühlen. Beim Abpolieren wird das noch verbliebene Öl restlos entfernt und der Oberfläche Hochglanz verliehen.

Mattieren

Seidenmatte Oberflächen sind sehr beliebt, weil sie natürlicher wirken. Anstatt das Werkstück mit dem Spiritusballen abzupolieren, mattieren Sie das getrocknete Werkstück mit Bimsmehl oder feiner Stahlwolle und Wachs. Das Bimsmehl kann direkt auf die Fläche gestreut und mit einer weichen Mattierbürste in Holzfaserrichtung verteilt werden. Zum Mattieren von Ecken und Profilen verwenden Sie einen dicken Rundpinsel. Wenn Sie mit Stahlwolle und Wachs mattieren (s. Seite 73 – 75), dürfen Sie nicht zuviel Wachs verwenden. Ist das Wachs trocken, reiben Sie den Überschuß mit einem sauberen, weichen Tuch ab, um eine seidenmatt glänzende Oberfläche zu bekommen. Verwenden Sie dazu ganz feine Stahlwolle.

▲ Vor und nach dem Mattbürsten

Das Mattbürsten mit Bimsmehl erzeugt einen natürlicheren Seidenglanz. Diese Oberfläche eignet sich gut für diese Art der Restaurierung. Sie kann anschließend noch leicht gewachst werden. Bimsmehl gibt es in verschiedenen Feinheitsgraden.

Mattbürsten mit Bimsmehl

▼ 1 *Schütten Sie das Bimsmehl vorsichtig in eine flache Schale. Achten Sie darauf, das Bimsmehl nicht über der Werkstückfläche auszuschütten.*

◄ 2 *Verwenden Sie eine Mattierbürste, um das Bimsmehl aufzutragen. Es ist eine weiche Bürste mit kurzen Borsten. Drücken Sie die Bürste in das Bimsmehl, aber nehmen Sie nicht zuviel davon mit einem Mal auf. Zuviel Bimsmehl schadet zwar der Fläche nicht, muß aber sorgfältig entfernt werden, damit es nicht andere Oberflächen verunreinigt.*

► 3 *Bürsten Sie das Bimsmehl in Holzfaserrichtung über das Werkstück. Bearbeiten Sie alle Flächen möglichst gleichmäßig und lassen Sie keine Stelle aus. Bimsmehl sollte immer sauber und trocken aufbewahrt werden.*

Testen Sie die Wirkung der Stahlwolle zuvor an einem Probestück, um herauszufinden, welcher Feinheitsgrad der geeignete ist. Teilweise ist die Stahlwolle 0000 so fein, daß man die Fläche damit sogar noch glänzender poliert.

Farbstoffe und Pigmente

SIEHE AUCH

44–49 BEIZEN

53–55 PORENFÜLLER

58–65 SCHELLACK-HANDPOLITUR

76–79 LACKIEREN

86–89 STUPFEN

90–93 MASERIEREN

94–97 MARMORIEREN

106–111 SCHABLONEN-MALEREI

124–149 SPRITZLACKE

Holz kann entweder mit Pigmenten oder mit Farbstoffen gefärbt werden. Farbstoffe sind in einem Lösungsmittel gelöst und dringen in die Holzfasern ein. Pigmente bilden eine Dispersion und liegen nur auf der Holzfaser auf. Da Pigmente nicht gelöst sind, setzen sie sich am Gefäßboden ab, wenn sie mit einer Flüssigkeit vermischt sind. Man benutzt Pigmente zum Abdecken von Holzfehlern oder Ästen oder zum Retuschieren einer polierten Fläche. Farbstoffe sind die Färbemittel in den Beizen und können in Spiritus (bei Anilinfarbstoffen) oder in anderen Lösungsmitteln, wie Wasser oder Öl, gelöst werden.

Farbstoffe und Beizen

Farbstoffe lagern sich in die Holzfaser ein und werden zum Verändern des Holzfarbtons verwendet. Aufgrund ihrer Transparenz bleibt die natürliche Zeichnung des Holzes erhalten. Beim Beizen geht es darum, den natürlichen Farbton des Holzes zu betonen. Das kann z. B. bedeuten, mit Hilfe eines rötlichen Farbstoffs das Holz wärmer zu tönen oder aber einen Rotton im Holz mit Hilfe einer grünen Beize zurückzunehmen. Eventuell muß das ganze Werkstück getönt werden, mitunter auch nur kleinere Bereiche. Dies gilt besonders beim Restaurieren oder dann, wenn Teile eines neuen Werkstücks farblich nicht zusammenpassen. Die Beine oder Zargen eines Tischs sind z. B. oft aus einem anderen Stamm als die Tischplatte gefertigt und haben darum einen etwas anderen Farbton. Dies läßt sich durch das Beizen ausgleichen.
Sehen Sie sich das Holz genau an, um herauszufinden, welche Farben nötig

Farben anmischen

▲ **1** *Um neue oder restaurierte Teile farblich anzugleichen, mischen Sie Spiritusbeizen mit Politur und Spiritus. Sie erhalten so eine transparente Farbe, die die Holzmaserung nicht abdeckt. Zum Anmischen der Farben können Sie sich das schon beschriebene Papierschiffchen falten.*

▲ **2** *Mischen Sie den erforderlichen Farbton behutsam, indem Sie jeweils nur eine kleine Farbmenge beigeben. Mit einem kleinen Malpinsel Nr. 6 rühren Sie die Farbe in die 1 : 1-Lösung aus Politur und Spiritus und vermengen Sie gründlich mit der Politurlösung.*

sind, um den Farbton anzugleichen, und probieren Sie verschiedene Farbtöne auf Reststücken vorher aus. Testen Sie die Farbe auf verschiedenen Oberflächen, um herauszufinden, welche Wirkung sie hat. Mit der Zeit und einiger Übung werden Sie die Farbwirkungen immer besser einschätzen können. Versuchen Sie nicht, den gewünschten Farbton beim ersten Mischen zu erreichen, sondern fügen Sie die Farbstoffe nach und nach hinzu. Versuchen Sie, die feinen Farbnuancen der Holzmaserung nachzuahmen. Tragen Sie die Farbe auf kleinere Flächen mit einem Pinsel, auf größere mit einem Wattebausch auf. Bemühen Sie sich um einen klaren, natürlich wirkenden Holzfarbton. Aufgrund der wabenartigen Zellstruktur des Holzes wird die Farbe unterschiedlich reflektiert. Sie sollten also, wenn möglich, solche Farbangleichungen von einem bestimmten Blickwinkel aus vornehmen. Einen Stuhl z. B. sollte man auf den Boden stellen und eine Wanduhr hingegen in Brusthöhe bearbeiten. Die meisten Holzarten haben einen Braunton. Er reicht vom Beige der Eiche bis zum Braunschwarz des

▲ **2** *Kleben Sie das Spiegelglas mit doppelseitigem Klebeband und Papier ab. Verwenden Sie einen Wattebausch zum Auftragen der Farbe. Tauchen Sie die Watte in die Farbe. Nehmen Sie nur sparsam Farbe auf, denn Sie dürfen nicht zuviel davon auf einmal aufbringen.*

▲ **3** *Drücken Sie die überschüssige Farbe auf einem Stück Papier oder Karton aus der Watte. Durch das Ausdrücken wird die Farbe in der Watte selbst noch besser verteilt. Es erleichtert einen gleichmäßigen Auftrag. Bedenken Sie, daß nur eine Farbnuance aufgebracht werden soll.*

Farbangleichung

► **1** *Der Rahmen dieses Frisierspiegels ist etwas heller als sein Gestell. Er muß deshalb farblich angeglichen werden, bevor das Stück fertig bearbeitet werden kann.*

WICHTIG

Werkzeuge und Materialien

- Verschiedene Pinsel und Watte
- Pigmente und Farbstoffe
- Politur
- Spiritus

Probleme

- Häufig wird die aufgebrachte Farbe zu dunkel. Gehen Sie deshalb langsam und schrittweise vor. Versuchen Sie nicht, einen perfekten Farbton mit einem Auftrag zu erreichen.

► **4** *Tragen Sie die Farbe in geraden Zügen und mit gleichmäßigem Druck auf die Oberfläche auf. Folgen Sie der Holzfaserrichtung. Erst wenn der erste Auftrag getrocknet ist, dürfen Sie ein zweites Mal über die Fläche gehen. Wenn Sie auf noch nasse Farbe eine weitere Farbschicht aufbringen, wird die Oberfläche fleckig. Bauen Sie die Farbschicht schrittweise auf, bis die gewünschte Schattierung erreicht ist.*

► **5** *Ist das Einfärben beendet, müßte der Rahmen farblich zum Rest des Spiegels passen. Der Farbton sollte einheitlich sein. In der gleichen Weise können auch neu eingesetzte Furnierflicken farblich angepaßt werden.*

HINWEISE UND TIPS

- Zum Färben sollte das Werkstück auf entsprechender Blickhöhe stehen. Ein Stuhl beispielsweise auf dem Boden und eine Wanduhr in Brusthöhe.
- Nehmen Sie Beizen, um einen Farbton anzugleichen.
- Verwenden Sie Pigmente, um Fehler auszubessern.
- Arbeiten Sie möglichst bei Tageslicht.
- Sehen Sie sich den Farbton und die Maserung des Holzes vorher genau an.

Ebenholzes. Dazwischen liegen unzählige Farbnuancen. Viele Hölzer können mit Bismarckbraun (einer rötlichen Farbe) und schwarzer Spiritusbeize angeglichen werden, wobei Grün, Blau und Gelb zum Abtönen verwendet werden. Achten Sie darauf, welche Farbtöne das verwendete Holz hat.

Pigmente

Pigmente müssen vor dem Auftragen gemischt werden, um den richtigen Farbton zu erhalten. Im Unterschied zu den Beizen sind die Pigmentfarben meist nicht transparent, d. h. sie sind deckend.

Im allgemeinen benötigt man nur etwa acht verschiedene Pigmentfarben, die mit Spiritus und/oder Schellackpolitur vermischt werden, um das gewünschte Ergebnis zu erreichen. Verwenden Sie Pigmente zusammen mit Politur, tragen Sie die angefärbte Politur mit dem Polierballen oder einem Pinsel auf. Pigmente sind sehr farbintensiv. Setzen Sie sie deshalb nur in kleinsten Mengen ein und geben Sie das Pulver mit einem Kittmesser zu. Verwenden Sie einen kleinen Malpinsel, um Pigmente auf Fehlstellen aufzutragen. Eine ruhige Hand ist dabei äußerst wichtig. Ein auf der Oberfläche abgestützter Finger reicht aber meist aus, um die Hand sicherer führen zu können.

FARBEN MISCHEN

- Gelber Ocker mit Weiß ergibt einen Eichenton.
- Gelber Ocker mit Titanweiß und Bismarckbraun ergibt einen Mahagoniton.
- Umbra mit Schwarz ergibt einen dunklen Eichenton.
- Umbra mit gelbem Ocker ergibt einen braunen Eichenton.
- Umbra mit Weiß und gelbem Ocker ergibt einen Nußbaumton.
- Chromorange kaschiert schwarze Flecke.

◄ Ölfarben
Howard Raybould hat für diese Säule verschiedene Ölfarben eingesetzt. Er trug die Künstlerölfarben mit einem Pinsel auf und rieb dann die Farbe mit einem weichen Tuch und seinen Fingern in das Holz hinein.

▲ Abdeckarbeiten
Howard Raybould hat die Platte und die Beine dieses Beistelltischs mit Ölfarben gefärbt und die Zargen gespritzt, indem er die jeweiligen Stellen mit unterschiedlich geformten Sperrholzstückchen abdeckte.

Öloberflächen

SIEHE AUCH

18–19 SCHLEIFMASCHINEN
20–22 SCHLEIFMITTEL
44–49 BEIZEN
73–75 WACHSOBERFLÄCHEN

Das Ölen ist eines der ältesten Verfahren zum Schutz und zur Veredelung von Holzoberflächen. Früher wurde dazu in der Regel Leinöl verwendet. Öloberflächen werden zunehmend beliebter, weil sie sich leicht auffrischen und pflegen lassen. Außerdem kann man im Gegensatz zu Lackoberflächen bei einer geölten Oberfläche den Reiz des Holzes noch spüren.

Eine Öloberfläche hat zwar nicht die gleiche Strapazierfähigkeit wie moderne Lackoberflächen. Sie bekommt auch leichter Flecke oder Kratzer, ist jedoch nicht so empfindlich wie schellackpolierte Oberflächen.

Teaköl und Danish Oil trocknen schneller als Leinöl und sind daher einfacher zu verarbeiten.

Wenn Sie das Holz beizen wollen, müssen Sie das vor dem Ölen tun. Verwenden Sie Wasserbeizen und keine Lösungsmittelbeizen, weil diese mit dem Überzug reagieren und fleckig werden.

Leinöl

Eine Leinöloberfläche ist einfach auszuführen. Sie braucht allerdings einige Zeit, um durchzutrocknen. Neues Holz bedarf meist mehrerer Leinölüberzüge.

Ölen

▼ **1** *Beinahe alle Holzarten lassen sich hervorragend ölen. Das Öl bringt den natürlichen Ton und die Zeichnung des Holzes besonders schön zur Geltung. Tragen Sie das Öl – ob Leinöl, Tungöl oder Danish Oil – mit einem weichen Tuch auf. Tränken Sie das Tuch mit so viel Öl, daß sie eine satte, gleichmäßige Schicht auf die Oberfläche bringen können.*

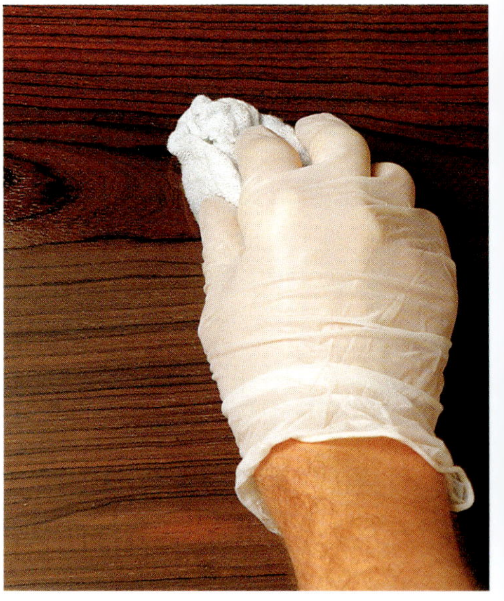

▲ **2** *Reiben Sie das Öl kräftig über die ganze Oberfläche. Wichtig ist dabei, daß alle Stellen gleichmäßig bearbeitet werden, da sonst die Oberfläche später fleckig aussehen wird. Reiben Sie das Öl erst in kreisförmigen Bewegungen und zum Schluß mit geraden Zügen in Faserrichtung in das Holz.*

▲ **3** *Lassen Sie das Öl über Nacht trocknen. Bei sehr grobporigen Holzarten wird das Öl dann vollständig eingezogen sein. Schleifen Sie nun die rauhe Holzfläche mit feinem 320er-Schleifpapier. Tragen Sie weitere Schichten auf, bis die gewünschte Oberflächenqualität erreicht ist. Jeder Auftrag muß aber über Nacht trocknen und vor dem nächsten Auftrag fein zwischengeschliffen werden. Meistens sind drei oder vier Ölaufträge ausreichend.*

◄ **4** *Die Trockenzeit schwankt zwischen einigen Stunden und Tagen und ist von dem verwendeten Öl abhängig (siehe auch die nebenstehenden Hinweise). Ist die Oberfläche trokken, gehen Sie mit feiner Stahlwolle Nr. 0000 darüber, bis sie glänzt. Reiben Sie immer in Faserrichtung und mit gleichbleibendem Druck, um dem ganzen Stück einen einheitlichen feinen Seidenglanz zu verleihen.*

► **5** *Polieren Sie die Fläche anschließend mit einem sauberen, weichen Tuch nach, um so jeglichen Staub, der vom Abreiben mit der Stahlwolle herrührt, zu entfernen.*

◄ **6** *Öl erwärmt sich, wenn es - durch Oxidation - trocknet. Mit Öl getränkte, zusammengeknüllte Lappen können sich unter Umständen selbst entzünden. Entsorgen Sie deshalb gebrauchte Lappen, indem Sie sie zuerst in einen Eimer mit Wasser tauchen. Nach einem Tag können Sie sie dann unbesorgt beseitigen.*

WICHTIG

Vorsichtsmaßnahmen

Lassen Sie einen ölhaltigen Lappen niemals zusammengeknüllt liegen. Beim Oxidieren entwickelt sich Wärme, die zu einer Selbstentzündung des Lappens führen kann.

Lassen Sie solche Lappen ausgebreitet im Freien trocknen, wenn Sie sie weiterverwenden oder auch wegwerfen wollen.

Material

- Flachpinsel
- Weiches, nichtfusselndes Tuch
- Siliziumkarbidpapier
- Stahlwolle Nr. 0000 oder ein Scheuerschwamm aus Kunststoff

Probleme

Beim Ölen sehr dünner Werkstücke besteht die Gefahr, daß sie sich beim Trocknen verziehen.

Geeignete Oberflächen

Jedes Holz kann geölt werden. Teak, Palisander und Eiche empfehlen sich besonders.

Trockenzeit

Rohes Leinöl braucht 3 Tage zum Trocknen.

Leinölfirnis benötigt 24 Stunden zum Austrocknen.

Teaköl und Danish Oil brauchen 12 Stunden.

Polyurethanöl trocknet schon über Nacht.

TIPS

- Dünnflüssigeres Leinöl läßt sich besser auftragen. Gießen Sie es dazu in ein Gefäß, das Sie dann in ein heißes Wasserbad stellen.
- Einen ausreichenden Ölauftrag erkennt man an der Bildung öliger Flecke.
- Öl verleiht der Holzoberfläche einen dunkleren Ton.
- Für Salatschüsseln oder andere Gegenstände, die in Kontakt mit Nahrungsmitteln kommen, verwendet man ungiftige Öle oder Speiseöle, wie z. B. Olivenöl.

Während des komplizierten Oxidationsvorgangs nimmt rohes Leinöl beim Austrocknen effektiv an Gewicht zu, es trocknet aber nicht so schnell wie Leinölfirnis. Leinölfirnis oxidiert teilweise und braucht etwa einen Tag zum Trocknen, rohes Leinöl hingegen drei Tage. Leinöl ist allerdings beständiger gegen Witterungseinflüsse, doch weder rohes Leinöl noch Leinölfirnis sind für die Anwendung im Freien geeignet.
Tragen Sie das Öl mit einem Tuch auf und reiben Sie es in das Holz hinein. Lassen Sie es mindestens 24 Stunden trocknen. Für die ersten Aufträge können Sie das Leinöl auch mit Terpentinersatz verdünnen, damit es besser in das Holz eindringt und schneller trocknet. Danach tragen Sie das Öl unverdünnt auf, bis sich ein Oberflächenfilm gebildet hat. Das Erhitzen von Leinöl verringert seine Viskosität und fördert das Eindringen in das Holz. Es kann sich dabei jedoch leicht entzünden.
Prüfen Sie, ob das Öl getrocknet ist, indem Sie mit der Hand über die Oberfläche fahren. Das Öl muß vollständig eingezogen sein, bevor Sie mit dem nächsten Auftrag beginnen. Wenn Sie mit der Oberfläche zufrieden sind, reiben Sie sie mit einem weichen Tuch glänzend.

Teaköl und Danish Oil

Diese beiden Öle trocknen schneller als Leinöl und bilden einen widerstandsfähigeren Überzug. Teaköl hinterläßt

► **Die natürliche Schönheit des Holzes betonen**
Die natürliche schöne Altersfärbung dieses Kästchens wurde durch die Oberflächenbehandlung mit Öl noch hervorgehoben. Das Öl veredelt und schützt gleichzeitig die Holzoberfläche auf hervorragende Weise. Öloberflächen sind relativ leicht aufzutragen. Diese Arbeit braucht jedoch Zeit, vor allem wenn es sich um neues, grobporiges Holz handelt.

einen leichten Glanz, Danish Oil einen natürlicheren Mattglanz. Beide Öle sind für neue Werkstücke gut geeignet. Für alte Stücke verwendet man besser Leinöl. Einige dieser Öle sind eingefärbt, und alle enthalten Trocknungsmittel und manchmal auch Tungöl zur Verbesserung ihrer Schutzeigenschaften. Reines Tungöl ist im Fachhandel erhältlich. Es wird ähnlich wie Danish Oil eingesetzt. Tragen Sie diese Öle mit einem Tuch oder einem Flachpinsel auf. Verwenden Sie nicht zu große Mengen des Öls auf einmal, da es sonst nicht vollständig in das Holz einzieht. Lassen Sie die Fläche vor dem nächsten Auftrag 24 Stunden trocknen. Zwischen den einzelnen Aufträgen muß mit feinem Siliziumkarbidpapier zwischengeschliffen werden. Drei oder vier Aufträge werden in der Regel genügen.
Ist der Überzug zu dünn und beginnt er zu verschmutzen, tragen Sie noch einmal Öl auf.

Lackfirnis

Mischt man dem Leinöl Öllack bei, erhält man einen noch härteren Überzug. Die Überzugschicht wird so strapazierfähiger als bei einem reinen Ölauftrag und auch schneller glänzend. Lackfirnis gibt es streichfertig zu kaufen. Möchten Sie ihn selbst ansetzen, mischen Sie 2 Teile Terpentinersatz (oder Terpentin) und Öl mit 1 Teil Lack. Probieren Sie verschiedene Mischungsverhältnisse aus, um die gewünschte Wirkung zu erhalten. Terpentin und Terpentinersatz sind im allgemeinen zum Verdünnen austauschbar (echtes Terpentin riecht im Gegensatz zu Terpentinersatz deutlich nach Kiefernharz).
Tragen Sie Lackfirnis mit einem Flachpinsel oder einem Tuch auf und lassen Sie ihn trocknen. Für eine glänzende Oberfläche reiben Sie die Fläche mit einem weichen Tuch ab. Für eine matte Oberfläche nehmen Sie Stahlwolle Nr. 000 und wachsen sie anschließend.

Wachsoberflächen

SIEHE AUCH

18–19 SCHLEIF-MASCHINEN
20–22 SCHLEIFMITTEL
44–49 BEIZEN
58–65 SCHELLACK-HANDPOLITUR
66–69 FARBSTOFFE UND PIGMENTE

Das Wachsen ist ein traditionelles Verfahren, um eine Holzoberfläche zu schützen und zu veredeln. Die Einführung der Schellackpolitur drängte die Verwendung von Wachs allerdings etwas in den Hintergrund. Wachs verleiht dem Holz einen natürlichen Glanz. Ebenso wie eine geölte Oberfläche ist auch die Wachsoberfläche im Grunde genommen niemals vollendet. Durch das ständige Benutzen bzw. Darüberwischen und -reiben bekommt sie mit den Jahren eine interessante Patina. Möbelwachs besteht zumeist aus Bienenwachs und Karnaubawachs. Beide werden mit Terpentinöl zusammengeschmolzen, um ein hartes, aber leicht aufzutragendes Wachs zu erhalten. Karnaubawachs ist sehr hart und häufig ein Bestandteil von Bohnerwachs. Drechsler verwenden Karnaubawachs in Stangenform. Sie halten die Stange gegen das sich drehende Werkstück und polieren es anschließend mit einem weichen Tuch. Man muß allerdings dabei aufpassen, das Tuch nicht zu fest gegenzudrücken, da sonst das Wachs schmilzt und wieder abgerieben wird. Für dunkle oder helle Holzarten können angefärbte Wachspolituren verwendet werden. Die dunklen Wachse sind besonders für Restaurierungen und für Antikeffekte geeignet. Bei einigen dunkleren Holzarten empfiehlt sich vor dem Wachsen das Beizen mit einer dunklen Wasserbeize.

Tragen Sie vor dem Wachsen eine dünne Schellackgrundierung auf, um das Holz besser zu schützen und die Poren etwas zu füllen. Zwischen den Grundieraufträgen und danach schleifen Sie die Fläche mit feinem Siliziumkarbidpapier glatt. Heute sind zahlreiche fertige Wachspolituren mit weicherer oder härterer Konsistenz im Handel erhältlich. Einige von ihnen sind gefärbt, wobei die dunkleren Antikwachse sich vor allem zur Behandlung alter Eichenoberflächen eignen. Auch gebeizte Oberflächen lassen sich gut wachsen. Verwenden Sie hierbei aber besser keine Lösungsmittelbeizen. Um einen bestimmten Farbeffekt zu erreichen, ist es außerdem möglich, dem Wachs entsprechende Pigmente beizumengen.

Wachsen

► **1** *Ein Wachsüberzug wird Maserung und Farbton dieses alten Eichentabletts auffrischen.*

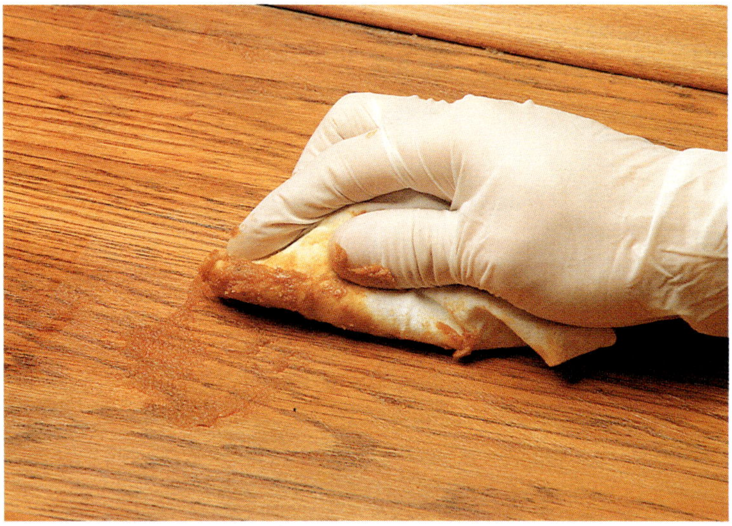

▲ **2** *Tragen Sie das Wachs mit einem weichen, mehrfach zusammengefalteten Tuch auf. Nehmen Sie das Wachs auf das Tuch und reiben Sie es mit kreisförmigen Bewegungen in das Holz. Ziehen Sie es dann mit langen Zügen in Faserrichtung aus. Die Oberfläche sollte jetzt gleichmäßig bedeckt sein.*

◀ **3** *Lassen Sie die Fläche 15 Minuten trocknen und bringen Sie dann mit feiner Stahlwolle Nr. 000 weitere Wachsschichten auf. Verreiben Sie das Wachs in Faserrichtung. Bauen Sie so die Oberfläche nach und nach auf und lassen Sie jeden Auftrag über Nacht trocknen. Vier oder fünf Wachsaufträge sind ausreichend.*

◀ **4** *Eine glänzendere Oberfläche erhält man durch das Abreiben mit einem weichen Tuch. Drücken Sie dabei das Tuch nicht zu fest auf, sonst kann die gleichmäßige Wachsschicht aufreißen.*

BIENENWACHS

- Reines Bienenwachs kann man gebrauchsfertig in Blöcken oder Stücken kaufen.
- Es ist natürlich möglich, Bienenwachs in seiner ursprünglichen Form, als Wabe, bei einem Imker zu bekommen. Der Honig wurde natürlich vorher entfernt. Um das Wachs für Oberflächenzwecke gebrauchen zu können, schmelzen Sie die Wabe im Wasserbad, bis das Wachs flüssig ist. Seien Sie vorsichtig beim Erhitzen, denn Wachs ist leicht entzündlich. Lassen Sie das Wachs abkühlen und fest werden. Dann geben Sie etwa 5 % Leinöl hinzu, um es geschmeidig zu halten.
- Naturwachs hat eine gelbliche Farbe. Es kann aber gebleicht werden, um ein weißes Wachs zu erhalten, das härter ist. Der Schmelzpunkt von Bienenwachs liegt bei etwa 65 °C. Wollen Sie ein härteres Bienenwachs haben, mischen Sie Karnaubawachs bei, das einen Schmelzpunkt von 85 °C hat. Sie können auch festes Paraffin oder Stearin hinzugeben, damit sich das Wachs besser auftragen läßt.
- Kaufen Sie Bienenwachs in Stücken oder Blöcken, reiben Sie es mit einer Käsereibe in ein Glasgefäß. Gießen Sie Terpentinöl darüber und lassen Sie es über Nacht stehen. So entsteht eine Paste, die sich gut mit dem Pinsel auftragen läßt und dann 12 Stunden austrocknen muß. Ist der erste Auftrag trocken, bringen Sie eine weitere Schicht auf, bis sich ein fester Oberflächenfilm gebildet hat und die Fläche abpoliert werden kann.

▼ **5** *Nach dem Wachsen zeigt sich die wahre Schönheit dieses Tabletts.*

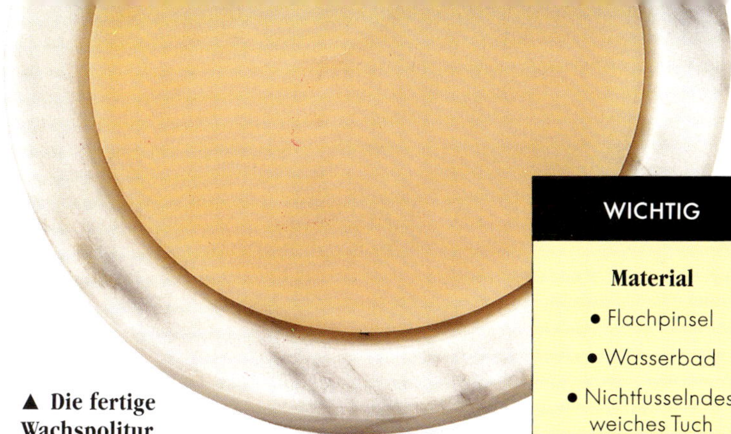

▲ Die fertige Wachspolitur
Die Wachspaste kann aufgetragen werden, wenn sie völlig abgekühlt ist.

Wachspolitur aus Bienenwachs

▲ 1 *Nehmen Sie 10 Teile Bienenwachs und 1 Teil Karnaubawachs und reiben Sie es auf ein sauberes Papier.*

◀ 2 *Schmelzen Sie das Wachs in einer Dose oder einem Topf auf einer Elektroplatte. Sie können auch einen Wasserbad-Leimkocher, wie hier gezeigt, verwenden. Lassen Sie das geschmolzene Wachs nicht kochen. Dies kann zu einer Verfärbung des Wachses führen. Das Schmelzen dauert etwa 10 Minuten.*

◀ 3 *Nehmen Sie den Topf von der Platte und gießen Sie 10 Teile Terpentinöl auf 1 Teil geschmolzenes Wachs. Rühren Sie beim Hineingießen um, bis die Mischung cremig ist.*

▲ 4 *Hat die Mischung die richtige Konsistenz, und haben sich alle Wachsspäne aufgelöst, gießen Sie sie in ein flaches Gefäß. Lassen Sie sie dort auskühlen.*

HINWEISE UND TIPS

- Grundieren Sie vor dem Wachsen mit Schellackgrundierung.
- Die Wachsschicht muß vor weiteren Aufträgen getrocknet sein.
- Wachs läßt sich entfernen, indem man die Fläche mit Terpentinersatz und Stahlwolle abreibt. Der dabei entstehende Schmierfilm wird sauber abgewischt.
- Der Oberflächenglanz ist stärker vom Abpolieren als von den Wachsschichten abhängig.

WICHTIG

Material

- Flachpinsel
- Wasserbad
- Nichtfusselndes, weiches Tuch
- Feine Stahlwolle
- Bienenwachs und Karnaubawachs
- Terpentinöl

Probleme

Beim Wachsen einer Fläche, die zuvor mit Ölbeize behandelt wurde, kann die Beize angegriffen werden.

Reiben Sie eine Wachsoberfläche zu früh ab, kann die Wachsschicht aufreißen.

Geeignete Oberflächen

Eiche eignet sich besonders für eine Wachsoberfläche.

Gedrechselte Holzteile lassen sich gut mit einer Wachspolitur und Karnaubawachs behandeln.

Für moderne Stücke empfiehlt sich vor dem Wachsen ein Einlassen mit Schellackgrundierung.

Trockenzeit

Die Trockenzeit zwischen den Aufträgen beträgt mindestens 12 Stunden.

Bienenwachs kann nach etwa 15 Minuten auspoliert werden.

Karnaubawachs kann sofort auspoliert werden.

Lackieren

SIEHE AUCH

14–15
PINSEL FÜR DIE OBERFLÄCHE

18–19
SCHLEIF-MASCHINEN

44–49
BEIZEN

168–169
GESUNDHEIT UND SICHERHEIT

TIPS

- Gießen Sie den Lack in eine größere Blechdose um und befestigen Sie einen Draht über der Öffnung, an dem Sie überschüssigen Lack vom Pinsel abstreifen können.
- Sorgen Sie dafür, daß die Werkstatt möglichst staubfrei ist. Sprenkeln Sie nötigenfalls Wasser auf den Fußboden, und achten Sie auch darauf, daß Ihre Kleidung staubfrei ist.
- Verwenden Sie zum Lackieren einen Qualitätspinsel.
- Prüfen Sie mit dem Daumennagel die Härte der Lackschicht.

Es gibt heute die unterschiedlichsten Lackarten für viele Anwendungsbereiche. Anders als Polituren bilden sie auf der Holzoberfläche einen festen Überzug. Manche Lacke sind sehr wasserbeständig, wiederum andere trocknen sehr schnell. Lacke werden heute nach ihren Harzbestandteilen benannt. Die Streichlacke werden mit dem Pinsel aufgetragen und stehen als Glanz-, Seidenglanz- oder Mattlacke zur Verfügung. Seidenmatt- und Mattlacke enthalten ein Mattmittel, um eine Oberfläche zu erzeugen, die das Licht nicht so direkt reflektiert wie eine hochglänzende Fläche. Eine matte Oberfläche zeigt den Charakter des Holzes besser als eine Hochglanzfläche, deren Spiegelung die Holzzeichnung eher überdeckt. Es lohnt sich auf jeden Fall, sich einen guten Lackierpinsel anzuschaffen. Er kann möglicherweise sehr teuer sein, ist aber entscheidend für ein gutes Arbeitsergebnis. Lassen Sie sich in einem Fachgeschäft beraten.

Lackbeizen

Diese Lacke, die streichfertig mit Farbstoffen versetzt sind, gibt es in vielen verschiedenen Farbtönen. Die Holzmaserung wird durch diesen Lack etwas verdeckt. Die Lackbeizen eignen sich deshalb besonders zum Streichen von weniger attraktiven Holzarten. Wichtig ist ein gleichmäßiger Auftrag, um einen einheitlichen Farbton zu erhalten.

Polyurethanlack

Polyurethanlacke sind inzwischen die am häufigsten verwendeten Heimwerkerlackfarben. Es gibt sie für die Außenanwendung oder mit einem Thixotropiermittel versetzt als Gel, das auf senkrechten Flächen nicht abläuft.

▲ **Hochglanz**
Sehen Sie, wie sich die Rose in der Hochglanzfläche spiegelt? Diese Reflexionen können jedoch manchmal störend sein, da sie die natürliche Wirkung des Holzes überdecken.

▲ **Seidenglanz**
Die Spiegelung ist etwas zurückgenommen. Die Feinheiten der Rose lenken weniger von der Holzmaserung ab.

▲ **Mattglanz**
Ein Mattlack liefert die natürlichste Oberfläche. Farbe und Zeichnung des Holzes kommen aufgrund der geringen Spiegelung schön zur Geltung.

▼ Der Lackauftrag

Tragen Sie den Lack zuerst möglichst mit einem speziellen Lackpinsel quer zur Holzfaserrichtung auf, um ihn gleichmäßig auf der Fläche zu verteilen. Dann ziehen Sie den Pinsel mit ganz geringem Druck diagonal über die Fläche. Zum Schluß streichen Sie mit leichtem Druck in Faserrichtung. Dies hinterläßt die wenigsten Pinselspuren.

Eine matte Oberfläche

▼ 1 *Mit Hochglanzlack erhält man einen schöneren Mattglanz als durch den Auftrag eines fertigen Mattlacks. Tragen Sie den Hochglanzlack zunächst wie gewohnt auf. Reiben Sie dann die getrocknete Oberfläche mit feiner Stahlwolle Nr. 000 ab. Das hinterläßt feinste Kratzer und verringert so die Reflexionen auf der Oberfläche. Arbeiten Sie mit der Stahlwolle immer in Faserrichtung und nur mit geringem Druck.*

▼ 2 *Nachdem Sie die Fläche mit Stahlwolle abgerieben haben, tragen Sie mit einem weichen Tuch Wachs in Faserrichtung auf. Nehmen Sie nicht zuviel Wachs. Es läßt sich sonst später schlecht abpolieren.*

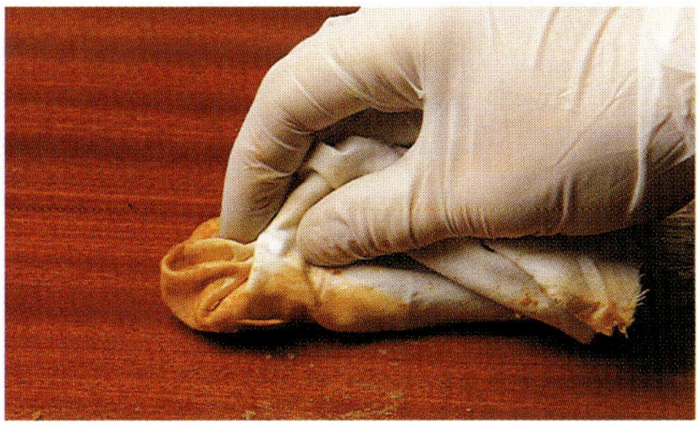

▲ 3 *Lassen Sie die gewachste Fläche etwa eine Stunde trocknen. Reiben Sie sie dann mit einem sauberen, weichen Tuch ab. So entsteht ein schimmernder Mattglanz.*

Eine seidenmatte Oberfläche

▲ 1 *Bearbeiten Sie die getrocknete Hochglanzfläche mit Bimsmehl und einer Mattierbürste, um einen schönen Seidenglanz zu erhalten. Geben Sie dafür etwas Bimsmehl in eine flache Schale.*

Die Lacke werden in Matt-, Seidenmatt- und Glanzausführung geliefert, verlaufen gut und lassen sich mit dem Pinsel auftragen. Allerdings sollte der letzte Auftrag mit so wenig Pinselzügen wie möglich aufgebracht werden, um Schlieren zu vermeiden.

WICHTIG

Vorsichtsmaßnahmen

Arbeiten Sie immer nur in gut belüfteten Räumen.

Tragen Sie beim Zwischenschleifen eine Atemschutzmaske.

Bei der Verarbeitung von Zweikomponentenlacken müssen Sie sehr sorgsam vorgehen. Halten Sie die jeweilige Spezialverdünnung immer bereit und sorgen Sie für ausreichende Belüftung.

Material

- Farbeimer
- Flachpinsel
- Feines Siliziumkarbidpapier
- Terpentinersatz
- Leinöl, Bimsmehl oder Stahlwolle Nr. 000 und Wachs

Probleme

Jede der einzelnen Lackschichten muß gut durchgetrocknet sein, bevor Sie die nächste aufbringen.

Thixotrop eingestellte Lacke dürfen nicht umgerührt werden. Es zerstört die gelartige Konsistenz.

Trockenzeit

Lacke brauchen etwa 6 – 7 Stunden zum Trocknen.

Geeignete Oberflächen

Jede Holzoberfläche kann lackiert werden.

◄ **2** *Eine Mattierbürste hat kurze, weiche Borsten, ähnlich einer Schuhbürste. Nehmen Sie das Bimsmehl auf, indem Sie die Bürste in die Schale mit dem Bimsmehl drücken.*

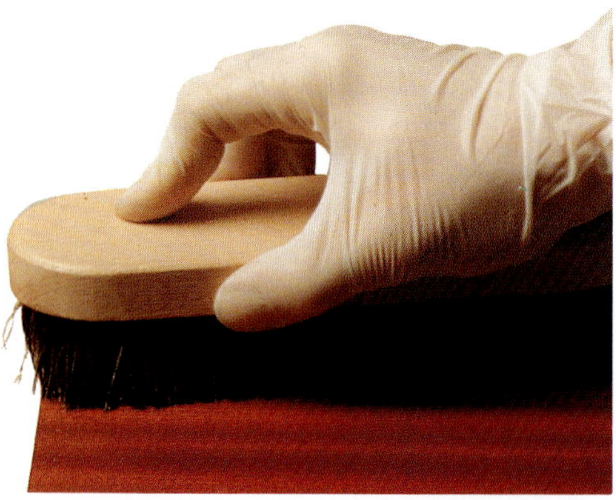

◄ **3** *Fahren Sie nun mit der Bürste in langen Bahnen in Richtung der Holzfaser über die Fläche. Für gerundete Flächen nehmen Sie ein in Bimsmehl getauchtes weiches Tuch. Bearbeiten Sie die ganze Fläche gleichmäßig und lassen Sie keine Stelle aus. Bürsten Sie so lange, bis der gewünschte Seidenglanz erreicht ist.*

VORBEREITEN NEUER PINSEL

- Neue Lackierpinsel müssen zuerst gereinigt werden, da sie sonst ihre Haare verlieren und außerdem hart werden.
- Kneten Sie die Haare durch und ziehen Sie die lose gewordenen Haare aus. Hängen Sie die Pinsel mit Hilfe einer Drahtvorrichtung in Leinöl, so daß die Haare nicht den Gefäßboden berühren. Nach ungefähr einem Tag drücken Sie den mit Leinöl vollgesogenen Pinsel auf Packpapier aus und reinigen die Haare anschließend mit Terpentinersatz.
- Formen Sie die Haare gerade und umwickeln Sie sie mit weißem Papier, das Sie mit einem Gummiband um die Zwinge festhalten. Bewahren Sie Pinsel liegend auf.

Wasserlösliche Lacke

Wasserlösliche Lacke trocknen schneller und sind nicht feuergefährlich. Möchten Sie Oberflächen auf umweltfreundliche Weise behandeln, dann sollten Sie diese Lacke verwenden. Zum Auftragen verwendet man einen Pinsel.

Zweikomponenten-Polyurethanlacke

Diese Lacke benötigen zum Aushärten eine Säurebeigabe, den sogenannten Härter. Sie sind widerstandsfähiger als die normalen Einkomponentenlacke auf Polyurethanbasis und eignen sich besonders zum Versiegeln von Fußböden und stark beanspruchten Flächen. Bei der Verarbeitung entstehen allerdings beißende Dämpfe. Diese Lacke können auch mit Beizen reagieren. Um eine Hochglanzfläche zu erzeugen, trägt man drei oder vier Lackschichten auf und poliert den letzten Auftrag mit feiner Schleifpaste und einem weichen Tuch. Zwei Aufträge reichen aus, wenn der Lack mit feiner Stahlwolle und Wachspolitur mattiert werden soll.

Der Lackauftrag

Wie bei anderen Überzügen muß die Holzoberfläche auch hier gut vorbereitet werden. Risse und Löcher müssen ausgekittet und die Oberfläche plan geschliffen werden. Lack ist einfacher zu verarbeiten als andere Oberflächenmittel, da er einen Überzug bildet, der sich anschließend auch schleifen läßt. Durch die Lichtbrechung werden allerdings Schönheitsfehler in der Fläche noch besonders betont. Reinigen Sie das Werkstück zuerst mit Terpentinersatz, um Wachs- oder Ölreste zu entfernen, vor allem wenn die Oberfläche zuvor abgebeizt wurde.
Sie können das Holz auch vor dem Lackieren noch beizen. Denken Sie daran, daß Spirituslacke eventuell verwendete Spiritusbeizen angreifen werden und daß Öllacke auf Lösungsmitteilbeizen fleckig werden. Überprüfen

Sie also immer zuerst die Zusammensetzung des Lacks. Vergewissern Sie sich vor dem Lackauftrag, ob die Beize auch völlig getrocknet ist. Falls Sie eine Wasserbeize verwendet haben, sollten Sie mit feinem Siliziumkarbidpapier zwischenschleifen.
Die Lackhersteller raten von einer Verdünnung der Lacke meist ab. Lacke auf Terpentinbasis sollte man jedoch mit etwa 10 % Terpentin verdünnen, so daß sie besser in das Holz eindringen.
Tauchen Sie den Pinsel in den Lack und streichen Sie ihn dünn von der Mitte der Fläche nach außen auf. Um Tropfen und Läufer zu verhindern, werden die Kanten zuerst lackiert. Streichen Sie zuerst in Faserrichtung des Holzes, dann quer zu ihr und zum Schluß noch einmal längs zur Faser, um einen gleichmäßigen Lackauftrag zu erhalten. Führen Sie den Pinsel nur mit leichtem Druck, weil es bei schnelltrocknenden Lacken sonst zu einer Streifenbildung kommt und eventuell sogar Bläschen in der Lackfläche entstehen können.
Arbeiten Sie möglichst naß in naß, damit sich keine Lackansätze zeigen.
Ist die Oberfläche vollkommen trokken, wird sie mit feinem Schleifpapier zwischengeschliffen. Beim Schleifen entsteht ein feiner Staub. Bilden sich dabei jedoch kleine Kügelchen, ist der Lack noch zu weich. Ein zu früh angeschliffener Lackfilm muß eventuell ganz entfernt und neu aufgebaut werden. Lacke brauchen ausreichend Zeit, um durchzutrocknen. Mitunter erscheint die Oberfläche der Lackschicht bereits trocken, ist darunter aber noch weich.
Entfernen Sie den Schleifstaub mit einem mit Terpentinersatz angefeuchteten Tuch und tragen Sie die nächste
Tuch und tragen Sie die nächste
Schicht auf. Fahren Sie so fort, bis die gewünschte Lackstärke erreicht ist und der letzte Auftrag völlig eben und streifenlos ist. Meist werden zwei bis drei Lackaufträge erforderlich sein.
Wünschen Sie eine seidenmatte Oberfläche, haben aber nur Glanzlack zur Verfügung, dann mattieren Sie die Fläche mit einer Mattierbürste und Bimsmehl. Bürsten Sie Strich neben Strich in Richtung der Holzfaser.
Für eine matte Oberfläche verwenden Sie feine Stahlwolle und Wachs.

► **Ein Schutzanstrich**
Bau- und Möbelschreiner schätzen den Lack als Schutzüberzug für Bauteile, die starker Abnutzung ausgesetzt sind, wie Treppen, Fenster und Türen.

Alte Oberflächen auffrischen

SIEHE AUCH

18–19
SCHLEIF-
MASCHINEN

20–22
SCHLEIFMITTEL

36–39
ABBEIZEN

40–43
KITTE UND
AUSKITTEN

58–65
SCHELLACK-
HANDPOLITUR

70–72
ÖLOBERFLÄCHEN

73–75
WACHS-
OBERFLÄCHEN

Alte Möbel und andere Gegenstände aus Holz brauchen im Laufe der Zeit eine gründliche Reinigung, ohne daß man gleich auf das Abbeizen zurückgreift. Es lohnt sich tatsächlich in den meisten Fällen, die urspüngliche Oberfläche zu erhalten, besonders dann, wenn sie eine schöne Patina bekommen hat, die sich nicht neu herstellen läßt. Diese Patina macht den besonderen Charakter antiker Möbel aus. Doch wie bei Gemälden wird die Oberfläche im Laufe der Zeit stumpf und muß durch eine gründliche Reinigung zu neuem Leben erweckt werden. Die Oberfläche soll also neu belebt, nicht aber erneuert werden, denn die Schönheit alter Möbel beruht zum Teil gerade darauf, daß sie benutzt aussehen und daß allmählich der Farbton des Holzes intensiver geworden ist.

Das Reinigen und Auffrischen muß deshalb mit großer Vorsicht geschehen, wollen Sie die Wirkung der Oberfläche erhalten bzw. sich um die Konservierung und Pflege der Flächen bemühen. Denken Sie daran, daß sich die Patina nur an der Oberfläche befindet und nicht weit in das Holz reicht.

Bestimmen alter Oberflächenüberzüge

Bevor Sie mit der Restaurierung beginnen, müssen Sie feststellen, womit das Holz behandelt wurde. Das ist nicht immer einfach. Vom Alter des Stücks läßt sich manches ableiten. Die ursprüngliche Oberfläche kann jedoch schon bei einer vorangegangenen Restaurierung oder Überarbeitung durch einen moderneren Überzug ersetzt worden sein. Wurde das Stück vor der Mitte des 19. Jahrhunderts gebaut, ist es sehr wahrscheinlich, daß es ursprünglich nicht mit

Reinigen

▼ **1** *Das Untergestell dieses Mahagonitischs muß aufgefrischt werden. Im Laufe der Jahre hat sich Schmutz an der Oberfläche festgesetzt. Er muß entfernt werden, bevor Reparaturen oder Ausbesserungsarbeiten vorgenommen werden können.*

▲ **2** *Nehmen Sie feine Stahlwolle Nr. 000 und ein im Handel erhältliches Auffrischungsmittel, um den Schmutz zu entfernen. Gießen Sie das Mittel auf ein etwa faustgroßes Stück Stahlwolle, so daß sie gut benetzt ist.*

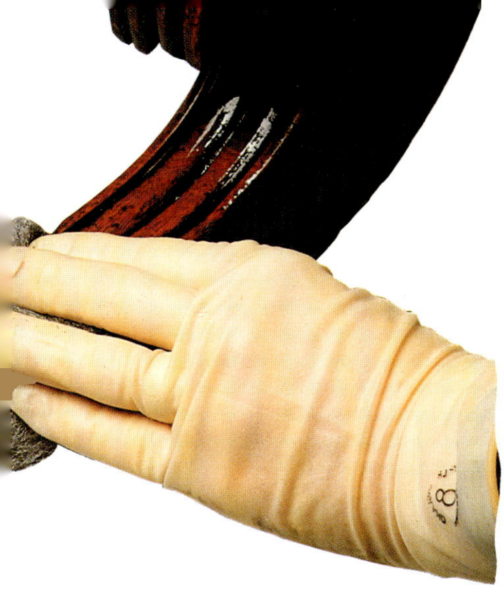

▲ **3** *Reiben Sie den Schmutz und altes Wachs in Holzfaserrichtung ab. Vergessen Sie nicht, mit der Stahlwolle in alle Ritzen, Ecken und Winkel zu fahren. Tränken Sie die Stahlwolle immer wieder neu mit dem Auffrischungsmittel. Achten Sie darauf, daß die Oberfläche zwar gründlich gesäubert, die Überzugschicht dabei aber nicht angegriffen wird.*

▼ **4** *Beim Abreiben entsteht auf der Oberfläche ein Schleifschlamm, der sich zum Teil in der Stahlwolle festsetzt. Diese Rückstände müssen mit einem sauberen, weichen Tuch zwischendurch immer wieder von der Fläche abgewischt werden. Dieser Schleifschlamm kann sonst unter Umständen das Holz verfärben.*

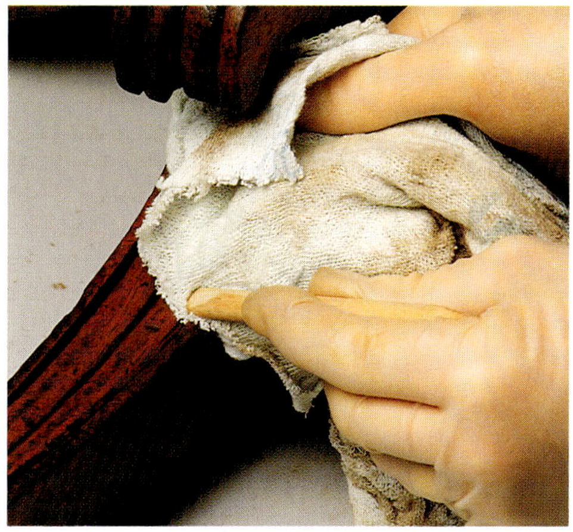

Schellack poliert wurde und eher einen Überzug aus Baum- oder Erdharzen hat. Die Schellackpolitur wurde erst um 1850 verwendet. Später, zu Beginn des 20. Jahrhunderts, kamen zunehmend Nitrozelluloselacke zur Anwendung. Testen Sie den Überzug an einer nicht sichtbaren kleinen Stelle, z. B. auf der Unterseite einer Tischplatte oder einer Zargenrückseite. Tragen Sie mit etwas Stahlwolle Terpentin auf: es wird eine Wachsschicht aufweichen, eine Schellackpolitur oder einen Lack jedoch nicht anlösen. Gehen Sie dabei vorsichtig vor. Lösen Sie die Oberfläche nicht zu stark an, um größere Schäden zu vermeiden. Falls das Terpentin keinerlei Wirkung zeigt, ist das Stück lackiert worden und muß wahrscheinlich abgebeizt oder abgeschliffen werden.

Eine alte Oberfläche reinigen

Der Schmutz, der sich im Laufe der Jahre angesammelt hat, muß entfernt werden. Auf Tischplatten befindet sich oft ein Belag aus Staub und Fettresten, während man die Armlehnen von Stühlen von Griffspuren reinigen muß. Dazu benötigt man ein Mittel, das zwar den Schmutz, aber nicht die Patina angreift.
Oft reichen dazu Wasser und Seife. Waschen Sie die Oberfläche vorsichtig ab, ohne sie aber zu naß werden zu lassen, da sonst Fugen aufgehen oder das Holz aufquillt. Für hartnäckigere Stellen nehmen Sie ein im Handel erhältliches Auffrischungsmittel oder Terpentin, das Sie mit feiner Stahlwolle (Nr. 000 oder sogar Nr. 0000) aufbringen.
Diese Methode sollten Sie jedoch nicht anwenden, wenn die Oberfläche viele Risse hat, da das Öl sonst unter den Überzug gelangt und ihn abhebt oder die Fläche trübt. Beim Reinigen bilden sich Rückstände, die mit einem Tuch oder Papier abgewischt werden müssen, bevor sie antrocknen.

Erneuern der Oberfläche

Nach dem Reinigen kann, wo es angemessen erscheint, Schellackpolitur mit dem Ballen aufgetragen werden. Zuvor sollten Sie alle kleinen Kratzer oder Dellen mit gefärbtem oder reinem

WICHTIG

Werkzeuge und Materialien

- Feine Stahlwolle (Nr. 000 oder Nr. 0000)
- Weiche Tücher und Lappen
- Polierballen
- Terpentin oder ein im Handel erhältliches Auffrischungsmittel
- Bienenwachs
- Leinöl
- Seife und Wasser
- Politur

TIPS

- Machen Sie die Probe an einer nicht sichtbaren Stelle.
- Arbeiten Sie vorsichtig. Die Oberfläche soll nur gereinigt, nicht entfernt werden.
- Schleifen Sie die Oberfläche nicht.
- Polieren Sie die Oberfläche nicht hochglänzend.

▲ **5** *Ist das Möbelstück trocken, tragen Sie mit einem Watteballen Schellackpolitur auf. Sie müssen keine neue Politurschicht aufbauen, sondern nur den Glanz auffrischen.*

Bienenwachs gefüllt und mit Pigmenten oder Farbstoffen und einem Malpinsel retuschiert haben (s. Seite 26 – 27). Öloberflächen werden mit Leinöl aufgefrischt (s. Seite 70 – 72).
Ist der alte Überzug so stark beschädigt, daß er sich wirklich nicht mehr reinigen läßt, muß er ganz entfernt werden. Nehmen Sie dazu einen Abbeizer mit Methylenchlorid (s. Seite 36 – 39). Gehen Sie dabei sehr achtsam vor. Versuchen Sie nicht, die Fläche abzuschleifen, denn dabei würde eine „neue" Holzfläche zutage treten. Ist der Überzug entfernt und die Oberfläche gesäubert, kann sie geölt, gewachst oder mit Schellack neu poliert werden. Beim Aufpolieren alter Möbel sollten Sie die Politur etwas mattieren, um den Möbeln ihr altes Aussehen zu belassen (s. Seite 73 – 75).

► **6** *Der Mahagonitisch ist jetzt sauber gereinigt. Sehen Sie, wie die Farbe wieder leuchtet und die Maserung deutlich hervortritt?*

► Auffrischen eines rmlehnstuhls
)ie Stellen, die bei die- em Stuhl restauriert verden müssen, sind die Schraubenlöcher an der Rückenlehne und die Dübellöcher an den Zargenenden. Sie werden nit Wachs ausgekittet. Die abgegriffenen Arm- ehnen müssen neu oliert werden, um die dunklen Griffspuren zu eseitigen. Auch die Stuhlbeine – vor allem die gedrechselten Bereiche – sollten auf Fehler hin angesehen werden.

▲ Auffrischen eines intarsierten Tischchens
Einlegearbeiten, wie hier in der Platte dieses Beistelltischchens, sind meist reparaturbedürftig. Entfernen Sie lose Furnierteile, ersetzen Sie sie, falls nötig, und gleichen Sie sie farblich an. Kleinere ausgebrochene Stellen an den Kanten lassen sich mit Hartwachs auskitten. Der Tisch könnte als Blumenständer verwendet worden sein, achten Sie also auch auf Wasserflecke.

▼ Auffrischen eines Stehpults
Die Tintenflecke auf der Schreibklappe dieses Stehpults wurden mit Oxalsäure oder Bleichmittel entfernt. Die losen Furnierteilchen des Federschalenaufsatzes wurden wieder angeleimt und die ganze Oberfläche von altem Wachs und Schmutz gereinigt.

4

Dekorative Oberflächengestaltung

Holz – vor allem Plattenmaterial wie z. B. MDF-Platten (Mitteldichte Faserplatte) – mit dekorativen Oberflächen zu versehen, ist eine recht neue Handwerkskunst. Diese Oberflächentechniken unterliegen sehr dem Zeitgeschmack und sind stark von Innenarchitekten geprägt. Doch auch die Handwerker haben eigene Verfahren dazu entwickelt. Die Folge ist, daß uns eine Vielzahl von Arbeitsweisen und Effekten zur Verfügung stehen, die sich als neue Gestaltungsmittel einsetzen lassen.

Stupfen

SIEHE AUCH

18–19
SCHLEIF-MASCHINEN

66–69
FARBSTOFFE UND PIGMENTE

76–79
LACKIEREN

Das Stupfen (manchmal auch Schwämmeln genannt) ist wohl die einfachste Methode, um auf Holz, Faserplatten und Wänden farbige Effekte zu erzielen. Den besten Untergrund dafür bietet die MDF-Platte.

Im Gegensatz zu MDF-Platten müssen Massivholz und Spanplatten zuvor mit Gips glattgespachtelt werden. Rühren Sie den Gips mit Wasser zu einer Paste an und reiben Sie diese mit grobem Sackleinen in die Poren der Fläche. Lassen Sie die Paste trocknen und schleifen Sie dann die Fläche mit Schleifpapier und Schleifklotz eben.

Welche Untergrundfarbe Sie wählen, bleibt Ihnen überlassen. Probieren Sie helle und dunklere Farbtöne aus. Vermischen Sie Künstlerölfarben mit normaler Grundierung oder einem Mattlack. Streichen Sie diese Untergrundfarbe mit einem flachen Pinsel auf. Lassen Sie sie trocknen und schleifen Sie sie dann mit feinem Schleifpapier glatt.

Für das Stupfen selbst nehmen Sie Emulsionsfarbe, die ganz einfach aufzutragen ist. Gießen Sie sie in ein flaches Gefäß und vermischen Sie sie mit anderen Emulsionsfarben, wobei Sie den Farbton der Untergrundfarbe berücksichtigen sollten.

Harmonierende Farbtöne, die sich nur durch eine kleine Nuance unterscheiden, können sehr schöne Wirkungen hervorrufen. Aber auch Kontraste liefern spannende Ergebnisse.

Die Stupffarbe auftragen

Zum Auftragen der Stupffarbe können die verschiedensten Materialien verwendet werden. Mit jedem Material läßt sich eine ganz eigene Wirkung erzielen. Es gibt aber auch spezielle Stupfpinsel, mit denen man bestimmte Muster machen kann.

Das Auftragen der Farbe muß geübt werden. Probieren Sie es zunächst auf einem Plattenrest aus. Schneiden Sie sich das Stupfmaterial so zurecht, daß es Ihnen gut in der Hand liegt. Tauchen Sie es in die Farbe und drükken Sie überschüssige Farbe heraus. Betupfen Sie damit die Fläche, so daß ein Sprenkelmuster entsteht. Benetzen Sie den Stupfer immer wieder, wenn er trocken wird.

Ein gleichmäßiges Muster ist sicher sehr reizvoll, aber auch eine unregelmäßige Sprenkelung kann sehr interessant wirken. Je nach Wunsch können Sie natürlich auch verschiedene Farben und Materialien verwenden.

Statt Emulsionsfarbe kann man auch Lacklasuren oder Öllasuren verwenden. Öllasurfarben können Sie fertig kaufen oder selbst anmischen. Die Lacklasur läßt sich mit Künstlerölfarben, Terpentinersatz, Anlegeöl und Trockenmitteln (Sikkativen) mischen. Öl- wie auch Lacklasuren brauchen allerdings länger zum Trocknen als Emulsionsfarben.

HINWEISE UND TIPS

- Üben und testen Sie bestimmte Effekte vorher auf einem Reststück.
- Tragen Sie die Farbe nicht zu naß auf.
- Tupfen Sie die Farbe nur sanft auf.
- Vergewissern Sie sich vor dem Überlackieren, ob die Farbe trocken ist.
- Verändern Sie immer wieder das Auftupfen der Farbe, so daß das Muster zufälliger wirkt.
- Probieren Sie verschiedene Materialien aus. Es läßt sich beinahe jedes Material nutzen.

Anmischen einer Öllasur zum Stupfen

► **1** *Öllasurfarben können Sie fertig kaufen oder selbst anmischen. Dazu brauchen Sie Künstlerölfarben (in Tuben), Anlegeöl, Terpentin oder Terpentinersatz und Leinöl. Außerdem benötigen Sie einen Spatel und ein Gefäß.*
Wählen Sie die Farbe, die Sie verwenden wollen, und geben Sie ein wenig davon in das Gefäß. Selbstverständlich können Sie auch mehrere Farben mischen. Ein ungefährer Anhaltspunkt für das Mischungsverhältnis ist: 1 Teil Farbe auf 1 Teil Terpentin, 2 Teile Leinöl und 2 Teile Anlegeöl.

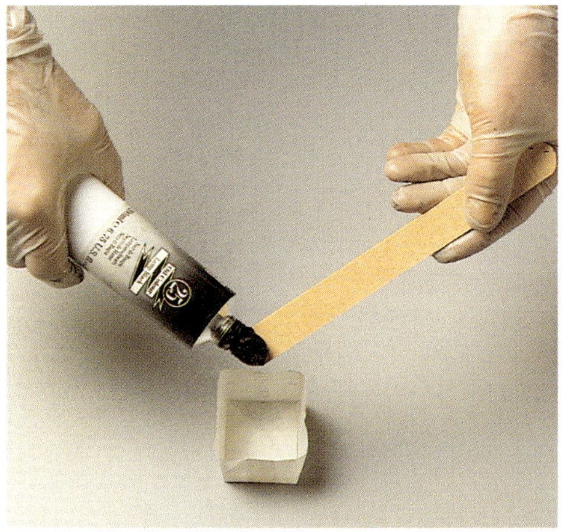

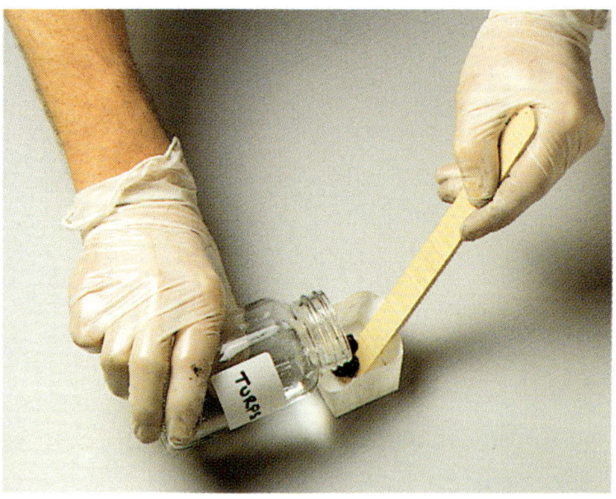

▲ **2** *Verdünnen Sie die Farbe mit Terpentin oder Terpentinersatz. Nehmen Sie nicht zu viel davon und verrühren Sie alles gut.*

▲ **4** *Fügen Sie noch Anlegeöl als Binde- und Trocknungsmittel hinzu.*

▲ **3** *Geben Sie das Leinöl dazu, damit die Farbe auch gut verfließt, wenn Sie sie auftragen. Die Mischung darf aber nicht zu dünn sein. Denken Sie aber daran, daß sie mit der Stupfbürste aufgetragen wird und deshalb auch nicht zu dickflüssig sein darf.*

► **5** *Im Laufe der Zeit werden Sie Ihr eigenes Rezept für eine Öllasur entwickeln.*

WICHTIG

Werkzeuge und Materialien

- Flachpinsel
- Flaches Gefäß
- Schwamm, Schaumstoff oder Papiertücher
- Grundierung
- Emulsionsfarben,
- Öl- oder Lacklasur
- Matt- oder Glanzlack

Probleme

Sind der Schwamm oder der Stupfpinsel zu naß oder zu trokken, wird der Auftrag ungleichmäßig.

Trockenzeit

Nach dem Grundieren sollten Sie 2 Stunden warten, bevor Sie mit dem Stupfen beginnen.

Die Stupffarbe läßt man vor dem Überlackieren 8 Stunden trocknen.

Ausführen einer gestupften Oberfläche

► **1** *Grundieren Sie die Oberfläche – in diesem Fall eine MDF-Platte. Verwenden Sie anfangs eine Grundierung, die heller ist als die Stupffarbe. Bei einiger Erfahrung können Sie dann auch dunklere Grundierungen ausprobieren.*

► **2** *Wenn die Grundierung trocken ist, tragen Sie die Öl- oder Lacklasur mit einem Flachpinsel dünn auf. Streichen Sie sie naß in naß auf die Fläche und vertreiben Sie sie nicht. Die Farbe darf nicht trocken werden.*

◄ **3** *Nehmen Sie die Stupfbürste fest in die Hand und betupfen Sie damit die Oberfläche. Bearbeiten Sie die Fläch möglichst gleichmäßig. Jedes Aufsetzen der Bürste sollte mit dem gleichen Druck erfolgen. Betupfen Sie eine Stelle nicht öfter als andere. Fahren Sie so fort, bis die ganze Oberfläche gestupft ist.*

▲ **Verschiedene gestupfte Oberflächen**
Probieren Sie verschiedene Farbkombinationen aus und experimentieren Sie mit komplementären und kontrastierenden Farbtönen.

1 *Schwarzer Untergrund mit Gold als Stupffarbe.*
2 *Cremeweißer Untergrund mit Orange und Gelb als Stupffarbe.*
3 *Cremeweißer Untergrund mit Goldocker und Schwarz als Stupffarbe.*
4 *Weißer Untergrund mit Grün als Stupffarbe.*

► **4** *Sie können zum Schluß mit einem sauberen Tuch einen schmalen Rand abwischen, bevor die Stupffarbe getrocknet ist. Es sieht professioneller aus. Wenn die Lasur trocken ist, überziehen Sie sie mit einer (glänzenden oder matten) Schutzlackierung.*

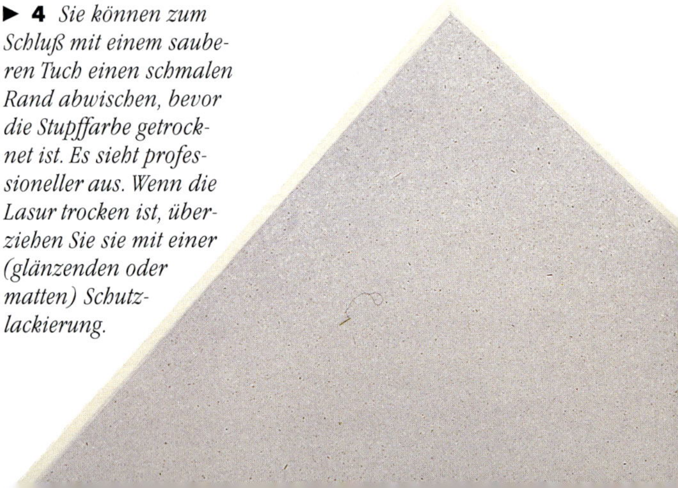

▲ Dekorieren einer Wand
Die Wand über dem Waschbecken wurde mit einer grauen Lacklasur gestupft. Die Fläche wirkt so interessanter als eine einfach grau gestrichene Wand.

► Gegensätze schaffen
Die gestupften grauen Wände oberhalb der Wandleiste bilden einen schönen Gegensatz zu der Tür, die kräftiger bearbeitet wurde.

Sind Sie sicher, daß die Farbe trocken ist, versiegeln Sie die Oberfläche mit einer Schicht Matt- oder Glanzlack, die Sie mit einem Lackierpinsel aufbringen. Dies ist bei jeder der verwendeten Methoden erforderlich. Polyurethan- oder Öllack werden allerdings den Farbton ein wenig verändern.

Maserieren

SIEHE AUCH

18–19
SCHLEIF-
MASCHINEN
20–22
SCHLEIFMITTEL
66–69
FARBSTOFFE UND
PIGMENTE
76–79
LACKIEREN
86–89
STUPFEN
94–97
MARMORIEREN

TIPS

- Beim Ausprobieren der Öllasurfarben müssen Sie daran denken, daß Sie die nassen Pinselaufträge ineinander arbeiten müssen und dabei die verschiedenen Farben miteinander verbinden.
- Üben Sie auf Reststücken.
- Die meisten Standardlasuren müssen noch mit Pigmenten abgetönt werden.
- Jeder Farbauftrag muß vollständig getrocknet sein.

Bevor Sie beginnen, sollten Sie sich das Holz gut ansehen. Vergleichen Sie es mit anderen Holzarten, um seine charakteristischen Merkmale festzustellen, und versuchen Sie, sich die Maserung und den Farbton einzuprägen. Sie werden feststellen, daß Markstrahlen z. B. typisch für Eiche sind (ihr Erscheinungsbild hängt davon ab, wie das Holz geschnitten wurde), und daß Mahagoni deutliche Schattierungen von Rot, Braun und Rosa hat. Beim Maserieren kann es hilfreich sein, sich ein Stück der entsprechenden Holzart zum Vergleich bereitzulegen.
Zum Maserieren werden Öllasurfarben verwendet. Diese können Sie in verschiedenen Holztönen und bereits gemischt mit Pigmenten, Anlegeöl, Terpentinersatz und Trockenmitteln kaufen. Sie können sie sich auch selbst anmischen. Öllasuren verarbeiten sich ähnlich wie Lacklasuren,

trocknen jedoch langsamer. Dies gibt Ihnen beim Maserieren mehr Zeit. Sie sind außerdem dickflüssiger. Deshalb muß man Sie eventuell verdünnen. Einfache Maserierwerkzeuge mit Zinken zum Nachahmen der Holzmaserung bekommen Sie in Heimwerker- und Fachgeschäften. Tragen Sie die Öllasur mit einem Flachpinsel auf. Ziehen Sie das Maserierwerkzeug über die Fläche, solange die Lasur noch naß ist, damit die Linien einer Holzmaserung entstehen. Denken Sie daran, daß eine Holzmaserung nicht immer nur gerade, sondern auch wellenförmig verläuft.

Eine Eichenmaserung

Nachdem Sie die Fläche geglättet und mit Schellackgrundierung eingelassen

Gestalten einer schlichten, grobjährigen Maserung

▼ **1** *Nachdem Sie die Fläche geglättet und mit Schellackgrundierung eingelassen haben, streichen Sie die Öllasurfarbe mit einem Flachpinsel gleichmäßig auf den Untergrund. Fahren Sie mit langen geraden Pinselstrichen über die ganze Länge.*

► **2** *Mit einem Kamm ziehen Sie ein grobjähriges Muster in die Öllasurfarbe. Führen Sie den Kamm locker und leicht schräg geneigt von einem Ende zum anderen. Vergessen Sie nicht, daß eine Maserung nicht immer gerade verläuft und auch Äste und Risse hat. Indem Sie die Stellung des Kamms immer wieder verändern, entstehen breitere Muster.*

► **3** *Dieser grobjährige Effekt soll Kiefer oder andere Nadelhölzer imitieren. Sehen Sie, wie die Maserung breiter und schmaler wird und dadurch Konturen entstehen. Betonen Sie die Tiefenwirkung der Maserung mit anderen Farben. Wenn die Oberfläche trocken ist, überziehen Sie sie mit Lack oder beizen sie.*

WICHTIG

Werkzeuge und Materialien

- Flachpinsel
- Maserierpinsel
- Dachshaarvertreiber
- Malpinsel
- Maserierkämme
- Maserierwerkzeuge
- Öllasuren
- Anlegeöl
- Leinöl
- Terpentinersatz
- Baumwollappen
- Grundierung
- Überzuglack

Geeignete Oberflächen

Eine ideale Oberfläche zum Maserieren haben Platten, die keinerlei eigene Maserung aufweisen.

haben, nehmen Sie einen Flachpinsel, um die Untergrundfarbe aufzustreichen. Für eine Eichenmaserung sollte der Untergrund beigefarben sein.
Lassen Sie den Untergrund trocknen und glätten Sie ihn leicht mit feinem Schleifpapier.
Jetzt streichen Sie mit einem Flachpinsel eine eichenholzfarbige Öllasur auf und verwischen die Pinselspuren mit einem Dachshaarvertreiber. Ziehen Sie nun mit einem Stahlkamm Linien in die lasierte Fläche. Setzen Sie ihn an einer Kante an und legen Sie so Zug neben Zug, bis die ganze Fläche bearbeitet ist. Nach jedem Längszug wischen Sie den Kamm sauber ab.
Jetzt nehmen Sie den Kamm und ziehen ihn in einem Winkel von etwa 30 ° quer über die Linien. Mit einem Vertreiberpinsel verwischen Sie die Linien leicht, so daß sie wie eine natürliche Holzmaserung aussehen. Fügen Sie weitere Strukturen mit einem Malpinsel hinzu. Die dunklen Streifen erzeugen Sie mit einem Malpinsel und verwischen Sie anschließend leicht. So entsteht eine gerade Eichenmaserung.
Um unechte Markstrahlen einzuarbeiten, bereiten Sie die Oberfläche auf die gleiche Weise vor und ziehen einen Stahlkamm über die Eichenlasur. Vertreiben Sie die Spuren ein wenig. Nehmen Sie dann einen Maserierpinsel und fahren Sie damit leicht klopfend in Maserrichtung über die Fläche. Dabei liegt der Pinsel ganz flach auf. So entsteht das fleckige Maserbild.
Wenn Sie mit der Oberfläche zufrieden sind, lassen Sie sie trocknen und überziehen sie anschließend mit einem Matt- oder Glanzlack.

Gestalten einer schlichten, feinjährigen Maserung

▲ **1** *Tragen Sie die Grundierung auf und lassen Sie sie trocknen. Dann streichen Sie die Öllasur mit langen, geraden Pinselzügen auf, genauso wie für ein grobjähriges Maserbild. Wichtig dabei ist, daß die Lasur gleichmäßig aufgetragen wird.*

► **2** *Bearbeiten Sie die Öllasur mit dem Maserierpinsel, um die feine, gerade Maserung hervorzurufen. Halten Sie den Pinsel locker in der Hand und gehen Sie mit einer leicht klopfenden Bewegung in Maserrichtung über die Fläche, um die unregelmäßige Fleckigkeit der Maserung zu erzeugen.*

Eine Mahagonimaserung
Nachdem Sie die Oberfläche wie oben beschrieben vorbereitet haben, tragen Sie einen rosa-beigefarbenen Untergrund auf. Schleifen Sie nach dem Trocknen leicht darüber und tragen Sie dann die Mahagonilasur mit einem Flachpinsel auf. Dabei rollen Sie den Pinsel etwas, um die typische Welligkeit von Mahagoni zu imitieren. Verwischen Sie die Pinselspuren und streichen Sie eine dunklere Lasur darüber, so daß die beiden Farbaufträge ineinanderlaufen.
Für eine gerade Mahagonimaserung tragen Sie die Lasur mit geraden Pinselstrichen auf, tupfen mit der Pinselspitze in die Maserlinien hinein und verwischen sie leicht mit dem Dachshaarvertreiber. Betonen Sie die Maserung, indem Sie eine bräunliche Wasserbeize über die Fläche wischen.

▲ **Maserieren von echtem Holz**
Echtes Holz läßt sich überstreichen und mit einer aufgemalten Maserung versehen.

▲ **Maserieren mit Lacklasur**
Hier wurde eine graue Farblasur großzügig aufgetragen. Die quer verlaufenden Markstrahlen wurden anschließend mit einem umwickelten Bleistift in die nasse Lasur geritzt.

▼ **Kombination**
Hier wurden Maser- und Schablonenmalerei kombiniert.

Marmorieren

SIEHE AUCH

18–19 SCHLEIF-MASCHINEN
20–22 SCHLEIFMITTEL
40–43 KITTE UND AUSKITTEN
53–55 PORENFÜLLER
66–69 FARBSTOFFE UND PIGMENTE

Das Gestalten eines Marmoreffekts geschieht meist aus dem Wunsch heraus, echten Marmor zu imitieren. Die heute verwendeten Materialien, die man gebrauchsfertig kaufen kann, sind andere als die, die man früher für diese Technik benutzte. Sie sind haltbarer und von gleichbleibender Qualität. Trotzdem kann die Qualität von Lieferung zu Lieferung leicht variieren. Deshalb ist es ratsam, sie möglichst nicht miteinander zu mischen.

Vorbereiten der Oberfläche

Bereiten Sie die Oberfläche vor. Füllen Sie, falls nötig, auch die Poren. Wollen Sie auch die Kanten marmorieren, um eine dreidimensionale Wirkung zu erreichen, müssen auch die Kanten sauber vorbereitet werden. Tragen Sie eine matte Untergrundfarbe auf. Verwenden Sie entweder Acryl- oder Ölfarbe in Weiß oder Pastelltönen. Emulsionen sind zum Üben geeignet, auch wenn sie nicht unbedingt die intensivsten Farbtöne haben. Mit der Zeit werden Sie herausfinden, daß man mit Künstlerölfarben, vor allem mit Lacklasuren, die leuchtendsten Farbtöne erzielen kann. Lassen Sie den Untergrundauftrag trocknen und schleifen Sie ihn anschließend mit feinem Schleifpapier glatt.

Gestalten eines Marmoreffekts

► **1** *Dieses Werkstück ist bereit zum Marmorieren. Sie benötigen dazu Lacklasur und Untergrundfarbe, einen Schwamm zum Tupfen und einen Malpinsel für die Adern, einen Flachpinsel und einen Dachshaarvertreiber, Leinöl und Farben.*

▲ **2** *Der Untergrund wird als Hintergrundfarbe aufgetragen. Sie muß nicht weiß sein. Man kann jede Farbe nehmen, die zu dem gewünschten Marmoreffekt paßt. Tragen Sie die Untergrundfarbe mit einem Flachpinsel auf. Nach dem Trocknen wird geschliffen, um eine möglichst glatte Oberfläche zu erhalten.*

▲ **3** *Reiben Sie mit einem Lappen etwas Leinöl über die Fläche, bevor Sie die Lacklasur auftragen. So kann die Farbe auf der Fläche frei verfließen, und man kann sie noch bearbeiten, bevor sie antrocknet.*

Arbeiten mit Lacklasur

Der nächste Schritt ist das Auftragen der Lacklasur, die bearbeitet wird, solange sie noch naß ist. Diese farbigen Lasuren dürfen nicht auf dem gestrichenen Untergrund kleben. Deshalb muß die Fläche vorher mit Leinöl abgerieben werden. Lacklasuren gibt es farblos oder abgetönt zu kaufen. Farblose Lasuren müssen mit Pigmenten oder Ölfarben eingefärbt werden. Diese erhalten Sie gebrauchsfertig in Fachgeschäften für Künstlerbedarf. Mischen Sie die Farben in einer flachen Schale an. Verwenden Sie dabei immer viel Weiß. Fügen Sie der Lasur in gleichen Teilen Anlegeöl und Terpentinersatz hinzu. Tragen Sie dann mit dem Flachpinsel eine dünne Schicht auf die Oberfläche auf.

Solange die Lasur noch naß ist, fahren Sie mit einem Dachshaarvertreiber (s. Seite 14 – 15) über die Fläche, um die Pinselspuren zu glätten und einen leicht fleckigen Effekt hervorzurufen. Die dunkleren Bereiche tupfen Sie mit einem Schwamm auf und verwischen auch diese wieder leicht mit dem Vertreiber. Das Ergebnis sollte möglichst natürlich, ohne scharfe Linien oder Pinselspuren aussehen.

Tragen Sie weitere Lasurschichten auf, solange der letzte Auftrag noch feucht ist. Legen Sie dünne Schichten mit zarten Farben übereinander. Die Farben

▲ **4** *Tragen Sie die Lasur mit einem Flachpinsel auf. Streichen Sie mit langen Zügen über die ganze Länge der Fläche. Die Lasur muß gleichmäßig aufgetragen werden, und es sollten möglichst wenig Pinselspuren zurückbleiben.*

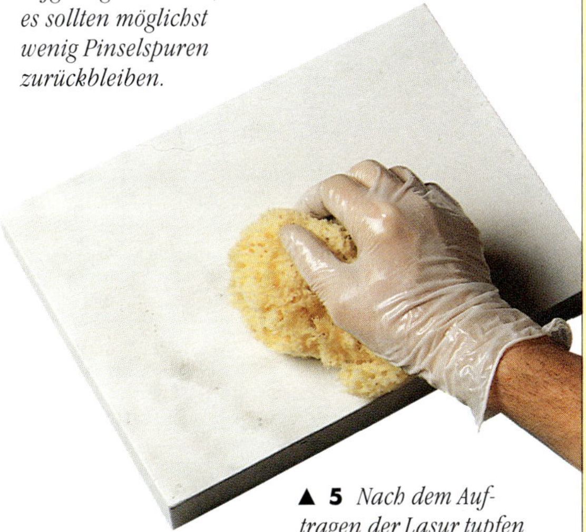

▲ **5** *Nach dem Auftragen der Lasur tupfen Sie die Fläche mit einem Schwamm ab. Gehen Sie dabei äußerst sanft vor und nehmen Sie nicht zu viel Farbe ab. Dieses Abtupfen verleiht der Fläche ein leicht marmoriertes, wolkiges Aussehen. Es beseitigt außerdem etwaige Pinselspuren des Lasurauftrags.*

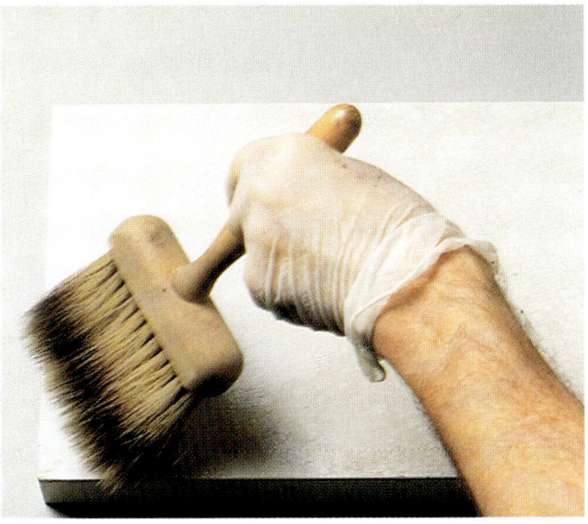

► **6** *Den entstandenen Effekt verwischen Sie jetzt etwas mit dem Dachshaarvertreiber. Fahren Sie damit ganz leicht über die abgetupfte Lasur und vermischen Sie sie dabei mit der Hintergrundfarbe. Nach diesem Arbeitsschritt dürfen keine Pinselspuren mehr auf der Fläche zu sehen sein.*

WICHTIG

Material

- Dachshaarvertreiber
- Kleiner Malpinsel
- Flachpinsel
- Feder
- Lacklasur
- Künstlerölfarben
- Anlegeöl
- Terpentinersatz
- Leinöl
- Schwämme und Baumwollappen

Probleme

Der Marmor wird oft schnell zu dunkel. Verwenden Sie deshalb viel Weiß und entwickeln Sie den Farbton behutsam.

Ist der Vertreiber nicht sauber, kann er die Oberfläche und somit die Marmorierung verschmutzen.

Geeignete Oberflächen

Verwenden Sie MDF-Platten oder andere glatte Materialien ohne Struktur.

Trockenzeit

Die Lacklasuren brauchen etwa 2 Stunden zum Trocknen.

► **7** *Nehmen Sie einen kleinen Malpinsel, um die Marmoradern hineinzumalen. Ziehen Sie den Pinsel über die Fläche und rollen Sie ihn dabei zwischen Daumen und Zeigefinger. Bemühen Sie sich um ein willkürliches Adernmuster, um den Eindruck von Marmor möglichst natürlich wiederzugeben.*

HINWEISE UND TIPS

- Üben Sie die Technik zuerst auf Reststücken.
- Verwenden Sie helle und zarte Farbtöne.
- Lassen Sie die Farben ineinander übergehen.
- Tragen Sie die Farbschichten immer dünn, niemals dick, auf.
- Mißlungene Flächen werden mit Terpentinersatz entfernt und neu bearbeitet.
- Mischen Sie immer so viel Lasur an, daß sie für Ihr Werkstück ausreicht.
- Bearbeiten Sie auch die Kanten, so daß der Eindruck eines ganzen Stücks entsteht.
- Mit der Stoffwickeltechnik bearbeitete Ränder verstärken den Marmoreffekt und lassen ihn interessanter erscheinen.

sollen sich aber vermischen. Dieser Vorgang kann so lange wiederholt werden, bis der gewünschte Effekt erzielt ist. Denken Sie daran, die Kanten genauso mitzubehandeln, damit das Werkstück wirklich wie eine massive Marmorplatte aussieht.

Die Adern und Streifen werden mit einem Malpinsel oder einer Feder aufgemalt. Halten Sie den Pinsel zwischen Daumen und Finger und ziehen Sie ihn über die Fläche, während Sie ihn hin und her bewegen und ungleichmäßige Striche und Linien ausführen. Auf diese Weise entstehen in der Lasur unterschiedliche Streifenstrukturen, die sehr natürlich wirken. Mit einem Vertreiber verwischen Sie die Streifen etwas, die sich dadurch mit der Lasurschicht verbinden.

Sie können die Farbe auch aufspritzen. Tränken Sie dazu einen Pinsel reichlich in Farbe und schnippen ihn über die

◄ **8** *Verwischen Sie die Adern mit dem Vertreiber, so daß ein einheitlicher Gesamteffekt entsteht. Fahren Sie mit dem Pinsel nur leicht über die Oberfläche, um die Farbe der Adern in die Untergrundfarbe hineinzureiben. Sie dürfen aber die Linien nicht zu stark verwischen, sonst werden sie zu undeutlich.*

9 *Lackieren Sie das fertige Stück, um es vor Abrieb zu schützen. Bei Marmoreffekten sollten Sie zuerst mit hellen Farben experimentieren und diese so, als würden Sie Schichten aufbauen, ineinandermischen. Schauen Sie sich echten Marmor gut an, damit Sie genau wissen, was Sie imitieren wollen. Wenn Sie gelernt haben, mit der Lasur umzugehen, können Sie zu interessanteren Marmoreffekten mit kräftigeren Farben übergehen.*

► **Unterschiedliche Marmoreffekte**

1 *Himmelblauer Untergrund; ockerfarbene und schwarze Lacklasur*
2 *Gebrochen weißer und rosafarbener Untergrund; eisenoxidrote, gelbe und rote Lacklasur*
3 *Gebrochen weißer Untergrund; Siena-natur- und Goldocker-Lasur*
4 *Weißer Untergrund; schwarze und weiße Lacklasur*
5 *Schwarzer Untergrund; goldfarbene Lacklasur*
6 *Dunkelgrüner Untergrund; weiße Ölfarblasur*

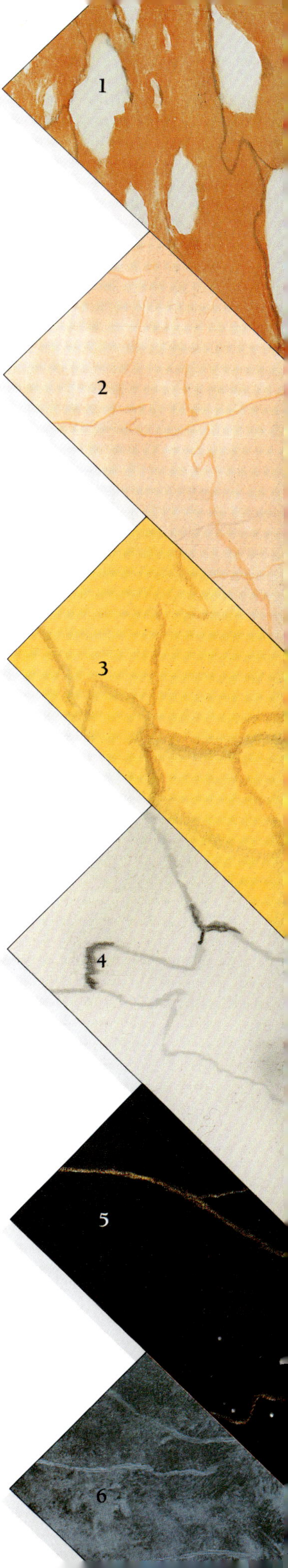

Fläche. Machen Sie dies besser aber auf kleineren Flächen. Zum Verwischen nehmen Sie wieder einen Vertreiber. Wie bei allen Farbeffekten sind dem Experimentieren mit Farben und Arbeitsweisen keine Grenzen gesetzt. Weitere Lasuren können auch mit Trockenpigmenten vermischt werden.

Imitieren von Marmorplatten

Echter Marmor wird meist in Plattenform verlegt, bei Fliesen etwa mit dünnen Fugen zwischen den einzelnen Platten. Wenn Sie dieses Muster nachahmen wollen, malen Sie ein Gitter dunkler Linien auf die Fläche. Echte Marmorplatten variieren in der Größe, haben aber meist eine Fläche zwischen 300 und 375 mm im Quadrat. Mit einem Lineal zeichnen Sie sich das Gitternetz auf, bevor Sie die Fläche marmorieren. Die einzelnen Platten müssen nicht unbedingt alle gleich aussehen. Es wirkt im Gegenteil sehr interessant, wenn Farbe und Aderung des Marmors von Platte zu Platte unterschiedlich sind.

Wickeltechnik

SIEHE AUCH

18 – 19
SCHLEIF-MASCHINEN

20 – 22
SCHLEIFMITTEL

40 – 43
KITTE UND AUSKITTEN

53 – 55
PORENFÜLLER

66 – 69
FARBSTOFFE UND PIGMENTE

76 – 79
LACKIEREN

86 – 89
STUPFEN

Das Bearbeiten einer noch feuchten Farbfläche mit einem zusammmengerollten Stück Stoff ist eine traditionelle Technik, um auf Möbeln, Wandvertäfelungen und Wänden einen melierten Farbeffekt zu gestalten. Es gibt viele verschiedene Methoden, diesen dekorativen Effekt zu erzielen. Sie reichen vom tatsächlichen Rollen eines Stoffs über die Fläche bis hin zum Betupfen der Fläche mit einem Lappen oder einem anderen engmaschigen Gewebe. Aus der Sicht des Möbelschreiners haben MDF-Platten die für diese Arbeit am besten geeignete Oberfläche. Andere Materialien müssen zuvor mit Gips gespachtelt (s. Seite 53 – 55) und nach dem Trocknen glattgeschliffen werden (s. Seite 18 – 21).

Tragen Sie eine Untergrundfarbe auf und schleifen Sie diese nach dem Trocknen glatt. Acrylfarbe trocknet schnell, Farben auf Ölbasis haben jedoch eine bessere Haftung. Weißer oder pastellfarbener Mattlack ist wahrscheinlich der beste Überzug für die Untergrundfarbe. Auch er läßt sich mit Künstlerölfarben abtönen.

Bei der Wahl der Materialien sollten Sie zu Farben greifen, die sich mit der als Untergrund aufgetragenen Farbe vertragen – zum Beispiel Öl auf Öl und Wasser auf Wasser. Sie können aber

Die Wickeltechnik

1 *Überprüfen Sie die Oberfläche des Werkstücks auf Fehlstellen. Sind alle Fehler beseitigt, tragen Sie die Untergrundfarbe auf. Eine Farbe auf Ölbasis, wie zum Beispiel ein matter Farblack, liefert die beste Oberflächenqualität für die Wickeltechnik. Es können aber auch andere Farben verwendet werden.*

▲ **2** *Streichen Sie die Farblasur mit einem Flachpinsel auf. Ein gleichmäßiger Auftrag ist wichtig. Der Auftrag darf allerdings nicht so sehr viel Zeit beanspruchen, da Sie die Lasur noch weiter bearbeiten müssen, bevor sie antrocknet.*

▼ **3** *Für die Wickeltechnik eignet sich beinahe jedes Material. Sie können Baumwollappen, Polyäthylenfolie oder, wie hier gezeigt, ein Papiertuch verwenden. Wichtig ist, daß der verwendete „Stoff“ sauber ist.*

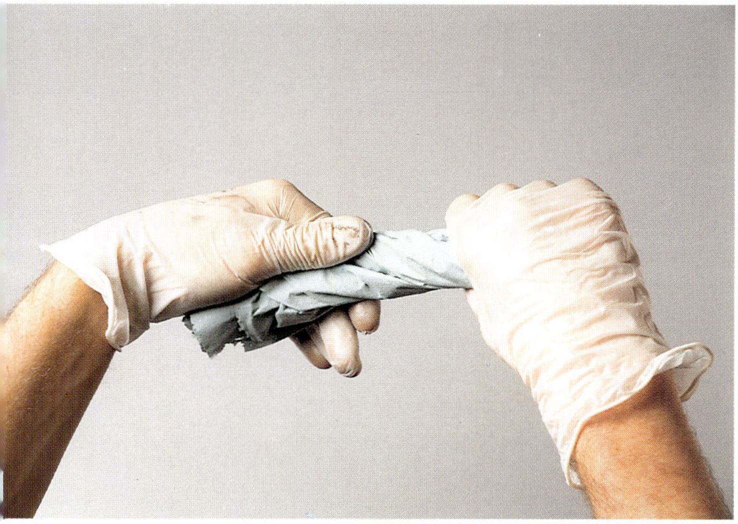

◄ **4** *Drehen Sie das Papier oder Tuch zu einer langen Rolle zusammen. Es darf nicht zu straff zusammengerollt werden, denn die Oberfläche der Wickelrolle muß ungleichmäßig bleiben. Je nach Festigkeit der Rolle ergeben sich die verschiedenen Effekte. Versuchen Sie ruhig verschiedene Varianten.*

auch Lacklasuren mit Ölfarben vermischen. Die Lasur verfließt besser, da sie Leinöl enthält. Wegen des Ölgehalts dieser Verbindung müssen Sie mit den verwendeten Lappen vorsichtig umgehen, da sie sich entzünden könnten.

Das Auftragen der Farblasur

Bringen Sie eine dünne Schicht Lasur auf die Fläche auf. Wichtig dabei ist, daß Sie schnell arbeiten und die Farbe naß bleibt. Sie läßt sich sonst nur schwer weiterbearbeiten. Am besten bearbeitet man jeweils nur kleinere Flächen, nachdem man die Farbe auf einem Reststück ausprobiert hat. Nehmen Sie einen Flachpinsel und tragen Sie damit eine gleichmäßige Schicht Farbe auf. Das Abrollen der Oberfläche geschieht mit einem um

◄ **Eine Vertäfelung**
Die Vertäfelung um die Badewanne wurde mit einer Stoffrolle bearbeitet. Auch die darüberliegende Wand wurde so bearbeitet. Für die senkrechten Streifen wurde eine Bleistiftlinie gezogen. Die über die Linie hinausgehende Farbe wurde mit einem in Terpentinersatz angefeuchteten Tuch entfernt.

WICHTIG

Sicherheit

Lassen Sie in Leinöl getränkte Lappen niemals zusammengerollt liegen, da sie sich selbst entzünden können.

Material

- Flachpinsel
- Dachshaarvertreiber
- Baumwollstoff
- Untergrundfarbe und matter Farblack
- Gips
- Farblasur
- Matt- oder Glanzlack

Probleme

Bei großen Flächen können sich Farbton und Effekt verändern. Bemühen Sie sich um eine gleichmäßige Bearbeitung der Fläche ohne Absätze, besonders dort, wo die letzte Wickelbahn auf die erste stößt.

Geeignete Oberflächen

Es können Möbel, Vertäfelungen und Wände mit der Stoffwickeltechnik bearbeitet werden.

Trockenzeit

Lassen Sie den Lacküberzug über Nacht trocknen, bevor Sie mit dem Wickelrollen beginnen.

Die Lasur sollte ein oder zwei Tage durchtrocknen können, bevor nochmals lackiert wird.

eine Dübelstange gewickelten Baumwolltuch. Sie können allerdings auch nur den Stoff zu einer Rolle zusammendrehen. Die Oberfläche der Rolle muß uneben sein, um den gewünschten wolkigen Effekt entstehen zu lassen. Bearbeiten Sie damit die ganze Fläche gleichmäßig und möglichst naß in naß. Ist der erste Farbauftrag getrocknet, können weitere Aufträge mit anderen Farbtönen folgen. Tragen Sie eine weitere Farbschicht auf und bearbeiten Sie sie wieder mit der Stoffrolle. Eine Möglichkeit, die Oberfläche etwas anders zu gestalten, besteht darin, den entstandenen Effekt mit einem Dachshaarvertreiber leicht zu verwischen. Fahren Sie mit diesem Pinsel in kurzen Zügen über die Oberfläche, wobei Sie die Fläche nur leicht berühren. Ist die Farbe trocken, überziehen Sie sie mit einem Matt- oder Glanzlack. Polyurethan- oder Öllacke werden den Farbton ein wenig verändern.

Eine andere Möglichkeit ist es, die Farblasur direkt mit einem Lappen auf die Oberfläche zu bringen. Sie können auch zuerst mit dem Pinsel eine dünne, nasse Lasurschicht aufbringen und diese dann mit einem Lappen betupfen. Beide Arbeitsweisen sind dem Stupfen ähnlich (s. Seite 86 – 89). Entscheiden Sie sich für die Technik, die Ihnen am leichtesten fällt. Sie werden jedoch bald merken, daß sich die einzelnen Methoden auch optisch unterscheiden.

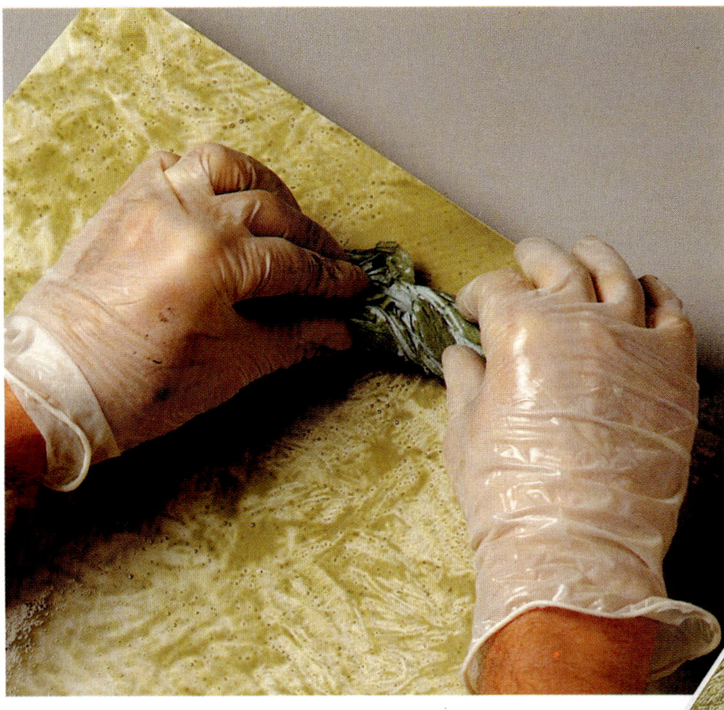

▲ **5** *Halten Sie die Stoffrolle mit beiden Händen und rollen Sie sie über die nasse Oberfläche. Den entstandenen Effekt verwischen Sie leicht mit einem Vertreiber. Lassen Sie die Fläche dann trocknen, bevor Sie weitere Lasuren auftragen.*

► **6** *Wenn Sie möchten, können Sie, solange der letzte Farbauftrag noch feucht ist, einen schmalen Rand um die bearbeitete Fläche ziehen. Nehmen Sie dazu ein sauberes Tuch, das Sie mit etwas Terpentinersatz anfeuchten. Ist die Lasur vollständig getrocknet, überziehen Sie die Fläche zum Schutz mit Matt- oder Glanzlack. Denken Sie daran, daß Polyurethan- oder Öllack den Farbton etwas verändern wird.*

HINWEISE UND TIPS

- Vor dem Stoffrollen sollten Sie die Farbe auf einem Reststück ausprobieren.
- Tragen Sie die Farbe immer nur dünn auf.
- Verwenden Sie neuen, sauberen Baumwollstoff.
- Bearbeiten Sie jeweils nur kleine Flächen.
- Lassen Sie den Stoff nicht zu naß werden.
- Reinigen Sie den Vertreiber vor und nach jedem Gebrauch.

◄ Mit der Wickeltechnik bearbeitete Möbel
Tisch und Stuhl sind aus Maserbirke und Riegelahorn; die Tischplatte wurde mit der Wickeltechnik bearbeitet.

▼ Zarte Farbtöne
Die Wände dieses Raumes sind in zarten Farben gehalten. Das verleiht dem Raum eine angenehme Atmosphäre.

Schwarzbeizen

SIEHE AUCH

18–19 SCHLEIF-MASCHINEN

20–22 SCHLEIF-MITTEL

44–49 BEIZEN

53–55 PORENFÜLLER

58–65 SCHELLACK-HANDPOLITUR

66–69 FARBSTOFFE UND PIGMENTE

Da massives Ebenholz selten und deshalb sehr teuer geworden ist, greift man heute mehr und mehr auf das Schwarzbeizen zurück. Dies geschieht vor allem beim Restaurieren und Kopieren alter Möbel sowie zum Ersatz für schwarzen chinesischen Lack. Eine Scharzbeizung steht für eine einheitliche Oberfläche ohne sichtbare Maserung, bei der nur die Poren etwas durchscheinen. Oft wird auch nur eine tiefdunkelgraue Färbung der Oberfläche gewünscht. Möbel aus der Massenfertigung sind heute oft schwarzlackiert, obwohl eine schwarze Politur der schwarzen Fläche mehr Tiefenwirkung verleiht als ein Spritzlack.

Um die Maserung von Ebenholz zu imitieren und eine glatte Oberfläche zu erhalten, sollte man möglichst feinjährige Holzarten wie Buche, Ahorn oder Mahagoni wählen. Es gibt allerdings keinen vernünftigen Grund, warum auf einer schwarzgebeizten Fläche die Holzmaserung nicht mehr sichtbar sein sollte, obwohl eine farbliche Angleichung dadurch erschwert wird.
Eine Schwarzbeizung macht auch die kleinste Unvollkommenheit der Oberfläche deutlich sichtbar. Sie müssen also die Holzoberfläche sorgfältigst vorbereiten und sich bei der Oberflächenbehandlung besondere Mühe geben.

Schwarzbeizen einer kleinen Truhe

► **1** *Ebenholz ist eine besonders dichte Holzart mit feiner Struktur. Ein Möbel, das schwarz gebeizt werden soll, muß deshalb sehr sorgfältig vorbereitet werden. Alle Löcher und Poren müssen gefüllt und eben geschliffen werden. Der kleinste Fehler fällt auf und wird durch die Schwarzbeizung verstärkt sichtbar. Es ist ein Trugschluß zu glauben, man könne mit Schwarz Fehlstellen retuschieren. Schwarz verstärkt im Gegenteil Fehler mehr als jede andere Farbe.*

Der Beizauftrag

Zum Schwarzbeizen des Holzes wird normalerweise eine Nigrosinlösung auf Wasserbasis verwendet. Nigrosin-Wasserbeize ist bei Speziallieferanten gebrauchsfertig erhältlich. Die Anwendung von Spiritusbeizen sollte man, vor allem auf größeren Flächen, möglichst vermeiden, weil sie sehr

▲ **2** *Beizen Sie das Stück mit der Nigrosin-Wasserbeize oder, wie hier, mit einer schwarzen Spiritusbeize. Tragen Sie die Beize naß in naß auf und reiben Sie sie kräftig in das Holz, bis es gleichmäßig schwarz ist.*

▲ **3** *Damit die Flächen nicht fleckig werden, müssen Sie die Beize schnell und satt auftragen. Einen etwaigen Überschuß an Beize wischen Sie anschließend mit einem sauberen Lappen ab. Reiben Sie dann das Stück gründlich ab und lassen Sie es trocknen.*

▲ **4** *Ist die Oberfläche trocken, wird sie leicht geschliffen, um mögliche Staubpartikel zu entfernen. Tragen Sie dann schwarzen Porenfüller auf, um die Poren zu schließen. Reiben Sie den Porenfüller mit einem Stück Sackleinen über die Fläche. Wischen Sie den überschüssigen Porenfüller ab und lassen Sie ihn trocknen.*

▲ **5** *Ist der Porenfüller getrocknet, schleifen Sie leicht darüber und wischen die Fläche sauber ab. Nehmen Sie eine schwarze Spiritusbeize und lösen Sie sie in weißer, gebleichter Schellackpolitur. Nehmen Sie 10 Teile Politur auf 1 Teil Beize. Füllen Sie den Polierballen mit der schwarzen Politur und gehen Sie damit wie beim Handpolieren über die Fläche.*

WICHTIG

Material

- Polierballen
- Weiches Tuch
- Polierwatte
- Schwarze Wasserbeize
- Schwarze Spiritusbeize
- Spiritus
- Weiße oder klare Schellackpolitur

Probleme

Verwenden Sie beim Abpolieren zu viel Spiritus, kann das die Politur zu stark angreifen, und es entstehen Flecken und Streifen.

Vor dem Abpolieren muß das Öl mit dem Ballen restlos entfernt werden, sonst schlägt es später durch, und es bilden sich Haarrisse.

Geeignete Oberflächen

Feinporige, dichte Holzarten eignen sich am besten für das Schwarzbeizen. Aber auch offenporigere Oberflächen können sehr interessant wirken.

Trockenzeit

Wasserbeizen brauchen 30 Minuten zum Trocknen.

Lassen Sie die erste Politurschicht 20 Minuten trocknen.

Nach dem Deckpolieren sollte die Fläche 8 Stunden ruhen.

Die Schlußpolitur sollte 5 Stunden durchtrocknen.

▼ **6** *Fahren Sie mit dem getränkten Ballen in großen Kreis- und Achterbewegungen über die Fläche. Nehmen Sie, falls nötig, ein Tröpfchen Leinöl als Gleitmittel. Die Oberfläche darf keine Wischer oder matte Stellen aufweisen. Nach dem Deckpolieren lassen Sie die Fläche trocknen.*

schnell trocknen und ein gleichmäßiger Auftrag deshalb schwierig ist.
Wenn Sie zum Schwarzbeizen eine Wasserbeize verwenden, wässern Sie die Oberfläche vorher, damit sich die Holzfasern aufstellen. Schleifen Sie sie nach dem Trocknen fein ab. Ist die Beize trocken, tragen Sie mit einem Polierballen weiße oder klare Politur auf, die Sie mit schwarzer Spiritusbeize anfärben. Setzen Sie dazu eine gesättigte Beizlösung an (spirituslösliches Nigrosin) und fügen Sie auf 140 ml Beizlösung 560 ml Politur hinzu. Falls Sie hellere Streifen wünschen, streichen Sie die verdünnte Spiritusbeize mit einem dicken Rundpinsel auf.
Polieren Sie die Fläche mit dieser schwarz angefärbten Politur. Lassen Sie die Politurschicht gut durchtrocknen, bevor Sie sie mit 320er-Schleifpapier (Granat oder Siliziumkarbid) ganz fein zwischenschleifen.
Um der schwarzen Fläche mehr Tiefe zu verleihen, arbeiten Sie jetzt mit ungefärbter, gebleichter oder klarer Politur weiter, wobei eine Spur Leinöl den Ballen besser gleiten läßt.

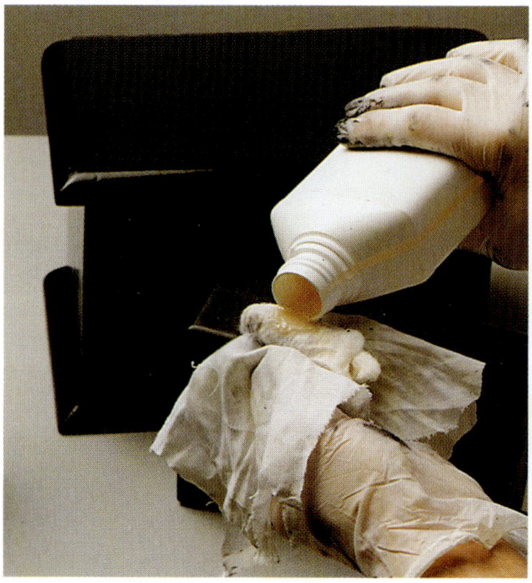

► **7** *Wenn die schwarze Politurschicht vollkommen durchgetrocknet ist, schleifen Sie mit 320er-Siliziumkarbidpapier zwischen. Die Oberfläche sollte jetzt glatt und matt sein. Noch vorhandene Unebenheiten würden später deutlich sichtbar. Wischen Sie den Schleifstaub sauber ab.*

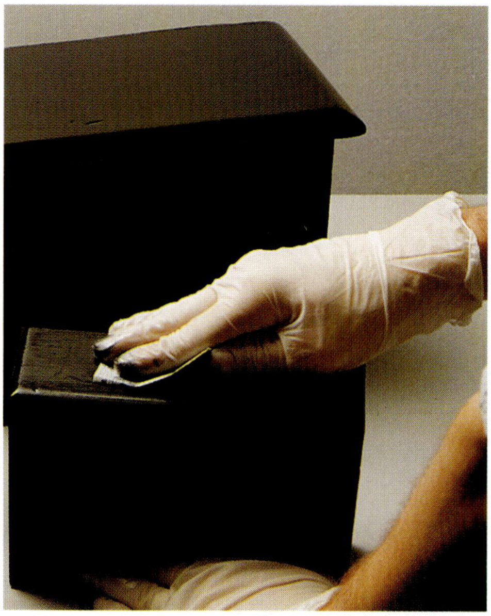

▲ **8** *Damit die schwarze Fläche mehr Tiefenwirkung bekommt, polieren Sie jetzt mit ungefärbter Politur weiter. Tränken Sie den Ballen mit der klaren Politur und polieren Sie die Fläche so lange, bis sie stark glänzt. Lassen Sie sie dann trocknen. Sie haben jetzt eine Hochglanzoberfläche.*

HINWEISE UND TIPS

- Die Vorbereitung der Fläche ist der Schlüssel zum Erfolg, denn Fehlstellen werden durch die Politurschicht noch deutlicher sichtbar.
- Für gefärbte Polituren dürfen nur spirituslösliche Farben verwendet werden.

▲ **9** *Für eine Seidenglanzoberfläche reiben Sie das Stück mit feiner Stahlwolle (Nr. 000) und Wachs ab. Wichtig dabei ist, daß Sie in Faserrichtung und mit gleichbleibendem Druck über die Fläche gehen, da sie sonst stellenweise matter und dadurch fleckig wird.*

◀ **10** *Um einen abschließenden Glanz zu erhalten, reiben Sie die polierte Fläche mit Wachs und einem weichem Tuch ab. Gehen Sie in Faserrichtung über das ganze Stück.*

Wenn die Oberfläche tiefschwarz und geschlossen wirkt, wird sie nur noch mit Spiritus im Ballen abpoliert, bis sie glänzt. Lassen Sie die Fläche dann trocknen und reiben Sie sie anschließend mit einem weichen Tuch und etwas Bimsmehl blank.

◀ **11** *Was ursprünglich Kiefer war, sieht nun wie Ebenholz aus. Doch werden jetzt auch Oberflächenfehler sichtbar, die verraten, aus welchem Holz das Kästchen tatsächlich besteht.*

Schablonenmalerei

SIEHE AUCH

66–69
FARBSTOFFE UND PIGMENTE

86–89
STUPFEN

Mit der Schablonenmalerei kann jeder, der Anfänger wie der erfahrene Künstler, eine schlichte, einfache Fläche kunstvoll verzieren.
In Amerika dekorierten die Siedler ihre Häuser mit dieser Technik, und solche Verzierungen wurden zu einer Art Statussymbol. Die Motive, die zumeist auf einen blassen Hintergrund gemalt wurden, wurden entweder nach Vorlagen kopiert oder frei gezeichnet und ausgeschnitten. Heute kann man die Schablonenmuster in Heimwerkergeschäften kaufen. Zum Durchzeichnen kann man sie auf einem Kopierer vergrößern oder verkleinern.

Schneiden einer Schablone

Als Schablone kann beinahe jedes Material dienen. Durchsichtige Acetatfolie oder Ölkarton eignen sich allerdings am besten. Bei beiden Materialien läßt sich die Farbe oder der Lack einfach abwischen. Acetatfolie läßt sich jedoch etwas schwerer schneiden, weil sie leicht splittert. Da sie aber durchsichtig ist, kann man sie für das direkte Durchzeichnen verwenden.
Um das Motiv sollte zur Versteifung ein mindestens 50 mm breiter Rand stehenbleiben. Größere Motive brauchen eventuell einen breiteren Rand. Denken Sie aber daran, daß Sie beim Farbauftrag die Kanten als Bezugspunkt brauchen. Legen Sie deshalb den Entwurf mittig an und beschneiden Sie die Kanten später.
Nehmen Sie ein Skalpell oder Schneidmesser zum Ausschneiden der Formen. Als Schneidunterlage ist eine Glasplatte gut geeignet (umkleben Sie die Kanten mit Klebeband). Bei ihr kann die Klinge durch Schnittspuren nicht abgelenkt werden, was bei der Verwendung

1 3 2 4

◄ **Schneiden der Schablone**

1 *Zeichnen Sie das Motiv mit einem weichen, dunklen Bleistift auf Pauspapier.*

2 *Übertragen Sie das Motiv auf Acetatfolie und zeichnen Sie die Konturen noch einmal exakt nach.*

3 *Schneiden Sie die Umrisse mit einem spitzen, scharfen Skalpell oder Messer vorsichtig heraus.*

4 *Drücken Sie die Schablone fest auf die Oberfläche und geben Sie mit einem Schablonierpinsel Farbe in die ausgeschnittene Form.*

von Unterlagen aus anderen Materialen eher geschieht. Man schneidet das Muster nur mit der Spitze des Messers. Sie kann durch Anschleifen und Abziehen immer wieder neu geschärft werden. Beginnen Sie mit einfachen Entwürfen, bei denen Sie keine allzu großen Flächen aus der Schablone schneiden. Verliert sie ihre Flüssigkeit, wird es schwierig, beim Auftragen der Farbe die Schablone zu halten. Wenn die Muster komplexer werden, braucht man sogenannte Brücken, um den Karton zu versteifen. Schneiden Sie diese Brücken so dünn wie möglich, denn die unbemalten Bereiche müssen später nachgearbeitet werden.
Mehrfarbige Muster erhalten Sie durch die Verwendung mehrerer Schablonen. Wichtig dabei ist die Paßgenauigkeit der einzelnen Schablonen. Dies erreichen Sie, indem Sie in die Ecken jeder Schablone Löcher stanzen und diese Löcher dann genau über Markierungen auf der Originalzeichnung legen. Diese Löcher können auch als Bezugspunkt beim Farbauftrag genutzt werden.

Der Farbauftrag

Jede Farbe und jedes Material ist als Untergrund für die Schablonenmalerei geeignet. Bei Wänden ist jedoch ein matter Untergrund oder Farblack am günstigsten, obwohl auch Binderfarbe geeignet ist. Farben auf Wasserbasis trocknen schnell. Das ist zwar für die Untergrundfarbe weniger wichtig, spielt aber beim Ausmalen der Muster eine

Eine Kommode mit einem Schablonenmuster versehen

◄ **1** *Meist sind es gestrichene Möbel, die mit Schablonenmalerei verziert werden. Doch auch ungestrichene Holzflächen bieten einen ausgezeichneten Hintergrund für zarte Muster und Farben. Das Werkstück muß vor dem Farbauftrag gut vorbereitet, d. h. vorlackiert werden. Diese Vorlackierung muß nicht unbedingt weiß sein, Pastelltöne eignen sich ebenfalls.*

► **2** *Für diese Muster verwenden Sie Künstlerölfarben. Testen Sie die Farben auf weißem Papier. Legen Sie die Musterschablone auf und kleben Sie sie fest. Stupfen Sie die Farbe mit dem Schablonierpinsel auf. Drücken Sie dabei die Schablone fest auf den Untergrund und tragen Sie nicht zu viel Farbe auf, da Ihnen sonst die Farbe unter die Schablone läuft. Scharf geschnittene Umrißlinien sind deshalb bei der Schablone erforderlich.*

WICHTIG

Material

- Weicher Bleistift
- Flachpinsel
- Schablonierpinsel
- Schneidmesser
- Lineal
- Acetatfolie, Ölkarton oder fertige Schablonen
- Schneidunterlage
- Wasserfester Filzstift für Acetatfolie
- Klebeband
- Künstlerölfarben
- Terpentinersatz
- Überzuglack

Probleme

Die Farbe wird unter die Schablone laufen, wenn Sie die Schablone nicht fest genug auf die Oberfläche drücken, die Farbe zu dünn ist oder zu dick aufgetragen wird.

Trennen Sie ein Motiv am Ende der Schablone nicht.

Geeignete Oberflächen

Möbel, Türen, Schubladen, Wände und Fußböden. Außerdem Schachteln, Spielzeugkisten und andere Ziergegenstände.

Trockenzeit

Warten Sie 30 Sekunden, bevor Sie die Schablone nach dem Farbauftrag abheben. Lassen Sie die Fläche über Nacht trocknen, bevor Sie sie lackieren.

DIE WAHL DER SCHABLONENMUSTER

• Schablonenmalerei kann auf beinahe allen Oberflächen, seien es Wände, Fußböden und Decken genauso wie auf kleinen Holzkästchen ausgeführt werden. Vor allem sich wiederholende Muster lassen sich mit der Schablonenmalerei gut ausführen, deshalb sind umlaufende Randverzierungen besonders beliebt.

• Blumen- und Bandmustervorlagen sind überall erhältlich. Sie können aber auch von Bildern oder sogar Tapeten abgezeichnet werden. Auf einem Fotokopierer können Sie den Entwurf vergrößern oder verkleinern, damit er zu dem entsprechenden Werkstück paßt. Geometrische Formen eignen sich gut für Randeinfassungen oder Fußböden. Ein verschlungenes Lianenmuster läßt sich gut mit gekauften Schablonen ausführen. Sie können aber auch eine Reihe von Blattformen ausschneiden.

• Wählen Sie möglichst immer ein Motiv, das zu dem bemalten Werkstück paßt. Tiermotive empfehlen sich für Spielzeugkisten oder Schranktüren im Kinderzimmer. Kinderbücher sind hier eine gute Quelle für neue Ideen. Tierschablonen erhalten Sie meist schon fertig in Bastel-, Schreibwaren- und Spielzeuggeschäften. Früchte und andere Gegenstände des Alltags sind ebenfalls gute Motivvorlagen und werden besonders von Kindern geliebt. Sehr dekorativ wirken eine Reihe identischer Formen oder Abbildungen, die jeweils in einer anderen Farbe gemalt sind.

• Passen Sie die Form des Entwurfs so weit wie möglich der Form des Werkstücks oder der zu dekorierenden Fläche an, denn sie sollten durch die Bemalung ja verschönert werden. Es gibt jedoch unzählige Möglichkeiten für phantasievolle Schablonenmalereien. So kann man beispielsweise das Schattenbild eines Fensters auf einen Fußboden malen, um hereinströmendes Sonnenlicht zu suggerieren.

▲ **3** *Ist der erste Farbauftrag etwas angetrocknet, nehmen Sie die Schablone vorsichtig ab. Bemühen Sie sich, die Farbe dabei nicht zu verschmieren. Solch ein Fehler läßt sich nur schwer wieder ausbessern. Lassen Sie das Motiv trocknen.*

▲ **4** *Tragen Sie eine zweite Farbe mit dem Schablonierpinsel auf.*

◀ **5** *Wählen Sie das nächste Motiv und mischen Sie die passende Farbe an. Achten Sie darauf, daß die Farben harmonieren, und mischen Sie immer ausreichend Farbe an, so daß sie für das ganze Motiv ausreicht. Sie werden bei erneutem Anmischen der Farbe Probleme bekommen, genau den gleichen Farbton wieder zu treffen.*

·ichtige Rolle. Im allgemeinen werden :ie Muster auf einen hellen oder ›astellfarbenen Untergrund gemalt. Es pricht jedoch nichts dagegen, intenive, leuchtende Farbmuster auf einen lunkleren Untergrund zu bringen. Iolzflächen sollten vor dem Bemalen nit Mattlack oder Schellackgrundierung ·ersiegelt werden. Die richtige Position les Musters ist äußerst wichtig. Positioiieren Sie also vorher die Muster nach hren Vorstellungen und markieren Sie nit Kreide Bezugslinien entlang der Kanten.

Die Kreidestriche lassen sich später leicht wegwischen. Der Untergrund muß vollkommen trocken sein, wenn Sie mit dem Bemalen beginnen. Vor einem zweiten Farbauftrag muß der erste ganz trocken sein.
Am besten läßt sich die Farbe mit einem speziellen Schablonierpinsel aufbringen. Diese Pinsel sind nicht teuer, sie haben kurze Borsten und sind ähnlich einem Rasierpinsel geformt. Mit diesem Schablonierpinsel wird die Farbe stupfend aufgetragen (s. Seite 86 – 89). Zuerst müssen Sie jedoch die

► **6** *Hier wurden bereits drei Farben aufgetragen, und das Muster nimmt allmählich seine Form an. Beachten Sie, daß die Blumenstengel eine dunklere Farbe haben, und dadurch die Betonung auf den Blüten oder Samenkapseln liegt, die heller sind.*

▲ **7** *Setzen Sie ein einfaches, sich wiederholendes Musterband ein, um die detailreicheren Formen optisch miteinander zu verbinden. Dies belebt das Stück, ohne es unnötig zu überladen. Folgen Sie mit dem Muster der Form des Werkstücks. Betonen Sie Ecken, Kanten, Türfüllungen und Schubladenfronten. In die Schablonen kann man eine Reihe verschiedener Muster hineinschneiden. Zu viele Muster machen die Schablone jedoch zu labil.*

Schablone auf dem Werkstück befestigen und zwar so, daß sie möglichst dicht auf der Oberfläche aufliegt. Ist das nicht so, zerfließt die Farbe und das Muster wird dadurch sehr ungenau und unsauber.

▼ **8** *Die Schablonenmalerei wirkt besonders in Kinderzimmern, Badezimmern und Küchen sehr dekorativ. Sie können dabei die unterschiedlichsten Farben kombinieren. Wichtig dabei ist nur, daß jeder Farbauftrag vor dem nachfolgenden getrocknet ist, und daß die Schablone immer saubergehalten wird.*

▲ **Muster aufeinander abstimmen**
Obwohl diese beiden Schablonenmalereien nur aus einfachen, zweifarbigen Motiven bestehen, haben sie doch eine sehr dekorative Wirkung, indem sie der Treppenlauflinie folgen bzw. die Schubladenfronten hervorheben.

Beim Auftragen der Farbe sollten Sie einen Spachtel oder ein ähnliches Werkzeug benutzen, um die Schablone damit herunterdrücken zu können. Mischen Sie die Farben an, indem Sie Künstlerölfarben mit Ölfarbe oder Lacklasur verrühren.
Nach dem Ausmalen der Muster lassen Sie die Schablone noch mindestens 30 Sekunden auf dem Werkstück liegen. Nehmen Sie sie dann senkrecht nach oben ab. Wischen Sie die Schablone mit Terpentinersatz sauber ab, bevor Sie mit ihr weiterarbeiten. Bei einem sich wiederholenden Muster müssen Sie darauf achten, daß das Auflegen des Kartons das zuvor ausgeführte Motiv nicht beeinträchtigt, da eventuell der Karton überlappend aufgelegt werden muß. In diesem Fall sollten Sie warten, bis die Farbe ganz trocken ist. Es ist wichtig, daß Sie die Position jedes Musters vor Arbeitsbeginn mit Kreide markieren. Versuchen Sie auch gleichmäßige Abstände und Ränder einzuhalten.

HINWEISE UND TIPS

- Für das Vorzeichnen auf Acetatfolie brauchen Sie einen speziellen Filzstift.
- Fasen Sie die Kanten des Kartons beim Ausschneiden der Formen etwas an.
- Befestigen Sie die Zeichnung mit Klebeband auf dem Karton.
- Probieren Sie neue Muster zuerst mit farbigen Papier oder mit Lackfarbe auf Holzresten aus.
- Verwenden Sie für die Schablone kein saugfähiges Material.
- Tragen Sie die Farbe immer leicht stupfend auf.

► **Kombination verschiedener Dekortechniken**
Bei diesem Eckregal wurde der Hintergrund zuerst in der Stoffwickeltechnik bearbeitet, um den Eindruck eines Gartens hervorzurufen. Die Aufmerksamkeit des Betrachters wird von den beiden gemalten Blumentöpfen in der Mitte angezogen. Beachten Sie, wie die sich wiederholenden Muster darüber und darunter den Gesamteindruck harmonisch ausgleichen.

Der Farbauftrag muß abgetrocknet sein, bevor Sie eine weitere Farbschicht oder einen Überzuglack aufbringen. Sie können beispielsweise eine matte Lackschicht auf zwei glänzenden Lackschichten aufbringen. Dies mindert etwas den Glanz des Dekors. Fußböden sollten mit einem säurehärtenden Lack überzogen werden. Achten Sie aber darauf, daß dieser Lack nicht mit den aufgemalten Farben reagiert.

FARBEN IN DER SCHABLONENMALEREI

- Bei der Schablonenmalerei soll ein Gesamteindruck erzielt werden. Deshalb müssen die verwendeten Farben harmonieren. Setzen Sie nicht zu viele Farbtöne ein, denn das hat zur Folge, daß Sie viele verschiedene Schablonen kaufen oder schneiden müssen. Blumenmuster wirken in Pastelltönen am besten. Figürliche und geometrische Muster gewinnen meist durch kräftige Kontrastfarben.
- Versuchen Sie auch, die Dekoration auf das Werkstück abzustimmen. Zu alten Stücken passen eher blasse Farben, während moderne Stücke mit strengen Linien kräftige Farben und ausgeprägte Muster vertragen. Wenn Sie Schablonenmuster direkt auf das Holz auftragen, sollten Sie auch an den Farbton und an die Maserung des Holzes denken.

◄ **Antikisierende Schablonenmalerei**
Diese Anrichte wurde bemalt. Die Holzmaserung blieb aber stellenweise sichtbar. Helle Muster auf den Rahmenhölzern und den Seiten ergänzen die Wirkung.

▼ **Sich wiederholende Muster**
Ein schönes Beispiel für sich wiederholende Schablonenmuster. Die Fußbodenbretter wurden dünn überstrichen und dann das größere der beiden Muster mit einer Schablone in einem dunkleren Ton aufgemalt. Das kleinere Muster wurde dagegen in Weiß abgesetzt. Sie können an diesem Beispiel aber auch sehen, wie die Holzfehler in die Gestaltung einbezogen wurden und die Strenge des sich wiederholenden Musters mildern.

Krakeleeoberflächen

SIEHE AUCH

18–19 SCHLEIFMASCHINEN
20–22 SCHLEIFMITTEL
58–65 SCHELLACK-HANDPOLITUR
66–69 FARBSTOFFE UND PIGMENTE
73–75 WACHSOBERFLÄCHEN
144–149 SPRITZEFFEKTE

Durch eine Krakeleeoberfläche kann man ein Werkstück entweder wirken lassen, indem man die altersbedingte Rißbildung eines Lacküberzugs imitiert. Man kann aber auch mit Farbkontrasten sehr interessante Effekte gestalten. Diese Methode wird mitunter für Lederimitationen eingesetzt. In beiden Fällen wird auf das Werkstück ein sogenannter Reißlack (ein klarer Speziallack, der in Fachgeschäften erhältlich ist) aufgetragen. Beim Trocknen des Lacks entstehen Oberflächenspannungen, die zu Haarrissen im Lack führen.

Es ist auch möglich, diesen Lack aufzuspritzen. Hierbei sind Auftragtechnik und die verwendeten Materialien dann aber andere. Tragen Sie eine Schicht Öllack auf. Lassen Sie die Fläche ruhen, bis sie klebrig ist, und tragen Sie dann den Reißlack mit einem Flachpinsel auf. Verstreichen Sie ihn nicht, denn die Rißbildung beginnt sofort.

Um den entstandenen Effekt noch zu betonen, reiben Sie, wenn der Lack trocken ist, Wachspolitur in die Risse hinein und polieren die Oberfläche anschließend. Sie können auch eine dünne Öllasur (s. Seite 86–87) in die Risse streichen und die überschüssige Lasur dann wegwischen. Öllasuren sind fertig zu kaufen oder selbst aus Anlegeöl, Pigmenten und Terpentinersatz anzumischen. Wenn die Oberfläche trocken ist, polieren Sie sie mit einem weichen Tuch ab. Der Reißlack bedarf keines weiteren Schutzüberzugs. Es wäre sogar sinnlos, weil dadurch die Risse abgedeckt würden.

Farbige Krakeleeoberflächen

Ein farbiger Reißlack über einer Kontrastfarbe wirkt sehr dekorativ. Probieren Sie verschiedene Farbkombinationen aus. Tragen Sie zuerst einen farbigen Untergrund auf die glatt geschliffene Oberfläche auf. Mischen Sie dann die zweite Farbe mit dem Reißlack und tragen Sie sie auf die getrocknete Oberfläche auf. Wenn der Lack rissig wird, kommen feine Linien der Untergrundfarbe zum Vorschein.

Die schönsten Effekte erzielt man mit Komplementärfarben. Manche Farbtöne wirken besser als Deckschicht, andere, vor allem die helleren Farben eignen sich mehr für den Untergrund. Beispielsweise wirkt die Kombination von Lindgrün und goldfarbenen Rissen sehr interessant. Mischen Sie die Hintergrundfarbe mit normaler Lacklasur und streichen Sie sie mit einem Flachpinsel auf die Fläche. Auch hierfür sollte das Holz zuerst mit Schellackgrundierung eingelassen werden.

Die Wirkung einer alten Vergoldung erzielt man durch das Auftragen eines silberfarbenen Untergrunds, der dann mit einem leicht braun abgetönten klaren Reißlack überstrichen wird. Wenn der Reißlack trocken ist, reiben Sie dunkelbraune Öllasur oder Wachs in die Risse. Diese Methode eignet sich gut für vergoldete Bilderrahmen, die im Alter oft feine Haarrisse bekommen.

TIPS

- Probieren Sie den gewünschten Effekt zunächst auf einem ähnlichen Holzrest aus.
- Mischen Sie ausreichend Farblasur für die ganze Arbeit an.
- Lassen Sie jede Farbschicht vor dem Auftragen der nächsten trocknen.

KRAKELEEMUSTER

- Auf kleineren Gegenständen gelingt eine Krakeleeoberfläche besser als auf großen Flächen. Bei größeren Gegenständen müssen Sie den Reißlack satter und nasser als bei kleineren Stücken auftragen.
- Sie sollten die Krakeleeoberfläche so gestalten, daß sie zu dem Werkstück paßt. Auch bei größeren Flächen sollte das Netzmuster 50 mm in der Breite nicht überschreiten. Ist das Muster zu breit, kann die Oberfläche abblättern.

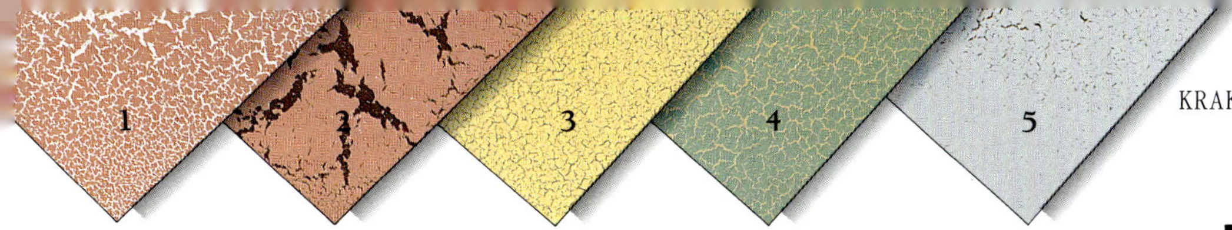

▲ Verschiedene Krakeleeoberflächen

1 *Weißer Untergrund und rosa Krakelee*
2 *Brauner Untergrund und rosa Krakelee*
3 *Dunkelgrüner Untergrund und gelbes Krakelee*
4 *Gelber Untergrund und türkisfarbenes Krakelee*
5 *Schwarzer Untergrund und blaues Krakelee*

Aufbringen einer Krakeleeoberfläche

▲ **1** *Das Krakeleemuster soll hier den Spiegelrahmen älter erscheinen lassen. In anderen Fällen soll das Krakelee einfach nur dekorativ wirken. Dieser Rahmen wurde zunächst mit Terpentinersatz sauber abgewischt.*

▲ **2** *Nachdem Sie die Oberfläche vorbereitet und die Bereiche, die nicht bearbeitet werden, abgeklebt haben, tragen Sie einen Öllack auf. Streichen Sie ihn mit einem Flachpinsel so auf, daß keine Pinselspuren zurückbleiben.*

▲ **3** *Ist der Lack klebrig-trocken, tragen Sie den Reißlack auf. Man kann ihn gebrauchsfertig kaufen. Die Größe des entstehenden Netzmusters hängt von der Stärke des aufgetragenen Lacks ab. Ein starker Lackauftrag erzeugt ein weiteres Krakeleemuster. Streichen Sie den Reißlack großzügig auf und lassen sie ihn verlaufen.*

▼ **4** *Beim Trocknen reißt der Lack und bildet das charakteristische, alt wirkende Netzmuster. Dies läßt sich jetzt noch dadurch betonen, daß man die Lackrisse mit Pigmenten oder gefärbtem Wachs füllt. Es kann entweder eine Kontrastfarbe oder eine starke Komplementärfarbe zur Untergrundfarbe sein.*

WICHTIG

Material

- Flachpinsel
- Öllack
- Matter Untergrund- oder Farblack
- Wachspolitur und Pigmente
- Künstlerölfarben
- Reißlack

Probleme

Ein ungleichmäßiger Auftrag ergibt ein unregelmäßiges Rißmuster.

Ein starker Farbauftrag läßt die Oberfläche zu dunkel erscheinen.

Trockenzeit

Die Schellackgrundierung sollte 15 Minuten trocknen.

Die Lacklasur braucht mindestens etwa 30 Minuten zum Trocknen.

Den Reißlack läßt man eine Stunde trocknen.

Künstliche Alterung

SIEHE AUCH

18–19 SCHLEIF-MASCHINEN
20–22 SCHLEIFMITTEL
26–27 DRUCKSTELLEN UND KRATZER
36–39 ABBEIZEN
44–49 BEIZEN
58–65 SCHELLACK-HANDPOLITUR
66–69 FARBSTOFFE UND PIGMENTE
80–83 ALTE OBERFLÄCHEN AUFFRISCHEN

Das künstliche Altern, auch auf alt trimmen oder fälschen genannt, meint immer das „Altern“ neu gebauter Möbel oder neuer Teile antiker Stücke. Schauen Sie sich vorher Möbel der entsprechenden Stilperiode an und versuchen die Merkmale des Alters (und Abnutzungsspuren) nachzuahmen. Beim Vorbereiten der Oberfläche können in diesem Fall Druck- und Stoßstellen belassen werden. Die Spuren maschineller Bearbeitung dürfen auf keinen Fall später zu sehen sein, denn an ihnen ist das wirkliche Alter des Möbels unweigerlich zu erkennen. Zum künstlichen Erzeugen von Altersspuren verwendet man am besten harte Gegenstände, wie etwa Beutel voller Schrauben, Fahrradketten oder Hämmer, die mit einem weichen Tuch umwickelt werden.

Wasserränder lassen sich durch eine Tasse, deren Boden mit Beize bestrichen ist, hervorrufen. Schlagspuren müssen so kräftig sein, daß die Holzfasern dabei durchtrennt werden, damit sie die Wasserbeize stärker aufsaugen. Dadurch werden die Druckstellen noch dunkler, so als ob sich mit der Zeit Staub darin gesammelt hätte. Bearbeiten Sie auf diese Weise die gesamte Oberfläche, besonders sollten Sie sich jedoch auf die Stellen konzentrieren, die im Laufe der Zeit normalerweise am meisten in Mitleidenschaft gezogen werden. Beine werden regelmäßig angestoßen, wie auch Kanten, Ecken und Tischplatten. Ein Stoffbeutel mit alten Schrauben eignet sich besonders gut, um scheinbar zufällige Gebrauchsspuren zu imitieren. Stilmöbelreproduktionen aus industrieller Fertigung weisen oft zu gleichmäßig verteilte Fehler auf, da diese maschinell ausgeführt werden. Die scheinbaren Beschädigungen sollen aber so natürlich wie möglich wirken. Üben Sie dies besser vorher an einem Reststück oder sogar an einem nicht mehr gebrauchten Möbel.

► **Künstliche Alterung eines Bretts**
Ein frisch ausgehobeltes Mahagonibrett (oben) wird mit Hilfe von Farbe, Dellen und Kratzern künstlich gealtert. Das umlaufende Kantenprofil wurde durch Schläge so bearbeitet, daß es scheinbare Gebrauchsspuren bekam. Die Druckstellen und Wasserringe auf der Oberfläche sind nur schwach zu sehen und fügen sich ganz natürlich in die stumpfe, abgenutzt wirkende Oberfläche ein. Dieses Brett würde jetzt zwischen antiken Möbeln kaum mehr auffallen.

◀ **1** *Nehmen Sie einen Beutel, gefüllt mit alten Schrauben, um damit Druckstellen in die Oberfläche zu schlagen. Der Beutelinhalt muß so schwer sein, daß er Abdrücke im Holz hinterläßt. Schlagen Sie mit dem Beutel wahllos auf die Fläche. Möbel aus Serienfertigungen erkennt man an ihrer gleichmäßigen Bearbeitung.*

▶ **2** *Nach diesem Bearbeiten der Oberfläche folgt der Beizauftrag. Tragen Sie die Beize sehr satt auf und wischen Sie sie auf der Fläche herum. Reiben Sie sie kräftig in die gerissenen Holzfasern der Schlagspuren, damit diese Stellen dunkler erscheinen.*

▲ **3** *Nach dem Trocknen der Oberfläche grundieren Sie sie mit Schellack. Tragen Sie die Schellackgrundierung mit einem weichen Tuch in Längsrichtung auf. Es geht hier darum, die Beize zu versiegeln und nicht darum, eine Schellackoberfläche aufzubauen. Trotzdem sollten Sie sich um einen gleichmäßigen Auftrag bemühen.*

▲ **4** *Auf vielen alten Möbeln findet man kreisförmige Flecken, die von Alkohol an Glasrändern oder Feuchtigkeit unter Tassen herrühren. Um diese Flecken nachzuahmen, füllen Sie ein Metallgefäß mit heißem Wasser und benetzen den Boden. Lassen Sie es fünf oder zehn Minuten auf der Oberfläche stehen. Es entsteht ein dunkler Ring.*

WICHTIG

Werkzeuge und Materialien

- Dicke Farbpinsel
- Gegenstände aus Metall
- Polierballen
- Weiches Tuch
- Beizen
- Transparente Politur
- Wachspolitur

Probleme

Die Fehler und Beschädigungen sehen nur natürlich aus, wenn sie unregelmäßig sind.

Eine schon vorhandene Oberfläche muß vor dem „Alterungsprozeß" abgebeizt werden.

Geeignete Oberflächen

Jedem Möbelstück kann ein altes Aussehen verliehen werden.
Zu eindeutig modernen Möbeln paßt jedoch diese Art der Oberflächenbehandlung natürlich nicht.

Trockenzeit

Die Wasserbeize benötigt etwa 40 Minuten zum Trocknen.

▶ **5** *Die Beize allein reicht aber nicht aus, um dem Stück den Farbton eines alten Möbels zu geben. Vermischen Sie in einem kleinen Papierschiff Spiritusbeize, Pigmente und etwas Politur und tragen Sie diese Mischung mit einem dicken Rundpinsel auf. Streichen Sie damit großzügig über die ganze Fläche, um die Oberfläche dunkler zu tönen. Versuchen Sie, eine leicht deckende Farbmischung herzustellen.*

TIPS

- Erzeugen Sie gezielt Druckstellen.
- Reiben Sie die Beize tief in das Holz.
- Schauen Sie sich die Abnutzungsspuren alter Möbel genau an.

◀ **6** *Ist die Farbe trocken, tragen Sie mit dem Polierballen eine transparente Politurschicht auf. Polieren Sie so lange weiter, bis die Poren gerade noch offen sind. Gehen Sie zuerst mit kreisenden Bewegungen und zum Schluß mit geraden Zügen in Maserrichtung über die Fläche.*

▶ **7** *Eine alte Politurschicht hat meist ihren Glanz verloren. Reiben Sie also die frisch polierte Fläche mit feiner Stahlwolle in Faserrichtung matt, sobald sie trocken ist. Zum Abschluß tragen Sie noch etwas dunkel eingefärbte Wachspolitur auf, um den antiken Eindruck noch zu verstärken.*

Behandeln künstlich gealterter Oberflächen

Wenn Sie mit dem Erfolg Ihres „Alterungsprozesses“ zufrieden sind, beizen Sie das Möbelstück dunkel und wischen die überschüssige Beize ab. Die Beize wird tief in die Schlag- und Kratzspuren eindringen. Verwenden Sie eine Wasserbeize, da Sie so Zeit haben, die Beize auf der Oberfläche ausreichend zu verwischen. Zufällige Spritzer müssen nicht beseitigt werden. Mit ihnen können Spritzflecke imitiert werden, die über die Jahre hinweg entstanden sind. Von Ecken und Profilen aber müssen Sie die Beize wieder etwas abreiben, denn diese Stellen sind bei einem alten Möbel abgewetzt und heller. Anschließend grundieren Sie das Stück mit Schellack. Schleifen Sie die Oberfläche fein ab (s. Seite 18 – 21) und beginnen Sie mit dem Polieren. Verwenden Sie klare Schellackpolitur, die die Oberfläche etwas ausgeblichen erscheinen läßt. Polieren Sie, bis die Poren teilweise gefüllt sind, aber versuchen Sie nicht, einen Hochglanz zu polieren. Reiben Sie die Oberfläche mit feiner Stahlwolle (Nr. 000) in Faserrichtung gleichmäßig matt. Zum Abschluß tragen Sie mit einem weichen Tuch ein dunkles Wachs auf und reiben es blank. Sie können auch eine Mattierbürste und Bimsmehl verwenden. Streuen Sie das Bimsmehl auf die Fläche und bürsten es in Richtung der Holzfaser darüber. Dann wird mit Wachs nachpoliert.

▲ Eckschrank mit „alter“ Oberfläche
Dieser Eckschrank aus altem wiederverwerteten Holz ist ein schönes Beispiel dafür, wie Stoßstellen und Kratzer einem Möbelstück „Alter“ verleihen.

◀ Eine „alte“ Oberfläche mit dünnem Farbanstrich
Die Oberfläche dieser Kommode wurde künstlich gealtert und dann dünn überstrichen, was diesen Eindruck noch verstärkt. Den Stellen mit den meisten Gebrauchsspuren, vor allem dem Kantenprofil, wurde dabei besondere Aufmerksamkeit geschenkt.

Patinieren

SIEHE AUCH

44–49
BEIZEN

58–65
SCHELLACK-HANDPOLITUR

66–69
FARBSTOFFE UND PIGMENTE

73–75
WACHSOBER-FLÄCHEN

80–83
ALTE OBERFLÄCHEN AUFFRISCHEN

114–117
KÜNSTLICHE ALTERUNG

Auch das Patinieren dient dazu, Möbeln oder Wandvertäfelungen ein altes Aussehen zu verleihen. Dazu behandelt man bestimmte Partien mit Beize, um abgegriffene, helle Glanzflächen und dunkle Schmutzflecken zu imitieren.

Diese Methode wird meist bei Stilmöbeln aus Eichenholz angewandt. Auch jede andere Holzart kann patiniert werden. Bereiten Sie die Holzoberfläche auf gewohnte Weise vor. Da Sie jedoch eine gealterte Wirkung erzielen wollen, sollten Sie einige Schönheitsfehler und Flecken des Möbels ruhig belassen. Wichtig ist aber, daß Sie alle auffälligen Spuren maschineller Bearbeitung beseitigen.

Beizen Sie das Stück mit Van-Dyck-Braun. Seine Kristalle lösen Sie in Wasser auf. Diese Wasserbeize (Nußbaumkörnerbeize) erhalten Sie auch gebrauchsfertig im Fachhandel.

Ist die Beize trocken, schleifen Sie leicht darüber, um die Fläche zu glätten. Dann beizen Sie mit einer dunklen Lösungsmittelbeize nach. Reiben Sie die Beize kräftig in das Holz. Ecken und Hohlkehlen dürfen aber nicht abgewischt werden, so daß sie dunkler als der Rest der Fläche bleiben.

Lassen Sie die Beize dann trocknen. Nehmen Sie einen handtellergroßen Bausch feiner Stahlwolle Nr. 000 und bearbeiten Sie damit die aufzuhellenden Stellen, bis die dunkle Beize abgerieben ist. Dann verschleifen Sie mit der Stahlwolle die Übergänge zwischen den helleren und dunkleren Partien.

Bei größeren Flächen wird der Mittelbereich durch Abreiben aufgehellt. Auch hier ist ein weicher Übergang von Hell zu Dunkel wichtig.

Schleifen Sie mit der Stahlwolle immer in Holzfaserrichtung und hellen Sie die Farbe nach und nach auf. Durch das Patinieren sollen die Stellen eines Möbels aufgehellt werden, die im Lauf der Zeit ganz natürlich abgenutzt und abgegriffen werden. Beispielsweise werden die Hochpunkte von Perlstäben an Profilen oder die Kanten und Ecken von Stühlen und Tischen besonders schnell abgenützt. Umgekehrt sammelt sich in weniger zugänglichen Stellen Staub und Schmutz an, und diese Vertiefungen erscheinen im Alter dann dunkler.

Um diesen Alterungseffekt zu imitieren, vermischen Sie Spiritusbeize und Farbpigmente mit Schellackpolitur und tönen damit die vertieften Stellen oder normalerweise wenig abgenutzte Bereiche dunkler. Sehen Sie sich zuvor ältere Möbelstücke genau an. Verwenden Sie eine dunkle Granatpolitur, um den Antikeffekt noch zu unterstreichen. Tragen Sie die Politur zuerst mit einem weichen Tuch auf. Lassen Sie die Schicht trocknen, schleifen Sie mit feinem 320er-Papier darüber, wischen Sie den Staub ab und tragen Sie dann mit dem Polierballen Schellack auf (s. Seite 58). Deutlich ins Auge fallende Bereiche sollten Sie mit stark verdünnter Spiritusbeize noch abtönen. Tragen Sie sie mit einem Tuch oder einem dicken Rundpinsel auf. Wünschen Sie einen stärkeren Politurüberzug, dann verwenden Sie für die letzte Schicht gebleichte Politur.

Ist die polierte Fläche durchgetrocknet, reiben Sie sie mit feiner Stahlwolle matt. Reiben Sie wie immer in Holzfaserrichtung, um einen schönen seidenmatten Glanz zu erhalten. Nach dem Mattieren tragen Sie mit einem weichen Tuch eine helle Wachspolitur auf und reiben die Oberfläche zum Abschluß blank.

TIPS

- Reiben Sie die Beize in mehreren Arbeitsgängen ab.
- Vermeiden Sie sichtbare Ansatzlinien.
- Achten Sie darauf, daß die Oberfläche bei jedem Arbeitsgang glatt ist.
- Wässern und schleifen Sie die Holzoberfläche, bevor Sie Beize oder Politur auftragen.

Patinieren eines Hockers

▲ **1** *Möbel, wie dieser Hocker, sehen im Laufe der Zeit stark abgenutzt aus. Nach jahrelangem Gebrauch ist die Farbe nicht mehr gleichmäßig. In der Mitte von Zargen und Füllungen, auf Sitzflächen oder Rückenlehnen zeigen sich abgewetzte Stellen.*

▲ **2** *Schleifen Sie die rohe Holzoberfläche glatt und tragen Sie dann Farbe auf. Hier wurde eine dunkle Nußbaumkörnerbeize (Van-Dyck-Braun) verwendet. Sie dringt gut in das Holz ein und kann in Ecken und Winkeln stärker aufgetragen werden, damit diese dunkler wirken.*

▲ **3** *Wischen Sie nach dem Beizen die überschüssige Beizlösung ab und lassen Sie sie trocknen. Dann schleifen Sie leicht darüber und beizen mit einer dunklen Lösungsmittelbeize nach. Beachten Sie die dunkleren Stellen an den Beinen und in den Ecken.*

▲ **4** *Ist das Stück trocken, reiben Sie die Beize mit feiner Stahlwolle Nr. 000 oder Schleifvlies ab. Beginnen Sie in der Mitte einer Fläche oder Zarge und reiben Sie zu den Ecken hin. In der Mitte muß die Beize stärker abgerieben werden als in den Ecken. Der Farbübergang soll jedoch fließend sein. Mischen Sie Spiritusbeize mit Schellackpolitur und tragen Sie sie mit einem dicken Rundpinsel auf, um die gealterte Wirkung noch zu verstärken. Eine dunkle Lösungsmittelbeize wird den Kontrast noch betonen. Achten Sie aber auf weiche Farbübergänge. Überziehen Sie das Stück mit dunkler Granatpolitur, so daß es noch mehr Patina bekommt.*

▲ **5** *Polieren Sie dann das Stück mit weißer, gebleichter Schellackpolitur weiter, bis es seidenmatt glänzt. Zum Abschluß wird das Stück leicht gewachst und blank gerieben, um den Farbton zu verstärken und der Oberfläche mehr Tiefe zu verleihen.*

WICHTIG

Material

- Stahlwolle Nr. 000 und Nr. 00
- Rundpinsel Nr. 8 oder Nr. 10
- Polierballen
- Nußbaumkörnerbeize
- Dunkle Lösungsmittelbeize
- Spiritusbeize und Pigmente
- Granatpolitur
- Feines Schleifpapier
- Weiße, gebleichte Politur
- Dunkel gefärbte Wachspolitur

Probleme

Es ist schwierig, aber sehr wichtig, die weichen Farbübergänge des Antikeffektes richtig zu imitieren.

Vergessen Sie nicht, vor dem Beizen zu wässern, damit sich die Fasern aufrichten.

Geeignete Oberflächen

Patiniert werden meist Eichen- und Stilmöbel. Aber auch andere Holzarten sind möglich.

Trockenzeit

Wasserbeize braucht etwa 40 Minuten zum Trocknen. Lassen Sie sie aber besser 3 oder 4 Stunden trocknen.

Die Lösungsmittelbeize sollte über Nacht trocknen können.

Gekalkte Oberflächen

SIEHE AUCH

16 – 17
ZIEHKLINGEN UND SCHABER
18 – 19
SCHLEIF-MASCHINEN
44 – 49
BEIZEN
53 – 55
PORENFÜLLER
58 – 65
SCHELLACK-HANDPOLITUR
66 – 69
FARBSTOFFE UND PIGMENTE
73 – 75
WACHSOBER-FLÄCHEN

Das Kalken einer Holzoberfläche ist vergleichbar mit dem Porenfüllen (s. Seite 53 – 55). Dieses Verfahren wird auf grobjährigen und großporigen Holzarten angewendet, besonders aber bei Eiche. Der weiße oder helle Porenfüllerbrei (früher wurde Kalkmilch verwendet), wird in die Poren des Holzes gerieben, die dadurch andersfarbig gefüllt und betont werden. So wird auch das Maserbild des Holzes deutlich hervorgehoben.

Obwohl man den Porenfüllerbrei auch selbst ansetzen kann, ist es günstiger, die Masse fertig in Dosen abgefüllt zu kaufen. Die im Handel erhältlichen Porenfüllmassen enthalten Trockenmittel, die das Verfahren wesentlich beschleunigen. Zum Anfärben der Masse schütten Sie sie in ein flaches Gefäß (färben Sie niemals die Masse in der Dose!). Da es sehr schwierig ist, den gleichen Farbton ein zweites mal genau zu treffen, sollten Sie immer ausreichend Masse anmischen. Die meisten angefärbten Porenfüllmassen sind pastellfarben (Rosa und Grün sind hier sehr beliebt). Achten Sie darauf, die

Eine gekalkte Oberfläche

► **1** *Bei diesem Uhrengehäuse aus Eiche wurde zuerst der alte Anstrich abgebeizt und die Oberfläche zum Kalken vorbereitet. Eichenholz eignet sich aufgrund seiner großen Poren besonders gut für diese Art der Oberflächenbehandlung. Es können aber auch andere Holzarten so bearbeitet werden.*

◄ **2** *Entfernen Sie alle Beschläge und Metallteile und schleifen Sie das Stück mit 240er-Schleifpapier. Die Oberfläche muß vollkommen schmutz- und fettfrei sein.*

▲ **4** *Nach dem Öffnen der Poren können Sie das Stück in der Farbe Ihrer Wahl beizen. Nehmen Sie dazu besser keine Lösungsmittelbeize, denn sie kann später fleckig werden. Lassen Sie die Beize trocknen.*

▼ **3** *Damit die Porenfüllmasse gut eindringen kann, müssen die Holzporen mit einer Drahtbürste kräftig ausgebürstet werden. Fahren Sie mit langen Strichen in Faserrichtung über die Fläche. Versuchen Sie, die Poren möglichst gleichmäßig auszubürsten. (Überprüfen Sie dies, indem Sie das Stück gegen das Licht halten, um zu sehen, ob auch die gesamte Oberfläche gleichmäßig bearbeitet wurde.)*

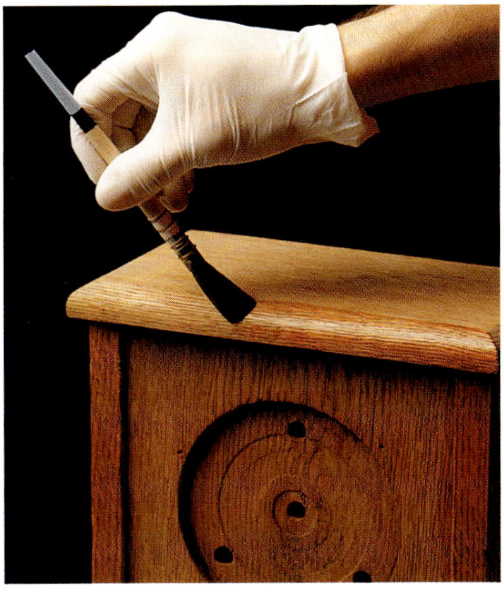

▲ **5** *Versiegeln Sie die gebeizte Fläche mit einer hellen oder weißen Politur, damit die Porenfüllmasse nicht fleckig auftrocknet. Ist ein härterer, strapazierfähigerer Überzug gewünscht, grundieren Sie die gebeizte oder rohe Holzfläche mit Teaköl oder sogar mit Lack, den Sie dazu mit Terpentinersatz etwas verdünnen.*

Masse nicht zu dunkel einzufärben. Öffnen Sie die Holzporen mit einer Drahtbürste, indem Sie die Fläche in Faserrichtung kräftig ausbürsten. Vor dem Kalken kann die Oberfläche mit einer Wasserbeize gebeizt und mit Schellackgrundierung versiegelt werden.

WICHTIG

Werkzeuge und Materialien

- Ziehklinge und Schleifmittel zum Vorbereiten der Oberfläche
- Grobes Leinen und weiches Tuch
- Porenfüllmasse
- Wasserbeize
- Farbstoffe und Pigmente
- Schellackgrundierung
- Wachs
- Drahtbürste

Probleme

Färben Sie die Füllmasse nicht zu dunkel.

Wird die Füllmasse in Faserrichtung aufgetragen, werden die Poren nicht vollständig gefüllt.

Geeignete Oberflächen

Großporige Holzarten, besonders Eiche, aber auch Esche und Rüster.

Küchenmöbel und -einrichtungen, Wandverkleidungen, Treppen und restaurierte Möbel.

Trockenzeit

Lassen Sie die Porenfüllmasse vor der Weiterbehandlung über Nacht trocknen.

Lassen Sie den Schellacküberzug über Nacht trocknen, damit er vollkommen ausgehärtet ist, bevor die Porenfüllmasse aufgetragen wird. Es kann sonst passieren, daß die Beize bei der Behandlung abgerieben wird und die Fläche dadurch fleckig wirkt.
Reiben Sie die Porenfüllmasse mit grobem Sackleinen quer zur Holzfaser in die Poren. Reiben Sie sie in Faserrichtung ein, bleibt die Masse nicht so gut in den Poren haften. Verwenden Sie auf keinen Fall zu viel Füllmasse.
Lassen Sie sie etwa 10 Minuten antrocknen und wischen Sie dann den Überschuß in Holzfaserrichtung vorsichtig ab. Lassen Sie die Fläche anschließend über Nacht durchtrocknen, bevor Sie sie weiterbehandeln.
Für Eichenholz empfiehlt sich eine Wachsoberfläche. Sie können allerdings auch andere Überzugsmittel verwenden. Beim Auftragen von Schellackpolitur mit dem Polierballen müssen Sie jedoch vorsichtig sein, damit die Porenfüllmasse nicht herausgerieben wird.

▲ **6** *Ist der Schellacküberzug trocken, wird die Beize vor Abrieb geschützt. Da die Porenfüllmasse in die Poren gerieben werden muß, würde dies die Beize angreifen, wenn Sie nicht versiegelt wäre.*

▲ **7** *Glätten Sie die Oberfläche mit einem Schleifvlies oder feinem 320er-Schleifpapier.*

▲ **8** *Die Porenfüllmasse zum Kalken besteht aus Wachs und weißen Pigmenten. Sie ist gebrauchsfertig erhältlich. Tragen Sie die Masse zuerst mit einem Tuch auf, bevor Sie sie mit einem Stück Sackleinen quer zur Faser in die Poren reiben. Statt der Porenfüllmasse kann auch weiße Ölfarbe oder Lack verwendet werden. Sind die Poren damit gleichmäßig gefüllt, wischen Sie den Überschuß mit einem mit Terpentinersatz angefeuchteten Tuch ebenfalls quer zur Faser ab.*

▼ **9** *Wischen Sie den Überschuß mit Sackleinen quer zur Faser ab, solange die Porenfüllmasse noch feucht ist. Wichtig ist es, daß die Poren gleichmäßig gefüllt sind, und daß beim Abwischen nicht zu viel von der Masse wieder entfernt wird.*

▲ **10** *Reiben Sie jetzt vorsichtig in Faserrichtung ab, um alle Querspuren zu entfernen, die vom Abwischen der überschüssigen Masse stammen. Wischen Sie jedoch nicht die Farbe aus den Poren!*

TIPS

- Tragen Sie die Füllmasse quer zur Holzfaser auf.
- Bereiten Sie die Oberfläche mit Ziehklingen und immer feiner werdendem Schleifpapier vor.

▶ **11** *Lassen Sie die Porenfüllmasse über Nacht trocknen und reiben Sie die Fläche dann mit einem weichen Tuch blank. Überziehen Sie die Fläche dünn mit heller oder transparenter Schellackpolitur, um die farbigen Poren zu schützen. Verwenden Sie nicht zu viel Politur, sondern lassen Sie die natürliche Holzfarbe durchscheinen.*

▶ **Einige gekalkte Oberflächen**

1 *Blaue Spiritusbeize, Poren weiß gefüllt*
2 *Naturfarbene Eiche mit weißen Poren*
3 *Rote Dispersionsbeize, Poren weiß gefüllt*
4 *Grüne Spiritusbeize, Poren weiß gefüllt*
5 *Rote und gelbe Dispersionsbeize, Poren weiß gefüllt*

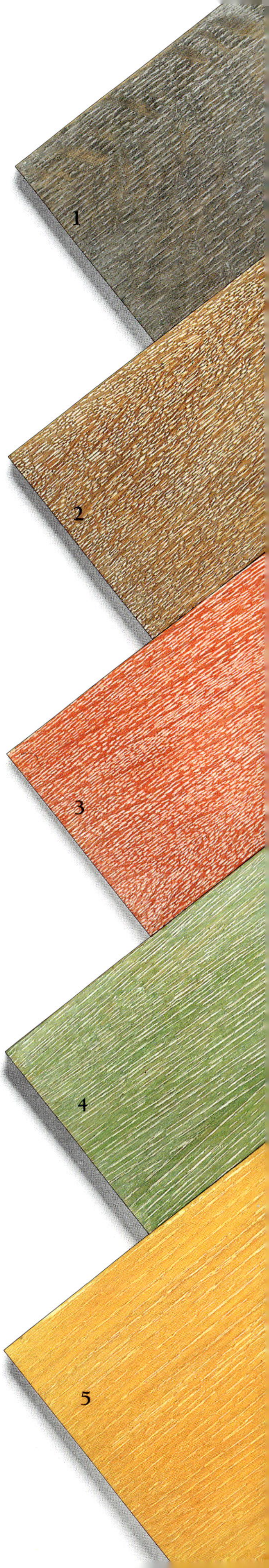

5

Spritzlackierte Oberflächen

Moderne Lackoberflächen können genauso ästhetisch wirken wie herkömmliche Oberflächen. Und oft verlangt das Auftragen der Lacke die gleiche Sachkenntnis und Erfahrung. Die Auswahl und Einsatzmöglichkeiten von Lacken sind sehr vielfältig, und die Vorbereitung der Holzoberfläche mit Schleifmitteln, Porenfüllern und Beizen ist ebenso wichtig. Heimwerker brauchen für diese modernen Oberflächen nur einen geringen technischen Mehraufwand.

Spritzpistolen und Spritzräume

SIEHE AUCH

Die einzelnen Spritzpistolen unterscheiden sich hauptsächlich dadurch, wie der Lack der Spritzdüse zugeleitet wird, um mit Hilfe von Druckluft zerstäubt zu werden. Es gibt im wesentlichen drei Möglichkeiten der Lackzerstäubung. Hierzu zählen die Airless-Spritzen mit Druckpumpe, die aber nur in der Massenfertigung angewandt werden. Des weiteren werden Fließbecher- und die Saugbecherspritzpistole verwendet. Für kleinere Arbeiten, wie die Schablonenmalerei, sind auch Lacksprühdosen geeignet.

Bei der Wahl der Spritzpistole sind die bequeme Handhabung, Wirtschaftlichkeit und die Art des verwendeten Spritzmaterials ausschlaggebend. Für kleine Werkstätten ist die Fließbecherpistole oft am geeignetsten. Sie ist bequem in der Handhabung, sparsam im Verbrauch (mit ihr lassen sich nur geringe Mengen Lack für kleine Spritzarbeiten verarbeiten) und für die meisten Lacke und Farben geeignet.

Die Saugbecherpistolen sind unhandlicher, weil der unter der Düse hängende Materialbecher beim Arbeiten oft stört. Doch auch mit ihnen lassen sich kleine Lackmengen gut verarbeiten. Sie werden bevorzugt für die Verarbeitung von dickflüssigen Farblacken. Die Oberflächenglätte, die man bei einer gespritzten Oberfläche erwartet, läßt sich mit jeder dieser Spritzpistolen erzielen. Voraussetzung dafür ist allerdings, daß sie richtig gewartet (s. Seite 135) und die verwendeten Materialien und das Werkstück selbst gründlich vorbereitet werden.

Die Lacksprühdosen sind schwieriger in der Anwendung, da man sie nicht einstellen kann.

Fließbecherpistolen

Die meisten Handwerker, die ihre Werkstatt für das Lackspritzen ausrüsten wollen, werden zu einer Fließbecherpistole greifen. Wollen Sie aber hauptsächlich Metallflächen lackieren, dann sollten Sie besser das Saugbechersystem wählen. Fließbecherpistolen sind einfach zu handhaben.

TIPS

- Wählen Sie immer eine gute Markenspritzpistole.
- Probieren Sie die Spritzpistole vorher aus, um festzustellen, wie sie in der Hand liegt.
- Reinigen Sie die Pistole nach jedem Gebrauch. Die Düsen und Kanäle dürfen nicht verstopft sein.

DAS ZUBEHÖR

- Jede Spritzpistole läßt sich auf das entsprechenden Material anpassen, indem die Einstellung der Luftkappe, der Materialdüse und Düsennadel verändert wird. Sie werden in verschiedenen Formen, Größen und mit verschiedenen Lochanordnungen in der Luftkappe geliefert. Jedes Einzelteil ist mit einer Nummer versehen. Der Gebrauchsanweisung liegt eine Tabelle bei, der man entnehmen kann, welche Luftkappe mit welcher Düse und welcher Nadel für die jeweilige Lack- oder Farbart zu benutzen ist. Die richtige Kombination der Teile ist äußerst wichtig.
- Erklären Sie Ihrem Lieferanten, welche Materialien Sie hauptsächlich verarbeiten wollen. Aller Wahrscheinlichkeit nach werden Sie einen vielseitig verwendbaren Düsenkopf für alle Holzoberflächen verwenden können. Eventuell brauchen Sie zusätzlich eine spezielle Luftkappe und Düse für hochviskose Lacke wie Polyesterlacke und Füllgrundierungen. Die Nadeln sind meist serienmäßig. Prüfen Sie aber, ob eine passende Nadel dabei ist.
- Die Viskosität des Spritzmaterials bestimmt die Wahl der Düse. Hochviskose Lacke erfordern eine größere Düsenweite.

Strahlregulierventil
An diesem Ventil wird der aus den Luftaustrittdüsen strömende Luftstrahl reguliert. Je nach Einstellung entsteht ein Flach-, Breit- oder Rundstrahl.

Nadelstellschraube
Sie reguliert die Menge des Materialflusses zur Spritzdüse.

Fingerabzug
Drückt man auf den Fingerabzug, öffnet sich das Luftventil, gleichzeitig wird die Nadel der Spritzdüse nach innen gezogen, damit das Spritzmaterial aus der Düse austreten kann.

Luftkappe
Die Luft strömt durch kleine Löcher in der Luftkappe aus und zerstäubt den Lack.

Griff
Handgriff zum Halten der Spritzpistole.

Luftdruckregulierventil
Es wird entsprechend der Viskosität des Spritzmaterials eingestellt – höherer Druck für dickflüssige und niedriger Druck für dünnflüssigere Materialien.

Materialbecher
In diesem Becher befindet sich das Spritzmaterial. Er hängt hier unter der Pistole.

▲ **Saugbecherpistole**
Diese Spritzpistole ist für das Verspritzen dickflüssigerer Farblacke gut geeignet.

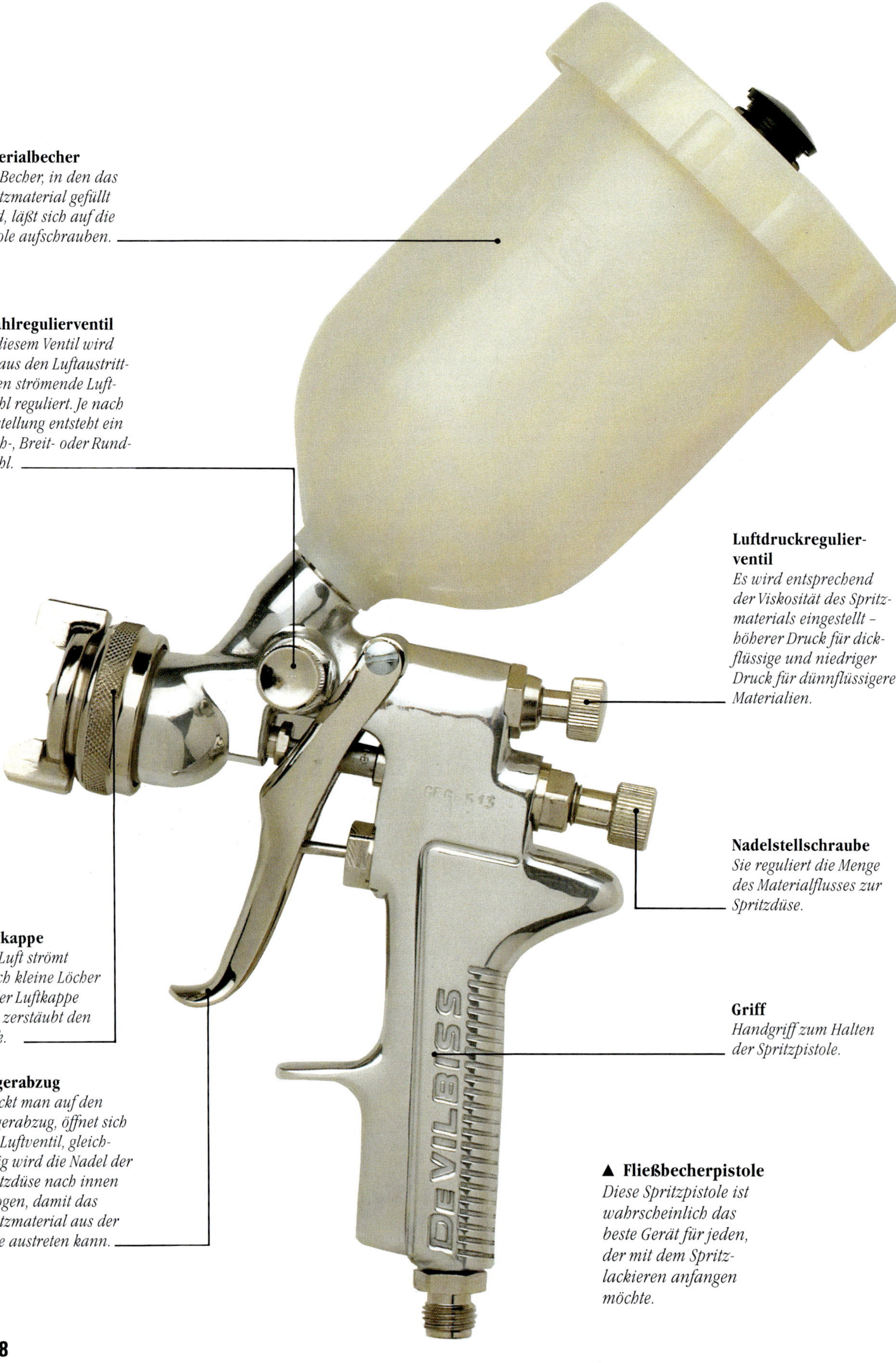

Materialbecher
Der Becher, in den das Spritzmaterial gefüllt wird, läßt sich auf die Pistole aufschrauben.

Strahlregulierventil
An diesem Ventil wird der aus den Luftaustrittdüsen strömende Luftstrahl reguliert. Je nach Einstellung entsteht ein Flach-, Breit- oder Rundstrahl.

Luftkappe
Die Luft strömt durch kleine Löcher in der Luftkappe und zerstäubt den Lack.

Fingerabzug
Drückt man auf den Fingerabzug, öffnet sich das Luftventil, gleichzeitig wird die Nadel der Spritzdüse nach innen gezogen, damit das Spritzmaterial aus der Düse austreten kann.

Luftdruckregulierventil
Es wird entsprechend der Viskosität des Spritzmaterials eingestellt – höherer Druck für dickflüssige und niedriger Druck für dünnflüssigere Materialien.

Nadelstellschraube
Sie reguliert die Menge des Materialflusses zur Spritzdüse.

Griff
Handgriff zum Halten der Spritzpistole.

▲ **Fließbecherpistole**
Diese Spritzpistole ist wahrscheinlich das beste Gerät für jeden, der mit dem Spritzlackieren anfangen möchte.

Das Spritzmaterial wird in einen Becher gegeben, der auf die Pistole aufgeschraubt wird. Dieser Materialbecher faßt etwa 550 ml. Diese Menge reicht zum einmaligen Spritzen beider Seiten einer 2 m langen Tischplatte gut aus. Es ist wichtig, eine große Fläche, z. B. eine Tischplatte, in einem Durchgang zu spritzen und kein Material nachfüllen zu müssen. Spritzlacke trocknen in wenigen Minuten, und die Spritzpistole muß ständig in Bewegung bleiben. Spritzt man also eine Fläche abschnittweise, kann die Oberfläche ungleichmäßig und fleckig werden. Es gibt nur wenige Situationen, bei denen ein voller Becher vollständig aufgebraucht wird. Seien Sie also beim Einfüllen der Materialmenge besser zu großzügig, damit Ihnen im entscheidenden Moment nicht das Material ausgeht. Man darf den Becher einer Fließbecherpistole allerdings auch nicht zu sehr füllen, da der Lack sonst überläuft und beim Spritzen auf die Oberfläche tropft. Diese dann deutlich sichtbaren Lacktropfen lassen sich nur mühselig abschleifen.

Vergewissern Sie sich beim Zusammensetzen der Spritzpistole, ob der kleine Plastikfilter am Boden des Bechers auch vorhanden ist. Er verhindert, daß Verunreinigungen in die Pistole gelangen und die Düse verstopfen. Beim Spritzen läuft der Lack in die Pistole und tritt durch die Düse aus. Dort wird der Lack von der durch kleine Löcher in der Luftkappe ausströmenden Luft fein zerstäubt. Diese Luftaustrittdüsen in der Luftkappe sind um die Düse herum angeordnet.

Wenn der Kompressor läuft, ist die Pistole betriebsbereit. Doch erst wenn der Fingerabzug betätigt wird, kann die komprimierte Luft ausströmen. Der Druck auf den Fingerabzug öffnet das Luftventil und zieht die Nadel von der Düse weg nach innen, so daß der Lack austreten kann. Der erste Druck auf den Fingerabzug öffnet aber das Luftventil nur ein wenig, ohne daß Lack herausfließen kann. So wird verhindert, daß der Lack aus der Pistole auf das Werkstück tropft, ohne zerstäubt zu werden. Eine Fließbecherpistole ist einfach zu handhaben. Der Materialbecher stört beim Spritzen kaum, und es lassen sich auch kleine Materialmengen verarbeiten. Wollen Sie aber größere oder mehrere Flächen mit Beize spritzen, sollten Sie eine ausreichende Menge Beize in einem großen Eimer anmischen, denn es ist schwer, den gleichen Farbton wieder exakt zu treffen. Fließbecherpistolen neigen leider zum Verstopfen und zu schlechtem Materialfluß, wenn dicke Farben oder Lacke mit hohem Festkörpergehalt verspritzt werden. Das betrifft besonders Farblacke für Metalleffekte. Saugbecherpistolen sind für solche Arbeiten besser geeignet, sind aber im allgemeinen nicht so einfach in der Handhabung.

Die Saugbecherpistole

Saugbecherpistolen sind den Fließbecherpistolen in ihrer Funktion weitgehend ähnlich. Das Spritzmaterial wird aber aus einem unter der Pistole hängenden Gefäß hochgesaugt. Die Spritzdüse einer Saugbecherpistole steht mehr über der Luftkappe vor als bei einer Fließbecherpistole. Wenn die Luft durch die Luftkappe ausströmt, bildet sich ein Vakuum, das das Material aus dem Becher nach oben saugt. Die Einstellvorrichtungen gleichen denen der Pistolen, nur die Anordnung der Düse, der Nadel und der Luftkappe ist etwas anders.

Bei der Saugbecherpistole ist der Materialbecher größer als bei einer Fließbecherpistole. Deshalb muß nicht so häufig Material nachgefüllt werden. Dies spart Zeit. Auch das Anmischen des Materials ist einfacher. Da der Becher ein größeres Fassungsvermögen hat, kann das Anmischen in einem

WICHTIG

FLIESSBECHER-PISTOLEN

Probleme

Fließt das Material für die Zerstäubung zu langsam, ist es wahrscheinlich zu dickflüssig. Man verwendet dann besser eine Saugbecherpistole.

Geeignete Spritzmaterialien

Mit einer Fließbecherpistole kann jedes Spritzmaterial verarbeitet werden, ausgenommen dicker Farblacke mit hohem Festkörpergehalt.

SAUGBECHER-PISTOLEN

Probleme

Kommt das Spritzmaterial nur stotternd und stoßweise aus der Pistole, kann dies daran liegen, daß das Ansaugrohr nicht nach vorn gekrümmt ist.

Geeignete Spritzmaterialien

Mit der Saugbecherpistole lassen sich alle Spritzmaterialien gut verarbeiten, besonders dickflüssige Metallfarblacke.

TIPS

- Der Becher einer Fließbecherpistole darf nicht zu sehr gefüllt werden.
- Bei einer Saugbecherpistole muß der Filter vorhanden sein und das Ansaugrohr nach vorne zeigen.

gesonderten Gefäß entfallen. Die Größe des Materialbechers aber und sein Eigengewicht machen diese Pistole allerdings schwerer. Zudem stößt man mit dem Becher, wenn man nicht darauf achtet, mitunter an die Oberfläche des Werkstücks und reißt die Lackfläche auf.
Bei der Saugbecherpistole können Sie das Spritzmaterial in dem Becher anmischen, bevor Sie ihn unter die Pistole schrauben. (Bei Fließbecherpistolen muß der Becher vor dem Füllen aufgeschraubt werden – das ist unpraktischer.) Beim Anschrauben des Materialbechers sollten Sie darauf achten, daß der Filter am Ende des Ansaugrohrs richtig sitzt.
Wenn Sie sich eine Saugbecherpistole genau anschauen, werden Sie feststellen, daß das Rohr, durch das das Spritzmaterial aus dem Becher angesaugt wird, gekrümmt ist. Wird die Pistole nach vorne geneigt, was beim Spritzen oft geschieht, muß das Rohr zur Vorderseite des Bechers zeigen, damit es Material und keine Luft ansaugt. Saugbecherpistolen sind deshalb besonders gut zum Verspritzen von Materialien mit hohem Festkörpergehalt, wie Metallacken, geeignet, weil die schweren Partikel der Flüssigkeit auf den Boden des Bechers sinken und nicht mit angesaugt werden. Bei einer Fließbecherpistole würden sie als erste in die Kanäle der Pistole dringen und den Materialzufluß verlangsamen oder sogar blockieren. Saugbecherpistolen eignen sich jedoch genauso gut zum Spritzen dünnflüssiger Materialien. Beim letzten Spritzdurchgang wird oft eine dünne Lackschicht aufgebracht, weil diese glatt auf der Oberfläche verfließt. Dieser Lack kann bis zu 15 % Verdünnung enthalten.

Kompressoren

Zum effizienten Spritzen muß die der Pistole zugeführte Luft einen konstanten Druck aufweisen. Gleichzeitig muß die Luft sauber und trocken sein. Diese Forderungen werden von zwei Geräten erfüllt: dem Kompressor und dem Druckluftregler.
Beim Kauf eines Kompressors sollten Sie auf die Luftmenge und den maximalen Arbeitsdruck achten, den der Kompressor liefern kann. Die Hersteller von Spritzpistolen liefern Luftkappe, Düsen und Nadeln abgestimmt auf jede Art der Luftzufuhr von 200 – 600 l pro Minute. Es wird Ihnen beim Kauf in der Regel ein Kompressor mit einer Luftzufuhr von 300 l pro Minute und einem Arbeitsdruck von 4 bar empfohlen werden.
Sagen Sie Ihrem Lieferanten oder Händler, für welchen Kompressor Sie sich entschieden haben. Er wird Ihnen die entsprechenden Zubehörteile für Ihr Spritzsystem anbieten. Kompressoren saugen Luft durch einen Filter an und pumpen Sie unter Druck in einen Speicherkessel zum Druckluftregler.
Die Pumpe wird meist von einem Diesel- oder Benzinmotor angetrieben. Die preiswerteren Ausführungen haben einen Elektromotor und sind einfacher zu warten.
Der Druckluftregler sollte sich so nah wie möglich an der Spritzkabine befinden. Mit ihm wird der Luftdruck geregelt und der Luft Feuchtigkeit oder Öl entzogen. Er enthält eine Reihe von

HINWEISE UND TIPS

- Öffnen Sie zu Beginn und am Ende jeder Spritzarbeit die Entleerungsventile am Druckluftbehälter und am Druckluftregler, um Feuchtigkeit und Luftüberschuß abzulassen.
- Beim Kauf Ihres ersten Spritzsystems sollten Sie sich für einen Kompressor entscheiden, der eine Luftzufuhr von 300 l Luft pro Minute und einem Arbeitsdruck von 4 bar gewährleisten kann.
- Versuchen Sie den Druckluftregler in der Nähe der Spritzpistole anzubringen, ohne daß er die Arbeit behindert.

Filtern und einen Zähler zum Messen und Einstellen des Luftdrucks. Kompressoren kann man heute überall relativ günstig kaufen. Den Druckluftregler aber sollten Sie in einem guten Fachgeschäft erwerben. Auf diesen Regler müssen Sie sich verlassen können, weil er einen gleichmäßigen Austritt der komprimierten Luft garantiert. Beim Spritzen von Lack ist nichts schlimmer als eine unregelmäßige Luftzufuhr. Schwankt die Luftzufuhr, arbeitet die Spritzpistole nicht mehr gleichmäßig. Am Druckluftregler befindet sich ein Entleerungsventil, mit dem man anfallendes Kondenswasser ablassen kann. Dieses Ventil sollte vor jeder Spritzarbeit geöffnet werden. Eventuell könnte ansonsten das Kondenswasser in die Spritzpistole gelangen und den Spritzauftrag verderben (s. Seite 164 – 167). Am Druckluftbehälter befindet sich ebenfalls ein solches Entleerungsventil. Ist der Kompressor abgeschaltet, öffnen Sie dieses Ventil und lassen das Wasser ablaufen. (Durch die Verdichtung erwärmt sich die Luft; bei der anschließenden Abkühlung entsteht Wasserdampf, der als Kondenswasser aus der Luft abgeschieden wird.) Da der Rotor der Pumpe durchbrennen kann, wenn er gegen zuviel Druck anlaufen muß. Sollten Sie also sehr lange und viel spritzen, empfiehlt es sich, den Kompressor während längerer Pausen abzuschalten und das Kondenswasser abzulassen, bevor Sie die Arbeit wieder aufnehmen.

Der Spritzraum

In einem Spritzraum sollten sich so wenig Geräte und Gegenstände wie möglich befinden, denn auf ihnen sammelt sich Staub. Es gibt jedoch einige wichtige Hilfsmittel, die beim Spritzen sehr nützlich sein können.
Von Norden einfallendes Tageslicht erleichtert das Überprüfen der gespritzten Oberflächen.

Drehtische und Stiftbretter

Kaufen oder bauen Sie sich einen Drehtisch, auf den Sie das zu spritzende Werkstück stellen oder legen können. Besitzen Sie einen alten Drehstuhl, können Sie sich daraus einen Drehtisch konstruieren, indem Sie auf den Drehmechanismus eine Platte schrauben. Sehr nützlich ist ein höhenverstellbarer und in der Auflagefläche variierbarer Drehtisch. Mit dünnen Holzstöcken läßt sich das Werkstück gut vom Drehtisch abheben, ohne die frisch gespritzte Fläche zu beschädigen. Mit längeren, dickeren Leisten kann man die Auflagefläche provisorisch vergrößern.
Sie können ein Werkstück mit Hilfe eines Stiftbretts auflegen, ohne es dabei zu beschädigen. Dieses Brett sieht wie das Nagelbett eines Fakirs aus. Nehmen Sie ein Stück Sperrholz und schlagen Sie mehrere Nägel so ein, daß die Spitzen auf der anderen Seite etwa 12 mm hervorstehen. Schlagen Sie alle Nägel im Abstand von ungefähr 75 mm ein.

Trockengestelle

Besonders in einer engen Werkstatt sind Trockengestelle zum Ablegen der Platten sehr praktisch. An diese Gestelle kann man auch Stühle hängen, wenn man die Tragarme etwas weiter auseinanderschiebt. Bauen Sie sich aus 50 x 50 mm starken Holzleisten ein solches Gestell mit langen Fußständern, auf die mit Winkeleisen senkrechte Pfosten geschraubt werden. Die Kragarme werden in die senkrechten Pfosten gedübelt.

Reinigung und Entsorgung

Spritzräume müssen saubergehalten werden. Das heißt jedoch nicht, daß sie dort unbedingt einen Wasseranschluß brauchen. Lack- und Farbreste sowie Reinigungsmittel dürfen nicht in die Kanalisation entsorgt werden. Halten Sie für solche Reste und Abfälle einen verschließbaren Metallbehälter bereit

WICHTIG

KOMPRESSOREN UND DRUCKREGLER

Sicherheitsmaßnahmen

Öffnen Sie nie das Entleerungsventil am Druckluftbehälter, solange die Pumpe noch arbeitet oder das Gerät eingeschaltet ist.

Probleme

Stockt die Luftzufuhr und entsteht so ein ungleichmäßiger Materialauftrag, müssen Sie überprüfen, ob Druckluftbehälter und Druckregler richtig arbeiten und das Kondenswasser abgelassen ist.

Wenn Wasser oder Feuchtigkeit auf die Oberfläche des Werkstückes gelangt, können sich Blasen und weiße Kondensschleier auf der Oberfläche bilden (s. Seite 164 – 167).

TIPS

- Halten Sie immer einige dünne Leisten bereit, um Platten darauf abzulegen.
- Sorgen Sie für Hängemöglichkeiten für die Spritzpistole.
- Aus einem alten Drehstuhl läßt sich schnell ein guter Drehtisch bauen.
- Lumpen und Lappen sollten staubfrei aufbewahrt werden.
- Bringen Sie den Druckluftregler dicht am Spritzraum an.
- Schließen Sie einen extra Schlauch an den Kompressor an, um damit Staub abblasen zu können.

und entsorgen Sie diesen Inhalt an der Annahmestelle für Sondermüll. Die Hersteller von Spritzpistolen liefern spezielle Bürsten zum Reinigen der Spritzgeräte. Lappen und Tücher tun hierfür auch ihren Dienst. Mit Nitroverdünnung lassen sich fast alle modernen Lacke lösen. Haben Sie also immer eine ausreichende Menge vorrätig.
Man kann die Verdünnung in großen Gebinden kaufen. Sie sollten die Verdünnung dann aber besser in mehrere kleinere und handliche Gefäße abfüllen.

Wandhalterungen

Die gereinigte Spritzpistole sollte man am besten aufhängen. Die Hersteller liefern dazu spezielle Klammern, die wie Fahrradspangen aussehen, aber kräftiger und breiter sind. In diese Klammer kann man die Pistole nach dem Reinigen und auch während des Spritzens einhängen. Seien Sie vorsichtig, wenn Sie mit einer vollen Fließbecherpistole arbeiten und diese in die Halterung einhängen. Die volle Spritzpistole kann nach hinten kippen, und der Lack aus dem Becher laufen. Die meisten Pistolen haben einen in den Pistolenkörper integrierten Haken, an dem man die Pistole aufhängen kann.

Das Spritzen gefärbter Lacke

Zum Ausgleichen von Farbunterschieden oder für spezielle Farbeffekte werden Sie eine kleine Auswahl flüssiger Farbextrakte auf Nitrozellulosebasis benötigen, mit denen sich fast alle modernen Lacke anfärben oder abtönen lassen. Rot, Schwarz, Grün und Gelb werden Ihnen für den Anfang genügen.

Spritzkabinen

Das Spritzen muß in einer staubfreien Umgebung geschehen. Außerdem muß für eine gute Entlüftung gesorgt sein, denn die Lösungsmittel und zerstäubten Lackpartikel sind gesundheitsschädlich.
Großlackierereien haben geschlossene Kabinen, die nur zum Spritzen benutzt werden und mit leistungsfähigen Sauglüftern ausgestattet sind. Es gibt aber nur wenige Schreiner, die den dafür nötigen Platz haben.

Selbstgebaute Spritzkabine

Sie können sich in der Werkstatt eine Spritzkabine allerdings auch selbst einbauen. Sie sollte groß genug sein für die Werkstücke, die Sie in der Regel spritzen. Sie muß nicht unbedingt dicht geschlossen sein.
Sie können sich aus 50 x 50 mm starken Hölzern eine kleine Kabine bauen, die Sie mit dünnen Sperrholzplatten verkleiden. In die Rückwand schneiden Sie ein Loch, in das Sie einen Sauglüfter oder ein Gebläse einbauen. Vor dem Sauglüfter sollte ein auswechselbarer Gewebefilter angebracht werden, um die Lackpartikel aufzufangen.
Dieser Filter sollte regelmäßig ausgetauscht werden.
Schlagen Sie die Wände der Kabine mit Papier aus, das Sie einfach entfernen und ersetzen können, wenn sich dort zu starke Lackrückstände abgesetzt haben. Es ist sehr wichtig, Spritzräume und -kabinen sauberzuhalten, da der Staub, abgesehen von Verunreinigungen, die er auf spritzlackierten Flächen hervorrufen kann, feuergefährlich ist. Besprenkeln Sie den Boden mit Wasser, um den Staub zu binden. Da der Sauglüfter in Ihrer Spritzkabine auch den Staub ansaugen wird, müssen Sie unbedingt den gesamten Spritzbereich sauberhalten.
Arbeiten Sie mit der Pistole immer in Richtung des Sauglüfters, niemals umgekehrt, da sonst in die falsche Richtung gedrückt wird und Sie überzieht. Aus diesem Grund ist eine drehbare Auflage für das Werkstück sehr wichtig. Auf ihr kann man das Werkstück drehen und muß beim Spritzen nicht darum herum laufen.

Einstellen und Benutzen der Spritzpistole

SIEHE AUCH

126–132 SPRITZPISTOLEN UND SPRITZRÄUME

137–143 SPRITZLACKE UND IHRE VERARBEITUNG

144–149 SPRITZEFFEKTE

164–167 OBERFLÄCHENFEHLER

168–169 GESUNDHEIT UND SICHERHEIT

Jede Spritzpistole hat vier Einstellungsmöglichkeiten. Das Luftdruckregulierventil bleibt in der Regel beim Arbeiten geöffnet, denn der Luftdruck läßt sich viel einfacher am Druckregler des Kompressors (s. Seite 130–131) verändern, an dem sich ein Manometer befindet. Damit läßt sich auch gut der Zerstäubungsgrad, d. h. die Größe der vom Luftstrom transportierten Lackpartikel, einstellen. Die meisten Lacke werden mit 2 bar gespritzt. Verringert man den Druck jedoch stärker, lassen sich interessante Spritzeffekte (s. Seite 144–145) erzielen.

Das Strahlregulierventil ist für das Spritzen wesentlich wichtiger, denn es reguliert die Luftmenge, die aus den Luftaustrittdüsen in der Luftkappe strömt, und verändert so die Form des Spritzstrahls. Öffnet man dieses Ventil ganz, ist der Spritzstrahl eine flache Ellipse. Reduziert man den Luftaustritt aus den beiden seitlichen Düsen, wird der Strahl wieder zu einem etwa 50 mm breiten runden Kegel. Große Flächen sollte man mit dem ellipsenförmigen Breitstrahl spritzen; Friese, Beine und schmale Werkstücke mit dem Rundstrahl. Man kann außerdem die Menge des Materialflusses einstellen, indem man den Hubweg des Fingerabzugs begrenzt. Dadurch wird die Bewegung der Verschlußnadel von der Düse weg eingeschränkt. Für sehr dünnflüssige oder stark verdünnte Spritzmaterialien drehen Sie die Nadelstellschraube ganz zu, für dickflüssigere öffnen Sie sie entsprechend

Einstellen einer Spritzpistole

◄ **1** *Verstellen Sie den Hubweg der Nadel, um den Materialfluß einzustellen.*

▲ **2** *Drehen Sie die Schraube heraus, um mehr Material austreten zu lassen, und ziehen Sie sie an, um den Materialfluß zu begrenzen.*

▲ **3** *Testen Sie den Materialfluß und spritzen Sie Reststücke zur Probe. Ist der Auftrag zu dick und läuft ab, wurde zu viel Material aufgespritzt. Sieht die Oberfläche nicht feucht aus, war der Lackauftrag zu gering.*

weit. Wenn Lacknasen oder -läufer auf der Oberfläche entstehen, haben Sie zu viel Material aufgespritzt.
Zum Schluß wird der Spritzstrahl eingestellt. Stehen die beiden vorstehenden Luftdüsen waagrecht, ist der Spritzstrahl eine senkrechte Ellipse (Flachstrahl). Eine Fläche wird meist mit parallelen Spritzstreifen von einer Kante zur anderen gespritzt, so wie Sie auch mit einem Flachpinsel arbeiten würden. Man wählt dafür deshalb den vertikalen Flachstrahl. Diese Einstellung werden Sie nur verändern müssen, wenn Sie senkrecht von unten nach oben spritzen wollen.

REINIGEN DER SPRITZPISTOLE

- Eine Spritzpistole muß sehr sorgfältig gewartet werden. Sind die winzigen Luft- und Materialdüsen auch nur etwas verstopft, wird die Pistole nicht einwandfrei arbeiten. Da die modernen Lacke sehr schnell antrocknen, kann es leicht passieren, daß sich die Düsen zusetzen. Fremdkörper in der Spritzpistole können das glatte Verlaufen des Lacks verhindern. Auch etwaige Lackrückstände im Materialbecher können zu Fehlern in der Lackfläche führen.
- Nach dem Spritzen sollten Sie den im Becher verbliebenen Rest in einen Abfallbehälter schütten, um ihn zu einer Entsorgungsstelle für Giftmüll zu bringen. Die Farbreste sollten nicht in den Lackbehälter zurückgeschüttet werden. Das trifft besonders auf mit Verdünnung oder Härter versetzte Lacke zu. Bei spritzfertigen Lacken direkt aus dem Gebinde ist das kein Problem.
- Reinigen Sie alle Teile der Pistole mit Verdünnung. Achten Sie dabei besonders auf die Löcher in der Luftkappe und der Düse. Es ist nicht unbedingt nötig, die Düse abzuschrauben, aber die Luftkappe muß entfernt und gründlich gereinigt werden. Reinigen Sie das Innere der Pistole mit einem Pinsel. Alle Kanäle müssen sauber sein. Lassen Sie die Pistole nicht über Nacht in Verdünnung liegen, denn die Dichtungen könnten schrumpfen und gelöste Schmutzteilchen könnten die Luftkanäle dann verstopfen. Setzen Sie die Pistole nach der Reinigung wieder zusammen und schmieren Sie alle beweglichen Teile.

Arbeiten mit der Spritzpistole

Die modernen Lacke sind nicht nur wegen ihrer hohen Widerstandsfähigkeit beliebt, sondern auch, weil sie in der Anwendung und im Verbrauch sehr wirtschaftlich sind.
Das Wichtigste am Spritzen ist der gleichmäßige Farbauftrag. Man braucht etwas Übung, um eine feine Oberfläche zu spritzen und Hand und Augen so zu koordinieren, wie es für das Arbeiten mit einer Spritzpistole nötig ist. Dennoch werden Sie überrascht sein, wie leicht und schnell Sie das Spritzen erlernen können – und Sie werden bald die Vorteile und Leistungen eines Spritzsystems zu schätzen wissen.
Es erfordert einige Übung, die verschiedenen Einstellmöglichkeiten an der Spritzpistole aufeinander abzustimmen. Die Menge des Materialflusses, die Form des Spritzstrahls, die Höhe des Luftdrucks und die Viskosität des verwendeten Spritzmaterials sind dabei die veränderlichen Größen. Ein hoher Luftdruck bringt wenig Vorteile, denn zu großer Druck läßt das Luft-Lack-Gemisch nicht an der Oberfläche haften – es spritzt zurück. Halten Sie also den Druck so gering wie möglich, ohne jedoch durch zu geringe Zerstäubung dicke Lacktröpfchen zu erzeugen. Ein Druck von etwa 2 bar reicht zum Verarbeiten der meisten Lacke aus. Ist der Materialfluß zu stark, werden Sie den Lack nicht mehr ausreichend verteilen können, und es werden sich Lackläufer bilden. Deshalb sollten Sie besser mehrere dünne Lackschichten aufbringen.
Neben der richtigen Führung der Spritz-

pistole ist der Abstand zwischen der Pistole und der zu spritzenden Fläche sehr wichtig. Hier zeigt sich Ihre Erfahrung und Ihr Können. Im allgemeinen sollten Sie die Pistole etwa 20 cm vom Werkstück entfernt halten. Eine zu geringe Entfernung führt zu Läufern. Eine zu große Entfernung führt zu einer großen Streuung des Lacks.

Gleichmäßige Führung der Spritzpistole

Ein gleichmäßiger Lackauftrag wird nur durch das ruhige, konstante Hin- und Herbewegen der Spritzpistole parallel zur Fläche erreicht. Anfangs neigt man oft dazu, das Handgelenk steif zu halten. Dadurch erhält der Teil des Werkstückes eine dickere Lackschicht (oft mit Läufern), der Ihnen am nächsten ist.
Es ist deshalb besser, das Handgelenk bei der Bewegung des Armes mitzubewegen. Ihr Körper sollte dabei aber nur mitgehen, wenn es notwendig ist. Die Körperbewegung beeinträchtigt das gleichmäßige Führen der Pistole. Halten Sie also den Körper ruhig und bewegen Sie nur Arm und Handgelenk. Die Spritzpistole soll so immer parallel zur Oberfläche geführt werden.

Richtig:
Bewegen Sie die Pistole parallel zum Werkstück.

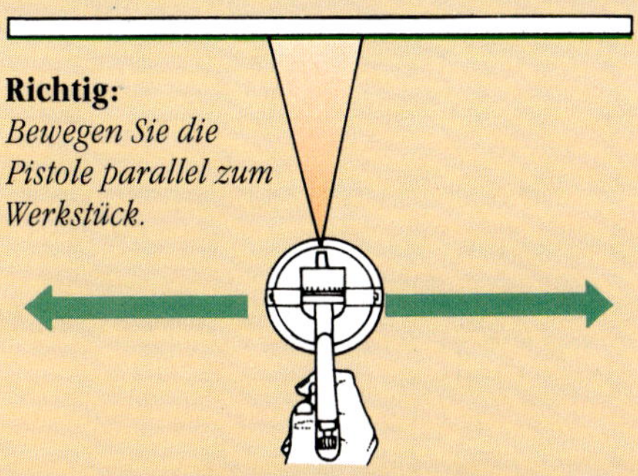

Falsch:
Die bogenförmige Führung der Pistole führt zu ungleichem Lackauftrag.

▼ Der Spritzauftrag
Jeder Farbstreifen muß den vorhergehenden um die Hälfte überlappen und etwas über die Kanten hinaus führen.

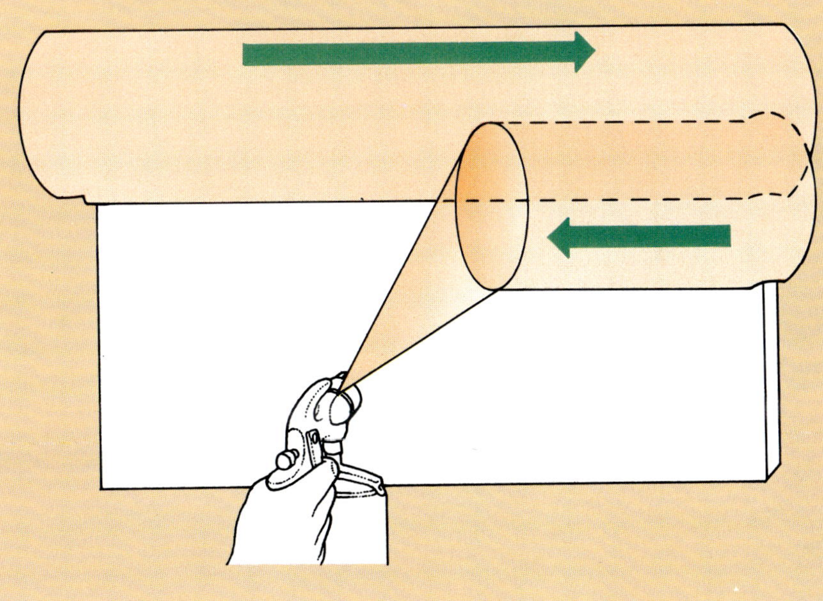

WICHTIG

Sicherheitsmaßnahmen

Tragen Sie beim Spritzen eine Schutzbrille und eine Maske oder, wenn möglich, eine Atemschutzmaske.

Tragen Sie Schutzhandschuhe, wenn Sie mit Härtern arbeiten.

Werkzeuge und Materialien

- Spritzpistole
- Kompressor und Druckluftregler
- Spritzstand
- Verschließbarer Metallbehälter für Abfälle
- Spritzlacke und Verdünnung

Probleme

Zu nahes Aufspritzen oder zu dicker Lackauftrag führen zu Lackläufern.

Das Spritzen mit zu großem Abstand oder mit zu viel Luft führt zu einem dünnen, ungleichmäßigen Lackfilm.

Geeignete Lacke und Oberflächen

Reiner Schellack läßt sich nur schlecht spritzen. Er zieht sich dabei netzartig zusammen.

Trockenzeiten

Die meisten Spritzlacke trocknen innerhalb von 20 Minuten. Einige Lacke brauchen aber Stunden oder sogar Tage, um ganz auszuhärten.

TIPS

- Testen Sie den gewählten Farbton, auf einem Probestück möglichst der gleichen Holzart wie das Werkstück.
- Spritzen Sie immer parallel zur Fläche, indem Sie das Handgelenk mitbewegen und die Pistole in gleichbleibendem Abstand zur Oberfläche führen. Erfahrungsgemäß ist ein Abstand von etwa 20 cm am günstigsten.
- Vermeiden Sie einen zu hohen Luftdruck und stellen Sie den Materialfluß so ein, daß er Ihrem Arbeitstempo entspricht.
- Auf großen Flächen sollte jeder Farbstreifen den vorhergehenden um die Hälfte überlappen.
- Führen Sie die Pistole leicht über die Kanten der Fläche hinaus.

Spritzen eines Tisches

Bei Spritzarbeiten ist es nicht zu vermeiden, daß immer auch ein wenig Lack nicht auf die bearbeitete Fläche trifft. Dieser Spritznebel wird zum größten Teil von der Absauganlage aufgenommen. Ein gewisser Teil dieses Spritznebels wird sich aber trotzdem auf die bereits gespritzten Flächen absetzen. Dies stellt aber in der Regel kein Problem dar. Sie können also ohne Bedenken über die Fläche hinauszuspritzen. Lassen Sie den Fingerabzug dabei nicht los. Ein konstanter Materialfluß ist wichtig, auch wenn die Pistole für einen Augenblick nicht auf die zu spritzende Fläche gerichtet ist. Jeder Farbstreifen muß ohne Veränderung des Materialflusses gleichmäßig durchgespritzt werden. Stellen Sie den Materialfluß so ein, daß Sie den Fingerabzug immer völlig durchdrücken können. Sie dürfen den Materialfluß nicht mit dem Fingerabzug regulieren. Um auf einer großen Fläche einen gleichmäßigen Lackauftrag zu garantieren, sollte jeder Lackstreifen den vorhergehenden um 50 % überlappen. Da ein Teil des Lacknebels auf bereits fertig gespritzte Flächen fallen wird, sollten Sie mit den unauffälligsten Flächen eines Werkstücks beginnen und die Sichtflächen erst zum Schluß spritzen.

Bei einem Tisch spritzen Sie also zuerst die Innenseiten der Beine oder des Untergestells und dann erst die Außenflächen. Bei der Tischplatte spritzen Sie zuerst die Kanten, da hier viel Lacknebel entsteht. Nach den Kanten spritzen Sie dann die Unterseite und zum Schluß die Oberseite der Platte. Spritzlackierte Werkstücke reagieren in gewisser Weise wie furnierte Stücke. Spritzt man nur eine Seite der Platte, kann sie sich durch die einseitige Beschichtung verziehen. Spritzen Sie also immer beide Seiten einer Platte, auch wenn die Unterseite später nicht sichtbar ist.

Spritzrichtung
Beim Spritzen eines runden Tischbeins, richten Sie die Spritzpistole auf die Mitte des Stücks. Wählen Sie einen schmalen Spritzkegel. Bei viereckigen Beinen richten Sie die Pistole auf die Ecken und wählen einen schmalen Spritzkegel.

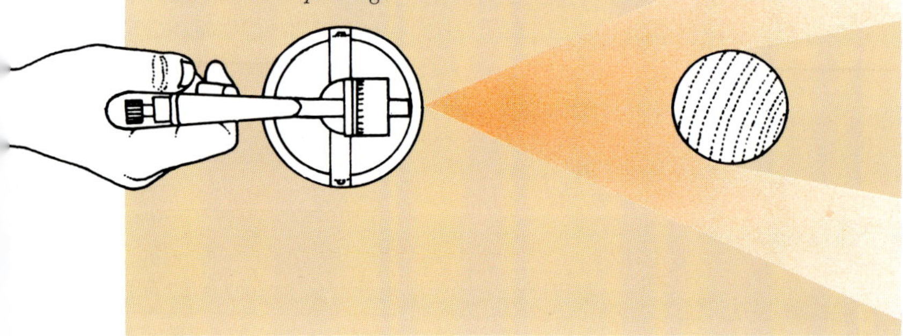

Spritzen eines Stuhls

Testen Sie vor Beginn der Arbeit die Einstellung der Spritzpistole, indem Sie ein Probebrett spritzen. Ein breiter Spritzstrahl, der für das Spritzen einer Tischplatte ideal ist, wird bei Stuhlbeinen und Zargen zu viel Spritznebel hervorrufen. Reduzieren Sie also den Zerstäuberdruck und stellen Sie an der Pistole den kleinen Rundstrahl ein, der beim Auftreffen etwa eine Fläche von 50 mm lackiert.
Runde Stuhlbeine und Stege sind einfach zu spritzen. Bei viereckigen Teilen sollten Sie aber die Spritzpistole nicht direkt auf die Fläche, sondern auf die Ecke richten. So werden die beiden Seitenflächen gleichzeitig mitlackiert. Dies spart Zeit und verbraucht weniger Material. Teile, die breiter als 40 mm sind, sollte man aber nicht auf diese Weise spritzen, da dies zu einem ungleichmäßigen Lackauftrag führen kann. Beginnen Sie mit den Stuhlbeinen. Spritzen Sie zuerst die Innenseite eines Beins und dann die Außenseite. Stege und Zargen werden auf die gleiche Weise gespritzt. Es folgt die Außenseite (die Rückseite) der Rückenlehne, dann deren Vorderseite und zum Schluß die Sitzfläche.

Spritzlacke und ihre Verarbeitung

SIEHE AUCH

126–132 SPRITZPISTOLEN UND SPRITZRÄUME
133–136 EINSTELLEN UND BENUTZEN DER SPRITZPISTOLE
144–149 SPRITZEFFEKTE
164–167 OBERFLÄCHENFEHLER
168–169 GESUNDHEIT UND SICHERHEIT

An dieser Stelle sollen sowohl die verschiedenen Spritzlacke und deren Auftrag als auch die Vorbereitung der Oberflächen für die verschiedenen Spritzlacke beschrieben werden.

Das Vorbereiten der Oberflächen

Auch zum Spritzen muß eine glatte, ebene, fehlerfreie Holzoberfläche vorbereitet werden. In der Regel vertragen sich alle hier beschriebenen Spritzmaterialien mit den verschiedenen Kitten, Porenfüllern, Wachsen, Beizen und Grundierungen, die für nicht gespritzte Oberflächen verwendet werden. Schellack oder Zweikomponentenkitte (letztere für größere Reparaturen) verwenden Sie am besten je nach Bedarf. Hartwachs eignet sich gut zum Füllen kleiner Löcher, während Sie zum Füllen der Poren entweder Öl- oder Lackporenfüller nehmen sollten. Diese lassen sich auch zwischen zwei Nitrolackaufträgen anwenden, um kleine Druckstellen, die bei der Vorbereitung übersehen wurden, aufzufüllen.

Lösungsmittelbeizen eignen sich nicht für Werkstücke, die spritzlackiert werden sollen. Vor allem Härterlacke vertragen sich nicht mit diesen Beizen und reagieren oft mit radikalen Farbtonänderungen. Dunkle Eiche, z. B., kann so plötzlich rosarot werden.

Wasser- und Spiritusbeizen sind problemlos anzuwenden. Wässern Sie das Holz vor dem Beizen, so daß sich die Fasern aufrichten, und Sie sie glattschleifen können. Spiritusbeizen lassen sich ebenfalls aufspritzen. Das Ergebnis ist allerdings nicht besser, als beim Auftrag mit der Hand.

Grundierung und Farbabstimmung

Die meisten Holzarten sollte man vor dem ersten Spritzauftrag grundieren. Die Art der Grundierung variiert von

Abbeizen und Neulackieren eines Stuhls

◀ **1** *Der Glanzlack auf diesem Stuhl muß zunächst abgebeizt werden. Das Abbeizen mit einem Abbeizmittel geht rascher, als das mühselige Abschleifen der alten Oberfläche.*

▲ **2** *Tragen Sie beim Abbeizen mit Chemikalien immer Gummihandschuhe, Schutzbrille und einen Overall. Füllen Sie die erforderliche Menge Abbeizer in ein Metallgefäß um. Lüften Sie die Werkstatt gut oder arbeiten Sie im Freien.*

▲ **3** *Mit einem flachen Pinsel streichen Sie den Abbeizer nicht zu dünn auf die Oberfläche. Verteilen Sie ihn nicht. Das beschleunigt das Verdunsten und vermindert so die Wirkung des Abbeizers.*

▲ **4** *Testen Sie mit einem Spachtel, ob sich der alte Lack schon abheben läßt. Schaben Sie immer in Holzfaserrichtung. Achten Sie darauf, die abgenommenen Lackreste in eine Zeitung zu wickeln und fachgerecht zu entsorgen.*

► **5** *Mit einem Bausch grober Stahlwolle reiben Sie alle verbliebenen Farbreste ab. Tragen Sie bei der Arbeit mit grober Stahlwolle dicke Gummihandschuhe. Versuchen Sie nicht, die Stahlwolle vom Strang abzureißen, sondern schneiden Sie sie mit einer alten Schere ab.*

◄ **6** *Tragen Sie noch einmal eine Schicht Abbeizer auf und reiben Sie die Farbreste wieder mit grober Stahlwolle ab. Entfernen Sie die Farbreste aus den Ecken mit einem Holzspatel oder Stöckchen. Verwenden Sie keinen Metallgegenstand. Er würde das Holz zerkratzen. Lesen Sie die Gebrauchsanweisung des Abbeizers, um zu erfahren, ob er neutralisiert werden muß. Befolgen Sie die Anweisungen genau.*

► **7** *Der abgebeizte Stuhl muß jetzt noch zuerst mit grobem, dann mit immer feinerem Schleifpapier geschliffen werden.*

Lack zu Lack und hängt auch von der Holzart ab. Nach dem ersten Spritzauftrag kann eine Farbabstimmung nötig werden. Das kann in allen Fällen mit Spiritusbeizen geschehen, die man entweder in den Lack mischt und dann aufspritzt oder aufstreicht. Der Spiritus dringt in alle Spritzlacke, sogar in Härterlacke, ein.

Sie können auch Farbextrakte auf Nitrobasis, die in kleinen, aber auch größeren Gebinden erhältlich sind, verwenden. Diese manchmal auch Lackfarben oder Abtönpasten genannten Konzentrate sind sehr farbintensiv – und sollten deshalb nur in kleinen Mengen verwendet werden. Mischen Sie den richtigen Farbton an, spritzen Sie den gefärbten Lack auf und lassen Sie ihn 5 Minuten antrocknen. Diese Farben eignen sich insbesondere für Schattierungseffekte (s. Seite 146 – 147) und werden dazu am besten nach der ersten Grundierschicht aufgetragen.

Notwendige Farbschichten

Je nach Effekt werden meist ein oder zwei Lackaufträge genügen.

Für eine normal große Tischplatte braucht man ungefähr 0,7 l Lackfarbe, für einen Stuhl hingegen etwa 0,5 l. Spritzlacke trocknen verhältnismäßig schnell (ca. 20 Minuten), brauchen aber länger, um ganz auszuhärten. Es ist wichtig, den zweiten Lackauftrag so schnell wie möglich nach dem ersten Auftrag auszuführen, d. h. wenn die Oberfläche sich trocken anfühlt und leicht zwischengeschliffen wurde.

Auspolieren

Wenn Sie den Glanz eines Lacküberzugs noch steigern möchten, polieren Sie das Werkstück mit einer Polier- oder Schwabbelscheibe, die sie auf eine Bohrmaschine aufstecken sowie Schleifpaste. Zum Abschluß polieren Sie die Fläche mit etwas Polierwachs und einem weichen Tuch.

Beizen mit der Spritzpistole

◀ **1** *Spiritusbeizen können auch mit der Spritzpistole aufgetragen werden, obwohl man mit dem Handauftrag oft bessere Ergebnisse erzielt. Nehmen Sie zum Aufspritzen der Beize eine Fließbecherpistole. Mit dieser Pistole können Sie besser von allen Seiten an den Stuhl herankommen. Die Beize sollte mit einem Druck von 1,3 bar und recht satt aufgespritzt werden. Arbeiten Sie von den Innenseiten der Beine nach außen. Anschließend werden zuerst die Kanten und die Unterseite der Sitzfläche gebeizt, bevor man zu den oberen Sichtflächen übergeht. Die Sichtflächen sollten immer zum Schluß gebeizt werden.*

◀ **2** *Wischen Sie die überschüssige Beize mit einem sauberen Lappen ab, um einen gleichmäßigen Farbton zu bekommen. Lassen Sie die Beize trocknen.*

HINWEISE UND TIPS

- Man kann sich aus Polyäthylenfolien eine Behelfs-Spritzkabine errichten. Achten Sie aber auf eine gute Belüftung.
- Die Filter müssen regelmäßig auf ihre Sauberkeit überprüft werden.

Nitrozelluloselacke

Der Nitrolack gehört zu den schon am längsten gebrauchten Lacken. Zu Beginn dieses Jahrhunderts wurde er als „Spannlack" verwendet, um die Segeltuchbespannung früher Flugzeuge zu versteifen.

Aufspritzen der Grundierung

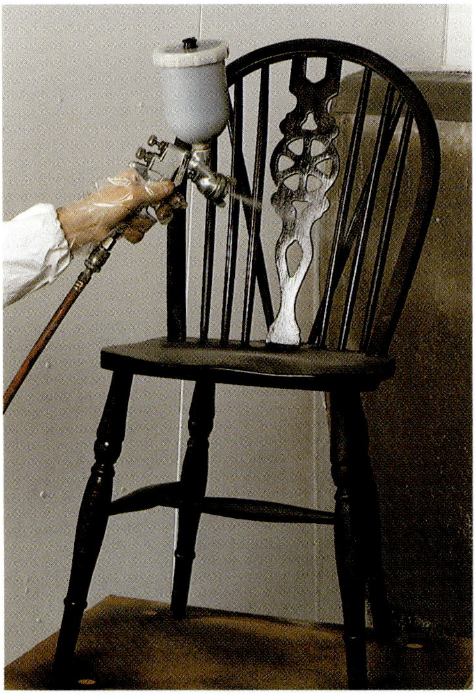

► **1** *Verwenden Sie eine Fließbecherpistole zum Auftragen der Grundierung. Stellen Sie den Druck auf 1,5 bar ein. Alle Flächen müssen gleichmäßig bedeckt werden. Spritzen Sie auch hier die weniger sichtbaren Stellen zuerst und danach die Sichtflächen. Spritzen Sie keine zu starke Grundierschicht auf, da sie nur die Holzoberfläche versiegeln soll.*

► **2** *Lassen Sie die Grundierung bei 18 °C etwa 20 Minuten trocknen. Die Oberfläche ist dann etwas rauh und muß geglättet werden. Nehmen Sie dazu 320er-Siliziumkarbid-Schleifpapier und schleifen Sie vorsichtig in Faserrichtung, um nicht durch die Grundierung und die Beize durchzuschleifen. Besonders an den Ecken sollten Sie achtsam vorgehen, das Papier ganz flach in der Hand halten und mit den beiden mittleren Fingern das Papier auf die Oberfläche drücken.*

Die Zellulose, die den Grundstoff vieler Spritzlacke bildet, wird aus der Baumwollpflanze gewonnen. Nitrozelluloselacke sind einfach zu verwenden, weil man sie direkt aus dem Behälter verarbeiten kann, ohne Härter oder Verdünnung zusetzen zu müssen. Wenn sie allerdings beim Spritzen nicht richtig zerstäuben, sollte man diesen Lacken maximal 10 % Verdünnung zusetzen.
Nicht richtig verlaufende Lacktröpfchen auf der gespritzten Oberfläche zeigen, daß der Lack zu dickflüssig ist.
Vor dem Spritzen lassen Sie das Holz mit Schellackgrundierung ein und schleifen die Oberfläche nach etwa 30 Minuten leicht mit feinem Siliziumkarbidpapier ab. Es gibt auch verschiedene Grundierungen auf Lackbasis, die ein Mittel enthalten, das das Schleifen einfacher macht. Dieses Schleifhilfsmittel ist jedoch ein seifenartiges Material, und kann zu Problemen bei der Haftung nachfolgender Lackaufträge führen. Sie sollen es deshalb vorher auf einem Reststück ausprobieren.
Dieser sogenannte Schnellschliffgrund eignet sich auch für grobporige Holzarten wie Eiche, Esche und Rüster.
Es gibt auch noch andere Grundierungen, die für spezielle Lacke empfohlen werden. Fragen Sie in einem Fachgeschäft nach, welcher Lack sich mit welcher Grundierung verträgt. Polyurethan- und Schellackgrundierungen eignen sich gut für ölhaltige Holzarten und unter den verschiedensten Überzugslacken. Sie eignen sich außerdem für das Neulackieren alter Oberflächen, bei denen sich eventuell noch Silikonreste in den Poren befinden. Grundierungen werden im allgemeinen nur einmal aufgetragen.
Nach dem Grundieren und Zwischenschleifen der Fläche spritzen Sie die erste Schicht NC-Lack auf. Lassen Sie sie vor dem Zwischenschleifen 20 Minuten trocknen und tragen Sie dann die zweite Schicht auf. Der NC-Lack

VOR- UND NACHTEILE DER NITROZELLULOSELACKE

Vorteile
- preiswert
- schnelltrocknend
- leicht zu verarbeiten

Nachteile
- neigen dazu, grau anzulaufen (aufgrund von Feuchtigkeit)
- kälteempfindlich – nicht unter 18 °C zu verarbeiten
- nicht wasserbeständig – ungeeignet für die Außenanwendung

braucht aber 2–3 Stunden Trockenzeit, bevor man ihn auspolieren kann. Ein einmaliger Farbauftrag mit NC-Lack geht sehr schnell und ist zudem preiswert. Eine zweite, dünne Deckschicht verleiht jedoch der Fläche mehr Tiefe und Widerstandsfähigkeit.

Säurehärtende Lacke

SH-Lacken muß ein Härter zugesetzt werden. Das Anmischen dieser Lacke erfordert deshalb mehr Zeit. SH-Lacke werden bereits seit 40 Jahren verarbeitet. Sie enthalten entweder Melamin- oder Harnstoffharze und sind als Glanz- oder Mattlacke im Handel. Ihr großer Vorteil liegt in ihrer hohen Widerstandsfähigkeit, weshalb man sie gerne für Tischplatten verwendet. Die Härter sind allerdings sehr aggressiv und sollten deshalb nur mit Gummihandschuhen verarbeitet werden. Diese Aggressivität wirkt sich jedoch nachteilig auf einige Holzarten und Beizen aus. Braune Ölbeizen verfärben sich unter SH-Lacken oft rot. Bei Ahorn und einigen Obsthölzern, wie Birne, können rote Streifen entstehen. Diese Lacke sind außerdem empfindlich gegen Silikon- und Wachsreste auf der Oberfläche. Beim Aufarbeiten alter Holzoberflächen sollten Sie deshalb vor dem Lackspritzen die Oberfläche mit einem Reinigungsmittel säubern und mit einer Schellackgrundierung versiegeln. Gebeizte Flächen müssen vollkommen trocken sein, d. h. matt aussehen, bevor der Lack aufgetragen werden darf. Halten Sie die empfohlenen Trockenzeiten des Beizenherstellers auf jeden Fall ein. Lackporenfüller vertragen sich gut mit SH-Lacken, ölhaltige Porenfüller sollte man hier nicht verwenden. SH-Lacke haben einen hohen Festkörpergehalt und zeichnen sich gegenüber anderen Spritzlacken durch eine bessere Füllkraft aus.
Tragen Sie beim Spritzen von SH-Lacken keine so starken und nassen Schichten wie bei anderen Lacken auf. Drosseln Sie den Materialfluß etwas und bewegen Sie die Spritzpistole ein bißchen schneller. Spritzen Sie hier immer zwei Lackaufträge. Das Mischungsverhältnis von Lack und Härter ist von Hersteller zu Hersteller unterschiedlich. Ein höherer Härterzusatz als empfohlen beschleunigt das Aushärten des Lacks nicht, sondern macht den Lackfilm spröde und rissig.

EIGENHEITEN SÄUREHÄRTENDER LACKE

Vorteile
- sehr strapazierfähig
- kratzfest, bedingt säure- und alkalibeständig
- trocknet klar aus, ohne zu vergilben

Nachteile
- härtet langsam aus
- empfindlich gegen feuchte Wärme

Aufspritzen der Farbe und des Lackes

◀ **1** *Ist der Grundierauftrag trocken, wird er leicht zwischengeschliffen und der Schleifstaub gründlich abgewischt. Einige hellere Stellen des Stuhls müssen wahrscheinlich farblich noch nachgebessert werden. Drehen Sie zum Retuschieren den Spritzdruck auf 1 bar zurück.*

► **2** *Konzentrieren Sie sich nur auf die helleren Stellen, um einen gleichmäßigen Farbton zu erhalten, und spritzen Sie nicht zu viel Farbe mit einem mal auf. Arbeiten Sie von vorn nach hinten. Bearbeiten Sie die Rückenlehne zum Schluß, da sie einen stärkeren Farbauftrag benötigt, als die übrigen Teile des Stuhls.*

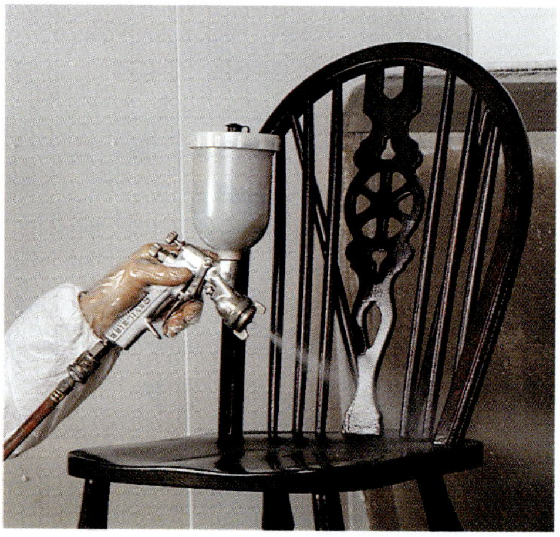

► **3** *Nach dem letzten Farbauftrag spritzen Sie einen Glanzlack auf. Regulieren Sie den Druck auf 1,5 bar und spritzen Sie wieder zuerst die Innenseiten, dann die Rückenlehne und zum Schluß die Sitzfläche.*

▼ **4** *Der fertig lakkierte Stuhl hat einen gleichmäßigen Glanz.*

Bei einem zu geringen Härterzusatz wird der Lack nicht aushärten. Befolgen Sie also immer genau die Empfehlungen des Herstellers.
Da die SH-Lacke einen hohen Festkörpergehalt besitzen, müssen sie manchmal mit einer speziell empfohlenen Härterlackverdünnung verdünnt werden Der Lack ist, je nach Raumtemperatur, nach etwa einer Stunde trocken und kann erneut überlackiert werden. Die Härte des Lackfilms nimmt innerhalb von 7 Tagen zu. Da sich ein Lack mit zunehmender Härte besser auspolieren läßt, sollten Sie mit dem Auspolieren wenigstens 24 Stunden warten. Haben Sie eine Tischplatte mit SH-Lack gespritzt, sollten Sie in den ersten sieben Tagen die Fläche vorsichtig behandeln und verschüttete Flüssigkeit sofort abwischen.

Bunt- oder Farblacke

Nitrozellulose- und Härterlacke gibt es auch als farbige Lacke, die für spezielle Effekte als auch für einfache farbige Oberflächen eingesetzt werden können. Man kann allerdings mit einer deckenden Farbschicht keine Fehler verdecken. Farblacke betonen Fehler eher noch stärker als andere Überzüge. Eine schwarzlackierte Oberfläche ist vielleicht deshalb auch die schwierigste. Die dafür vorbereitete Fläche muß makellos sein.
Es empfiehlt sich, Farblacke auf MDF-Platten zu spritzen, weil sie eine glatte und geschlossene Oberfläche haben. Verwenden Sie farbige NC- oder SH-Lacke für Innenräume und Polyurethanlacke im Außenbereich. Zum Füllen der Poren verwenden Sie vor dem Verarbeiten von NC-Lack einen Ölporenfüller. Für andere Lacke einen Öl- oder Lackporenfüller und Kitt.
Auf die gut vorbereitete Oberfläche tragen Sie einen Grundlack auf. Es gibt spezielle Grundlacke, die preiswerter sind, als wenn Sie mit verdünntem

VOR- UND NACHTEILE DER BUNTLACKE

Vorteile
- Buntlacke sind in verschiedenen Farbtönen erhältlich
- Buntlacke decken Verfärbungen im Holz ab.
- Buntlacke lassen sich für spezielle Farbeffekte einsetzen.

Nachteile
- Pigmentierte Lacke trocknen langsamer als farblose.
- Buntlacke betonen Bearbeitungs- und Spritzfehler und sind sehr staubempfindlich.
- Die Spritzpistole muß vor und nach dem Spritzen von Buntlacken gründlichst gereinigt werden.

Überzuglack arbeiten. Sie haben außerdem eine bessere Verbundfähigkeit. Der Grundlack sollte etwa eine Stunde trocknen und dann mit feinem Siliziumkarbidpapier glatt geschliffen werden. Der Schleifstaub muß sehr sorgfältig entfernt werden, denn auch das kleinste Stäubchen oder Haar würde später deutlich sichtbar werden. Tragen Sie dann einen glänzenden oder matten Überzuglack auf.

Wasserlacke

Im Gegensatz zu den meisten anderen Spritzlacken feuern die Wasserlacke die Holzoberfläche nicht an und wirken matter und natürlicher als andere Lacke, obwohl es sie auch als Glanzlack gibt. Deshalb werden sie gerne für Kiefernmöbel im skandinavischen Stil verwendet. Wasserlösliche Lacke sind als Ein- oder Zweikomponentenlacke erhältlich. Bei Zweikomponentenlacken dient ein Vernetzungsmittel als Härter.
Soll ein Werkstück gebeizt werden, verwenden Sie hier Wasserbeizen (keine Lösungsmittelbeizen). Vor dem Beizauftrag muß das Holz gewässert und geschliffen werden.

Vor dem Auftragen der ebenfalls wasserlöslichen Grundierung sollte die Oberfläche wiederum gewässert werden, so daß sich die Holzfasern aufrichten. Nach dem Trocknen wird die Oberfläche wieder feingeschliffen. Bei der Verarbeitung von wasserlöslichen Lacken sollten keine Porenfüller verwendet werden. Er beeinträchtigt die Haftung des Lacks. Nach dem Grundieren können Farbangleichungen mit Abtönfarben oder Spiritusbeizen vorgenommen werden.
Spritzen Sie Wasserlacke mit reduziertem Materialfluß. Die meisten Lacklösemittel verdunsten zu einem gut Teil schon beim Aufspritzen. Bei den Wasserlacken ist das nicht so. Spritzen Sie deshalb die Farbe in mehreren dünnen Schichten und Sie behalten die Viskosität des Lacks, so daß keine Lackläufer entstehen.
Wasserlacke vertragen sich nicht mit anderen Spritzlacken. Die Spritzpistole und der Rest der Ausrüstung müssen deshalb vor Gebrauch absolut sauber sein, da der Lack sonst anfängt zu schäumen.

VOR-UND NACHTEILE DER WASSERLACKE

Vorteile
- Wasserlacke sind umweltfreundlich.
- Wasserlacke stellen keine Brand- oder Explosionsgefahr dar.

Nachteile
- Wasserlacke sind verhältnismäßig teuer.
- Wasserlacke sind schwieriger zu verarbeiten, da sie schneller ablaufen.
- Wasserlacke reagieren empfindlich auf Kälte und andere Lacke.
- Unter Wasserlacken dürfen keine Porenfüller verwendet werden.

Spritzeffekte

SIEHE AUCH

126–132 SPRITZPISTOLEN UND SPRITZRÄUME
133–136 EINSTELLEN UND BENUTZEN DER SPRITZPISTOLE
137–143 SPRITZLACKE UND IHRE VERARBEITUNG
164–167 OBERFLÄCHEN-FEHLER
168–169 GESUNDHEIT UND SICHERHEIT

Das Spritzlackieren ist eine Auftragstechnik, die aus der Industrie kommt. Heute sind industrielle Spritzeinrichtungen vollautomatisiert und arbeiten computergesteuert. Möbeldesigner, Grafiker oder Maler haben allerdings recht schnell erkannt, daß man dieses Verfahren auch sehr kreativ einsetzen kann. Die Airbrush-Pistole, die von Grafikdesignern gern verwendet wird, ist eine Art Miniaturausgabe der Lackspritzvorrichtungen, wie man sie in holzbearbeitenden Betrieben findet. Obgleich die Standard-Lackspritzpistole nicht die Präzision einer Airbrush-Pistole hat, läßt sie sich doch auch sehr vielseitig für spezielle Farbeffekte einsetzen. Diese Effekte lassen sich in zwei Gruppen einteilen: in die Effekte, die auf speziellen Materialien basieren, und Effekte, die einen kreativen Umgang mit der Spritzpistole erfordern. In beiden Fällen ist es möglich, vergleichbare Effekte auf andere Weise und mit anderen Mitteln zu erreichen. Sie werden jedoch feststellen, daß man bei einiger Übung mit der Spritzpistole schneller und besser arbeiten kann.

Das Sprenkeln

Eine gesprenkelte Oberfläche ist relativ leicht auszuführen. Mit einer Zahnbürste können Oberflächen auch von Hand bespritzt werden, so daß ein ungleichmäßiges Sprenkelmuster entsteht. Das gleiche Ergebnis läßt sich mit einer Spritzpistole erreichen, indem der Luftdruck justiert, mit dem Fingerabzug variiert und die Entfernung zwischen Pistole und Oberfläche verändert wird. Wenn Sie den Druck am Druckluftregler reduzieren, können Sie mit der Spritzpistole Lacktröpfchen auf die Oberfläche bringen.

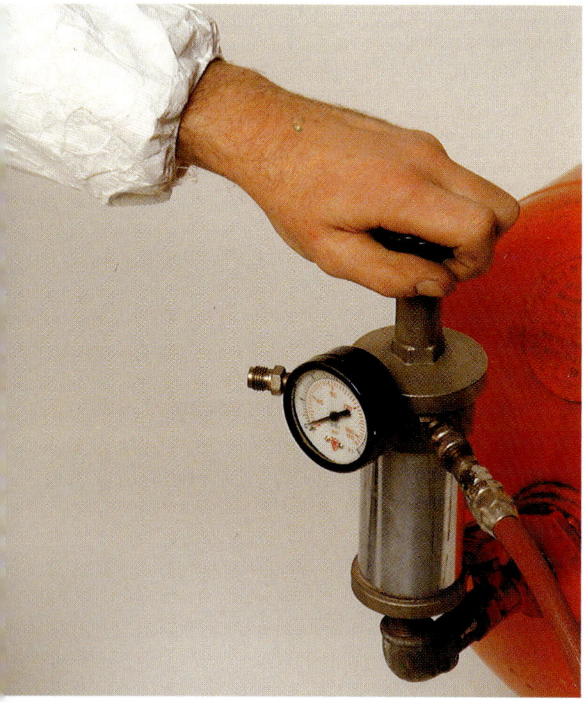

Sprenkeln

◀ **1** *Drehen Sie den Luftdruck am Regler so weit zurück, daß das Material nur noch wenig zerstäubt wird. Testen Sie den Effekt auf einem Reststück oder an der Wand der Spritzkabine. Das Spritzmaterial darf nicht zu stark verdünnt werden, da es sonst zu fein zerstäubt wird und nicht die charakteristischen Spritztröpfchen bildet.*

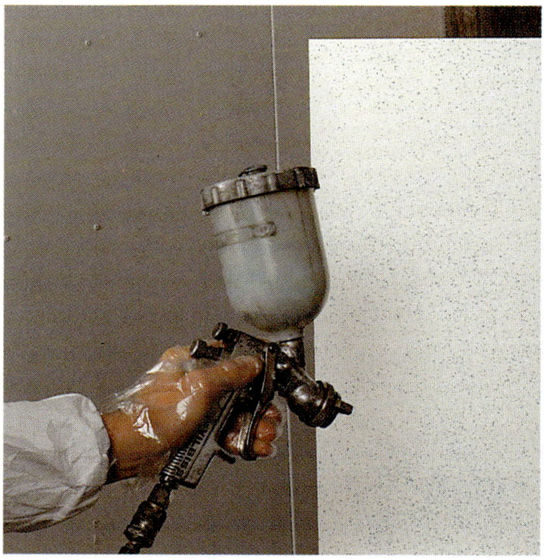

▲ **2** *Ein unregelmäßiger Farbauftrag ist beim Sprenkeln gewollt. Nachteil: Wenn Sie ein gleichmäßiges Sprenkelmuster wünschen, müssen Sie die Pistole ständig in Bewegung halten. Verändern Sie die Entfernung der Spritzpistole zur Arbeitsfläche, damit die Tröpfchen unterschiedlich groß werden. Je näher die Pistole der Arbeitsfläche ist, desto größer werden die Farbpunkte.*

Für den Untergrund und die Sprenkelung kann jede Farbe oder angefärbter Lack verwendet werden. Bereiten Sie auch hier die Oberfläche sorgfältig vor. Tragen Sie dann eine Grundierschicht auf und darauf die gewünschte Hintergrundfarbe. Zwischen den Aufträgen müssen Sie mit feinem Schleifpapier zwischenschleifen.

Füllen Sie die Sprenkelfarbe in den Becher der Spritzpistole. Reduzieren Sie den Spritzdruck am Luftdruckregler so weit, daß die Farbe nur noch etwas zerstäubt wird (probieren Sie es vorher auf einem Reststück aus!). Ziehen Sie den Fingerabzug weiter zurück, fließt mehr Material und die Sprenkel werden größer. Je geringer der Abstand der Pistole zur Oberfläche, desto größer werden die Sprenkel sein.

Sind Sie mit dem Ergebnis zufrieden – sie können allerdings noch weitere Sprenkel in anderen Farben aufbringen –, überziehen Sie die Oberfläche zum Schutz mit einer Schicht mattem Nitrozelluloselack. Die Farbpunkte trocknen sehr schnell. Sie sollen trotzdem mit dem Auftragen des Schutzüberzugs etwa eine Stunde warten.

▲ **3** *Die fertige Fläche zeigt eine feine blaue Sprenkelung auf weißem Hintergrund. Für den Hintergrund eignen sich helle Farben am besten. Der Anzahl, Größe und Farbe der Farbpunkte sind jedoch keine Grenzen gesetzt.*

▲ **Farbkombinationen**
Dieser lackierte Beistelltisch ist ein Beispiel für die Wirkung eines gespritzten Sprenkelauftrags. Es wurden nicht nur mehrere Farben benutzt, sondern auch der Abstand zwischen Spritzpistole und Werkstück wurde ständig verändert, um verschieden große Farbpunkte zu erzeugen. Einige dieser Punkte wurden so groß, daß sie sich verformten und eine ganz eigene Wirkung hervorrufen.

Schattieren

Zum Sprenkeln kann man sowohl eine Saugbecher- als auch eine Fließbecherpistole verwenden. Für das Schattieren ist die Fließbecherpistole besser. Sie ist einfacher zu handhaben, wenn man einem Möbel eine künstliche Patina verleihen möchte (siehe auch S. 118–119).

Sie brauchen sicher etwas Zeit und Übung, um die Geschicklichkeit zu entwickeln, die für ein exaktes Schattieren nötig ist. Aber Sie werden bald merken, daß das Dunklertönen von Ecken und das Spritzen zarter Übergänge nicht besonders schwierig ist.

Beizen Sie das Stück mit Wasser- oder Spiritusbeizen. Wählen Sie den für die hellsten Partien erforderlichen Farbton. Überziehen Sie die gebeizte Fläche mit Schellackgrundierung und schleifen Sie sie mit 320er-Siliziumkarbidpapier.

Nehmen Sie zum Schattieren angefärbten Lack. Mischen Sie einen Farbton an, der eine Nuance dunkler ist als die verwendete Beize. Es ist wichtig, daß die Farbe nicht zu dunkel ist. Es wird sonst sehr schwierig, einen weichen Übergang von Hell zu Dunkel zu bekommen und die Grenzlinien zwischen schattierten und unschattierten Partien zu kaschieren. Vertiefungen und Innenwinkel, in denen sich im Lauf der Zeit wahrscheinlich Staub ansammeln wird, werden dunkler getönt, indem sie mehrmals mit dem gefärbtem Lack überspritzt werden. Abschließend wird das Werkstück mit mattem Nitrozelluloselack überzogen.

Sunburst-Effekte

Der Sunburst-Effekt ist der Schattierung sehr ähnlich. Sunburst-Effekte verwendet man aber mehr wegen ihres dekorativen Charakters, während Schattierungen der künstlichen Alterung dienen. Sunburst-Effekte findet man häufig auf Gitarren, auf Armaturenbrettern und Holzflächen, die mit Metall und Kunststoff kombiniert werden sollen. Für den Sunburst-Effekt bedarf es allerdings eines gewissen künstlerischen Talents, um ein wirklich schönes Ergebnis zu erreichen. Die Farben Hellgelb, Grün und Rot wirken sehr auffallend, während braune und holzfarbene Töne einen zarteren Eindruck erzeugen. Beizen Sie nach der gründlichen Vorbereitung die Holzfläche mit einer hellen Spiritus- oder Wasserbeize (s. Seite 44 – 49). Versiegeln Sie die gebeizte Fläche mit Schellackgrundierung (s. Seite 44 – 49). Schleifen Sie nach dem Trocknen mit 320er-Papier fein nach

Spritzen eines Sunburst-Effekts

▼ **1** *Gitarren und Armaturenbretter sind die beliebtesten Objekte für den Sunburst-Effekt. Die Oberfläche muß zuvor glatt, eben und fehlerfrei vorbereitet werden.*

▶ **2** *Für den letzten Schleifdurchgang verwenden Sie feines Siliziumkarbidpapier. Halten Sie das Schleifpapier flach in der Hand und schleifen Sie immer in Faserrichtung.*

und entstauben Sie die Fläche sorgfältig. Der Farbton des Spritzlacks sollte etwas dunkler sein als die Beize. Spritzen Sie wie beim Schattieren von der Mitte nach außen. Schattieren Sie dann die äußeren Kanten mit einem noch dunkleren Ton. Lassen Sie die Fläche

◄ **5** *Schattieren Sie weiter und schaffen Sie Übergänge zu den helleren Bereichen. Der Rand soll zwar einen dunklen Abschluß erhalten, doch ist es wichtig, daß der Verlauf von Dunkel und Hell übergangslos wird. Bauen Sie die Schattierung langsam und schichtweise auf und spritzen Sie deshalb keinen einzigen starken Farbauftrag.*

▲ **3** *Tragen Sie die Grundbeize mit der Spritzpistole auf. Wählen Sie einen Farbton, der heller ist als der später gewünschte Farbton. Achten Sie auf einen gleichmäßigen Beizauftrag. Verwenden Sie für diese Arbeit möglichst eine Fließbecherpistole.*

◄ **6** *Überziehen Sie die Oberfläche mit zwei Schichten Klarlack. Zwischen den Lackaufträgen müssen Sie fein zwischenschleifen. Armaturenbretter werden oft mit Glanzlack gespritzt. Es eignen sich auch seidenmatte oder matte Lacke.*

▲ **4** *Beginnen Sie jetzt mit dem Aufspritzen des dunkler gefärbten Lacks. Der Farbauftrag muß zu den Rändern hin stärker werden, so daß die Mitte der Fläche immer heller bleibt.*

◄ **7** *Die fertige Gitarre zeigt einen schönen Übergang von Hell zu Dunkel. Hier wurde der Sunburst-Effekt dekorativ eingesetzt. Man kann damit allerdings auch die Patina alter Stücke imitieren.*

etwa eine Stunde trocknen, und spritzen Sie dann eine Deckschicht NC-Lack auf. Verwenden Sie alternativ SH-Lack, falls das Stück starker Beanspruchung ausgesetzt wird.

Hammerschlaglackierung

Die Oberfläche einer Hammerschlaglackierung ähnelt der von gehämmertem Metall oder Zinn. Daher rührt auch ihre Bezeichnung. Es ist ein spezieller Effekt, der die Oberfläche metallisch wirken läßt. Er verdeckt allerdings die Maserung des Holzes. Natürlich kann man diesen Effekt auch auf gemasertem Holz erzeugen, doch wäre es schade, die Holzstruktur auf diese Weise verschwinden zu lassen. MDF-Platten sind deshalb das beste Trägermaterial für diese Art der Bearbeitung. Eine Hammerschlaglackierung besteht aus zwei Lackaufträgen. Die erste Schicht ist ein Nitrozelluloselack, der Aluminium enthält, das für den Metalleffekt sorgt. Nach dem Aufbringen dieser ersten Lackschicht auf die gründlich vorbereitete Fläche warten Sie 5–10 Minuten und spritzen dann dünn und mit geringem Druck Essigester (als geeignetes Lösungsmittel) darüber. Dadurch wird das Aluminium aufgebrochen, und es entsteht der Eindruck von Hammerschlägen. Je niedriger der Spritzdruck dabei ist (z. B. 0,5 bar), desto gröber ist das Hammerschlagmuster. Ein höherer Druck (etwa 1 bar), bewirkt ein dichteres Muster. Stellen Sie den entsprechenden Druck am Druckluftregler ein.
Eine Hammerschlaglackierung erfordert einige Übung, denn der Abstand zwischen Spritzpistole und Fläche ist mitentscheidend für das entstehende Muster. Je näher man mit der Spritzpistole am Werkstück arbeitet, desto grobflächiger wird das Muster. Versuchen Sie den Abstand der Spritzpistole zur Fläche konstant zu halten, damit Sie einen gleichmäßigen Auftrag erreichen.

▲ Die Wirkung einer Hammerschlaglackierung
Die Abbildung zeigt eine Platte vor und nach der Lackierung. Hier wurde ein Zinneffekt angestrebt. Er entstand durch die Kombination von zwei Spritzaufträgen. Die zweite Schicht wurde aufgespritzt, als die erste noch leicht klebrig war.

Der Hammerschlaglack wird in verschiedenen Farbtönen verkauft und läßt sich auch noch mit Farbextrakten abtönen. Blau-, Rot-, Gelb- und Grüntöne sind beliebte Farben für diese Art der Lackierung. Man kann sich den Hammerschlaglack auch selbst anmischen. Es empfiehlt sich aber, ihn fertig abgefüllt zu kaufen. Dieser Lack ist allerdings sehr teuer, und so sollte man ihn besser für kleinere Gegenstände verwenden.
Denken Sie beim Vorbereiten der Holzoberfläche daran, daß Sie einen metallischen Effekt erzielen wollen. Die Oberfläche muß also besonders glatt vorbereitet werden. Falls nötig, überziehen Sie die Oberfläche nach etwa 2 Stunden noch mit NC- oder SH-Lack.

Krakeleeoberfläche

Eine gespritzte Krakeleeoberfläche entsteht auf die gleiche Weise wie beim Handauftrag. Ihr Aussehen hängt vor allem von der Stärke der Lackschicht ab. Ein dicker, nasser Auftrag führt zu einem größeren Muster. Die Harze in diesem Reißlack werden als nicht voll gebunden bezeichnet. Das heißt, daß der Festkörpergehalt nicht ausreicht, die Oberfläche zu bedecken. Wenn die Lösungsmittel verdampfen, werden die Festkörper zusammengezogen und bilden so das Krakeleemuster.

Nach der Vorbereitung der Oberfläche tragen Sie eine Grundierung auf und schleifen Sie mit feinem Schleifpapier glatt. Es folgt das Aufbringen des Untergrunds. Da die Untergrundfarbe später durch die Risse im Decklack sichtbar wird, müssen Sie die gewünschte Farbkombination im voraus festlegen.

Mischen Sie eine kleinere Menge Untergrund- und Reißlack an, um die Farbzusammenstellung zu testen. Grün und Gold passen gut zusammen, wie auch Gold und Silber, Weiß und Schwarz sowie Blau und Rot. Kontrastfarben wirken sehr attraktiv, aber auch zarte Farbkombinationen können sehr schön sein.

Lassen Sie den Untergrund etwa eine Stunde trocknen, bevor Sie den Reißlack auftragen. Färben Sie den Reißlack mit Farbextrakten, um den gewünschten Farbton zu erhalten. Sie können sich den Reißlack auch selbst anmischen. Vermengen Sie dazu Trockenpigmente in der gewünschten Farbe mit 2 – 3 % Lackharz und Nitrozellulose und einem Lösungsmittel (etwa Essigester), um den Lack spritzfertig zu verdünnen. Anfangs sollten Sie aber besser mit fertig gekauftem Reißlack arbeiten.

Regulieren Sie den Luftdruck vor dem Spritzen auf etwa 1 bar. Die Risse bilden sich in dem Moment, da der Lack auf die Oberfläche auftrifft und das Lösungsmittel verdunstet. Ebenso wie beim Handauftrag entscheidet auch hier die Stärke und Nässe der Deckschicht über das entstehende Krakeleemuster. Die Größe des Musters sollte dem Werkstück entsprechend gewählt werden. Eine große Tischplatte sollte ein etwa 50 mm großes Krakeleemuster bekommen, während zu Leisten und anderen schmalen Gegenständen ein Muster paßt, das nicht größer als 25 mm ist.

Anschließend überziehen Sie den Reißlack mit einem glänzenden oder matten Nitrozelluloselack und warten etwa 10 bis 15 Minuten, bis er getrocknet ist.

▼ Vor und nach der Krakelierung
Dieses Regal wurde mit Reißlack gespritzt, um es älter aussehen zu lassen. Für den hier gezeigten Krakelee-Effekt verwendete man blauen Reißlack über weißer Untergrundfarbe. Das Regal wurde noch mit einem matten Nitrolack decklackiert.

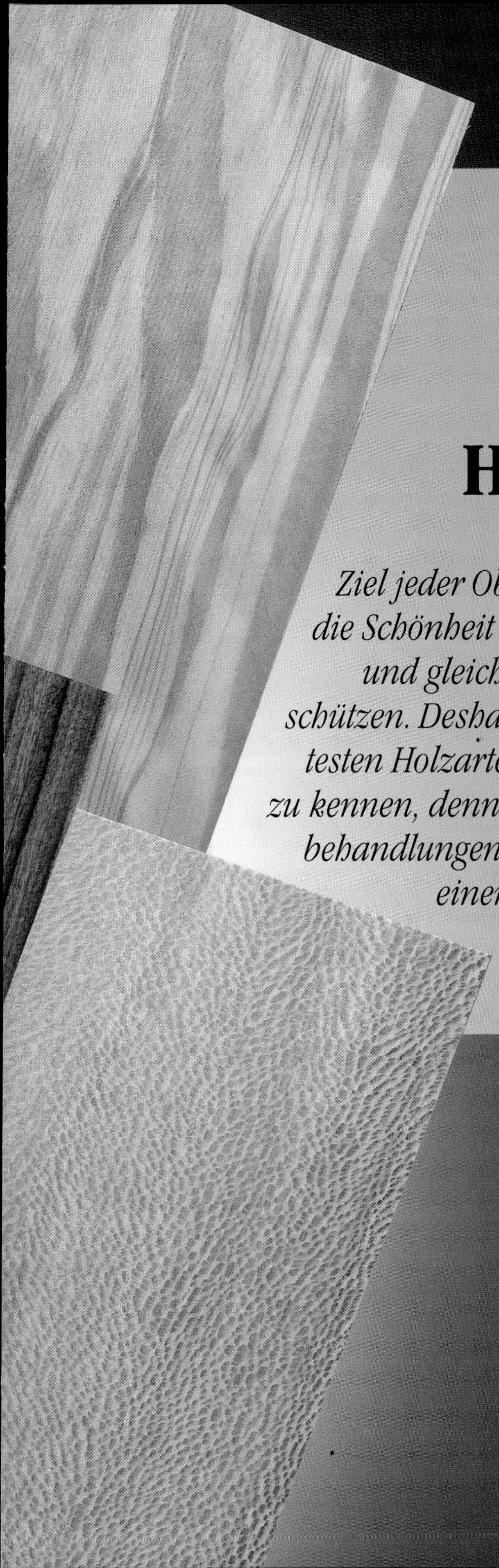

6

Kleine Holzkunde

Ziel jeder Oberflächenbehandlung ist es, die Schönheit des Holzes zu unterstreichen und gleichzeitig die Oberfläche zu schützen. Deshalb ist es wichtig, die bekanntesten Holzarten und ihre Eigenschaften zu kennen, denn nicht jede der Oberflächenbehandlungen entspricht dem Charakter einer bestimmten Holzart und ist für sie geeignet.

Einführung

Hölzer werden in der Regel in zwei Gruppen eingeteilt, in Nadelhölzer und Laubhölzer. Nadelhölzer haben meist schmale Blätter bzw. Nadeln, während die Laubhölzer breite Blätter haben. Die beiden Gruppen unterscheiden sich aber auch hinsichtlich der Zellstruktur des Holzes. Laubhölzer sind im allgemeinen dichter und härter als Nadelhölzer – es gibt allerdings auch Ausnahmen. Balsa (*Ochroma*) gehört z. B. zwar botanisch zu den Laubhölzern, ist jedoch eine der leichtesten und weichsten Holzarten, die es gibt.

Oberflächenbehandlung und Naturschutz

Neben der Unterscheidung in Laub- und Nadelhölzer und in Kern- und Splintholz werden Hölzer noch nach anderen Kriterien wie Farbe, Struktur, Faserverlauf und Textur unterschieden. Jede Holzart hat ihre charakteristischen Merkmale und dadurch ihre speziellen Anwendungsgebiete.

In der Vergangenheit betrachtete man diese Mannigfaltigkeit als selbstverständlich. Heute wird man sich jedoch zunehmend bewußt, daß wir Holz nicht länger im gleichen Ausmaß wie bisher nutzen und verbrauchen können, ohne irreparable Schäden an den Wäldern der Erde und so schwerwiegende Konsequenzen für die gesamte Umwelt zu riskieren. Unglücklicherweise sind die interessant gemaserten Laubhölzer – traditionell die begehrtesten Holzarten für feine Holzarbeiten – auch jene, die am seltensten geworden sind. Durch die Verwendung entsprechender Oberflächenmittel ist es jedoch möglich, rar gewordene Hölzer, besonders aber Tropenhölzer, zu imitieren und sie auf diese Weise zu schützen.

Ersetzen von Tropenhölzern

Auf den folgenden Seiten werden einige Holzarten, die bei Schreinern besonders beliebt sind, ausführlicher vorgestellt. Sie finden hier Rezepte für klassische und moderne Methoden der Oberflächenbehandlung und Vorschläge, wie sich weit verbreitete Holzarten so behandeln lassen, daß sie Tropenhölzer imitieren. Auf diese Weise kann der Tropenholzbestand unserer Erde ein wenig mehr geschützt werden.

LAUBHÖLZER

Abachi (*Triplochiton scleroxylon*)

Abachi hat eine gelbliche Farbe. Im Möbelbau verwendet wird es häufig auf einen Mahagoniton gebeizt. Ähnliche Holzarten sind: Agba (*Gossweilerodendron balsamiferum*), Sipo (*Entandrophragina utile*) und Abura (*Mitragyna ciliata*). Herkunftsland: Westafrika.

Afrormosia (*Pericopsis elata*)

Faserverlauf und Struktur ähnlich dem Teak. Es ist ein braunes Holz, das sich unter Lichteinfluß schwärzlich verfärbt. Dieses Holz wird im Möbel- und Innenausbau oft anstelle von Teak verwendet.

Ahorn (*Acer* spp.)

Ahorn ist ein feinjähriges Holz. Sein Farbton reicht von weiß bis hellbraun, der Faserverlauf kann geriegelt (Riegelahorn) oder geradfaserig sein. Es wird unter anderem für Fußbodendielen und als Furnier im Möbelbau verwendet. Hauptherkunftsländer: Mitteleuropa, Kanada, USA.

Birke (*Betula* spp.)
Birke ist ein feinjähriges, helles Holz. Es wird vor allem für Sperrholzerzeugnisse und im Möbelbau verwendet. Herkunftsländer: Europa und Nordamerika.

Buche (*Fagus* spp.)
Buche ist ein feinjähriges, helles Holz. Es wird für Möbel, Sitzmöbel und als Biegeholz verwendet. Herkunftsländer: Europa und Nordamerika.

Eiche (*Quercus* spp.)
Eine weit verbreitete Holzart. Sie wird für Möbel, den Bootsbau und für Fußböden verwendet. Die härteren Eichenarten findet man in England, Westeuropa, Nordamerika und Japan, während in Australien und Zentraleuropa weichere Arten wachsen.

Esche (*Fraxinus* spp.)
Esche ist ein grobjähriges, helles Holz. Es wird vor allem im Möbelbau und für Werkzeugstiele verwendet. Herkunftsländer: Europa und Nordamerika.

Mahagoni (hauptsächlich *Swietenia, Khaya* und *Melia*)
Hat eine braune bis rote Farbe. Wird vor allem für Möbel, aber auch für Klaviere und andere Musikinstrumente und zum Schnitzen verwendet. Herkunftsländer: Zentral- und Südamerika, Afrika.

Makoré (*Tieghemella heckelii* oder *Mimusops heckelii*)
Braunes Holz mit dunkleren Strichen. Wird als Ersatz für Palisander verwendet. Herkunftsland: Westafrika.

Nußbaum (*Juglans* spp.)
Farbe und Faserverlauf variieren hier je nach Herkunft. Nußbaumholz wird für feine Schreinerarbeiten und als Furnier verwendet. Hauptherkunftsländer: Großbritannien, Frankreich, Italien, Türkei, Nordamerika.

Palisander (*Dalbergia* spp.)
Palisander ist ein hartes, violettes Holz mit dunklen Streifen. Es wird für Furnier und feine Schreinerarbeiten verwendet. Palisander gehört zu den gefährdeten Holzarten. Herkunftsländer: Indien und Brasilien.

Rüster (*Ulmus* spp.)
Rüster ist ein blaß-, manchmal rötlichbraunes, grobjähriges Holz. Aufgrund des „Ulmensterbens" existiert eine unregelmäßige Verfügbarkeit. Herkunftsländer: Europa und Nordamerika.

Teak (*Tectona grandis*)
Hat eine goldbraune Farbe und ist ein ölhaltiges Holz. Trotzdem wird für Innen- und Außenbau und für Möbel verwendet. Hauptherkunftsländer: Indien und Burma.

NADELHÖLZER

Douglasie (*Pseudotsuga menziesii*)
Hat eine gelblich- bis rötlichbraune Farbe. Es wird für Möbel, Innenausbau, Wandverkleidungen, als Bau- und Konstruktionsholz verwendet. Herkunftsländer: Nordamerika, Großbritannien.

Kiefer (*Pinus* spp.)
Die Riga-Kiefer, Weißkiefer, Weymouthskiefer, Pitch Pine, Parana-Kiefer (*Araucaria angustifolia*) werden alle in der Holzbearbeitung verwendet. Die Farbe variiert von rötlich zu weiß und gelblich. Wird traditionell als Bauholz verwendet, heute zunehmend auch im Möbelbau.

Western Red Cedar (*Thuja plicata*)
Ein rötlichbraunes Holz, das grau verwittert. Es wird für Außenzwecke, einschließlich Fassadenverkleidungen, und im Innenausbau verwendet. Herkunftsländer: Nordamerika, Neuseeland, Großbritannien.

Eiche

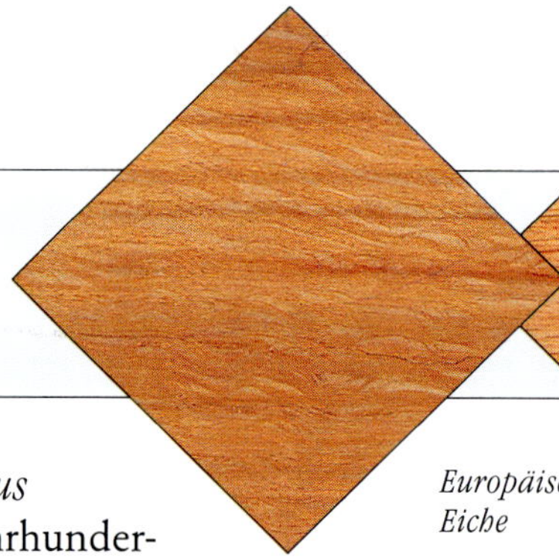

Europäische Eiche

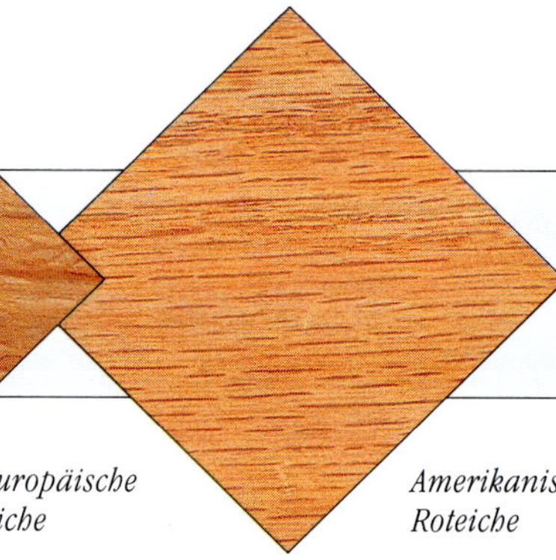

Amerikanische Roteiche

Die Eiche (*Quercus* spp.) wird seit Jahrhunderten für die unterschiedlichsten Zwecke und in den verschiedensten Bereichen eingesetzt, etwa zum Schmuck repräsentativer Räume, im Möbelbau wie auch im Boots- und Schiffsbau. Es ist ein widerstandsfähiges, dauerhaftes Holz, das sich gut bearbeiten läßt.

Eiche wird entweder tangential oder radial eingeschnitten. Auf radialen Schnittflächen sieht man die quer zu den Jahresringen liegenden, charakteristischen Markstrahlen. Es gibt wahrscheinlich über 200 verschiedene Eichenarten, die in zwei Hauptgruppen unterteilt werden: Roteichen und Weißeichen. Die Weißeichen werden ihrer feineren Struktur wegen mehr geschätzt als die Roteichen.

Einige Eichenholzarten

Europäische Eiche
Sie ist die härteste aller Eichen und ist deshalb schwerer zu bearbeiten. Ihr Holz wird besonders gerne für den Möbelbau verwendet.

Jugoslawische und Österreichische Eiche
Diese Arten haben ein weicheres Holz und einen geraderen Faserverlauf. Sie sind feinjähriger und lassen sich gut beizen.

Amerikanische Eiche
Die meisten Eichen aus den USA sind Roteichen, doch werden in Nordamerika auch Weißeichen kultiviert. Mehr als ein Drittel des in den USA erzeugten Nutzholzes ist Eiche. Die amerikanische Roteiche wird oft zu gering eingeschätzt und kann bei richtiger Bearbeitung sehr schön wirken.

Kopfeiche
Diese Eichenart wächst vor allem in Europa und wird kultiviert, indem ungewünschte Triebe entfernt werden, um so die Astbildung zu reduzieren. Die Knollen, die bei dieser drastischen Beschneidung entstehen, wachsen allmählich in das Holz ein. Wird dieses Holz später aufgeschnitten, zeigt es eine besonders schöne, interessante Maserung.

OBERFLÄCHENBEHANDLUNG DER EICHE

Eichenholz eignet sich für dünne seidenmatte oder matte und insbesondere für geölte und gewachste Oberflächen. Außerdem wird Eiche oft gekalkt (s. Seite 120 - 123) und läßt sich wegen ihres Gerbstoffgehalts auch gut (mit Salmiakgeist) „räuchern". Andere grobjährige Holzarten, wie Esche und Rüster, können auf die gleiche Weise wie Eiche behandelt werden. Verwendet man Roteiche, läßt sich die rötliche Färbung des Holzes etwas vermindern, indem man Spiritusgrün in schwacher Lösung darüberstreicht, bevor man die Oberfläche weiterbehandelt.

Antiker Eichenton

- Bereiten Sie die Oberfläche vor, indem Sie sie mit Van-Dyck-Kristallen dunkler beizen und dann trocknen lassen.
- Tragen Sie eine dunkle Ölbeize auf, die Sie kräftig in das Holz hineinreiben und auch wieder trocknen lassen.
- Tragen Sie eine Schicht Schellackpolitur auf und lassen Sie sie trocknen.
- Schleifen Sie mit 320er-Schleifpapier fein zwischen.
- Wachsen Sie die Oberfläche mit Antikwachs. Polieren Sie nach drei Aufträgen die Fläche mit einem weichen Tuch aus.
- So entsteht ein dunkler Eichenton mit seidiger Oberfläche.

Verwitterter Eichenton

- Setzen Sie eine konzentrierte Lösung aus Soda und Kalk in Wasser an. Kalk erhalten Sie in der Regel im Baustoffhandel. Tragen Sie diese Lösung mit einem Fiberpinsel auf das Holz auf und lassen Sie sie trocknen.
- Schleifen Sie die Rückstände leicht ab.
- Anschließend können Sie die Oberfläche mit einem weißen Wachs wachsen oder mit mattem Nitrolack überziehen.

Mahagoni

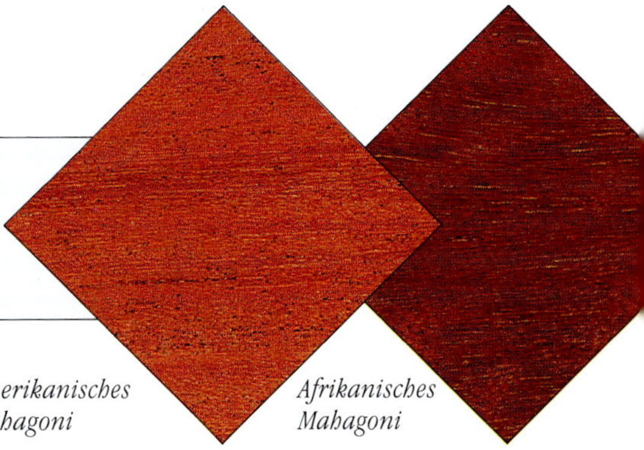

Amerikanisches Mahagoni — *Afrikanisches Mahagoni*

Die Verwendung von Mahagoni läßt sich bis ins 18. Jahrhundert nach England zurückverfolgen und – nahm seit dieser Zeit stetig zu – Kunstschreiner wie Sheraton, Chippendale und Hepplewhite machten mit ihren eleganten Möbeln dieses Holz schließlich berühmt.
Die Mahagoniarten kommen aus verschiedenen Teilen der Erde – einschließlich Westindien, Mittel- und Südamerika, Südostasien und Westafrika. Die Eigenschaften, die je nach Herkunft des Holzes variieren, reichen vom harten, schweren Cuba-Mahagoni bis zu dem weicheren Mahagoni aus Nigeria und anderen Teilen Westafrikas.

Mahagoni ist eine beliebte Holzart im Klavierbau. Das dunkelrote Mahagoniholz wird für Gitarren- und Geigenböden und andere Saiteninstrumente verwendet. Brasilianisches Mahagoni gewann erst vor kurzem an Bedeutung. Seine Färbung variiert von goldbraun bis blaßrosa. Es gibt auch sehr helles Mahagoni und sogar ein weißes Mahagoni, das aus dem Osten der USA stammt.

Einige Mahagoniarten

Schlicht
Wenig Zeichnung.

Streifige Textur
Die Oberfläche weist parallele Längsstreifen von gleicher Breite auf.

Geflecktes Mahagoni
Die Oberfläche hat, auch hier hervorgerufen durch den Wechseldruckwuchs, eine bunt gefleckte Zeichnung.

Pyramidenfurnier
Als Zwiesel bezeichnet man jenen Bereich, an dem sich ein Stamm in zwei starke Äste gabelt. Ein Schnitt durch diesen Zwiesel zeigt eine stark wirbelige Holzstruktur. Die daraus geschnittenen Furniere werden deshalb Pyramidenfurniere genannt.

OBERFLÄCHENBEHANDLUNG VON MAHAGONI

Mahagoni hat eine so ausgeprägte Färbung und Zeichnung, so daß seine Oberfläche kaum farblich verändert werden sollte. Ursprünglich wurden Möbel aus Mahagoni nur geölt oder gewachst, später auch schellackpoliert. Soll die Oberfläche allerdings doch gebeizt werden, darf auf keinen Fall rote Beize verwendet werden. Ein Braunton ist geeigneter. Da Mahagoni zu den selten gewordenen Holzarten gehört, sollte man es möglichst wenig verwenden. Man kann an seiner Stelle auch Butternuß (Graue Walnuß) mit einer Mahagonibeize auf einen warmen Mahagoniton hinbeizen.

Goldbrauner Mahagoniton

- Bereiten Sie die Oberfläche vor und beizen Sie das Holz mit einer Lösung von in Wasser gelöstem Kaliumbichromat (etwa 2 Eßlöffel auf 0,5 l Wasser).
- Lassen Sie das Holz trocknen und schleifen es dann leicht zwischen.
- Tragen Sie eine blonde Schellackpolitur auf. Nach dem Deckpolieren polieren Sie die Fläche in Längsrichtung aus. So entsteht eine goldbraun glänzende Oberfläche.

Braune Mahagonifläche mit geschlossenen Poren

- Bereiten Sie die Oberfläche vor und beizen Sie die Fläche mit einer Lösung aus einem Eßlöffel Van-Dyck-Kristallen auf 0,5 l Wasser. Lassen Sie das Holz trocknen.
- Füllen Sie die Poren mit einem braunen Mahagoni-Porenfüller und lassen Sie die Oberfläche wieder trocknen.
- Polieren Sie mit Granatpolitur.

Nußbaum

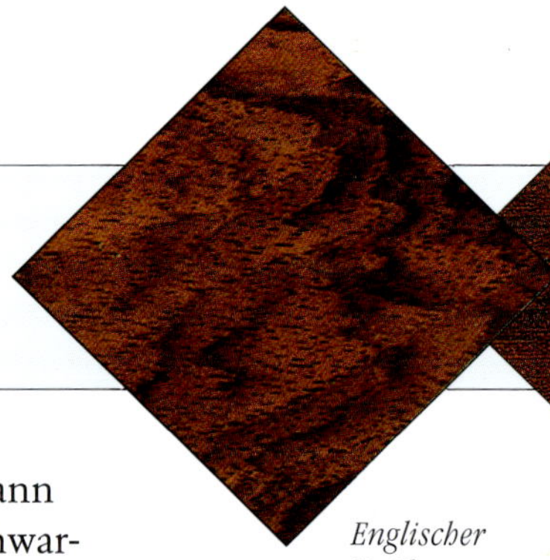

Englischer Nußbaum

Amerikan. Nußbaum

Die Farbe von Nußbaumholz kann von einem dunklen, beinahe schwarzen Kernholz bis zu einem blaßgrauen Splintholz reichen. Das Holz läßt sich durch Bleichen aufhellen (helles Nußbaumholz war in den 20er und 30er Jahren sehr beliebt). Es bekommt dadurch ein verwaschenes Aussehen. Da Nußbaum hart und fest ist, läßt es sich sehr gut bearbeiten, formen und auch drechseln. Nußbaum wird oft als Furnier verarbeitet, da der ungleichmäßige Faserverlauf wunderschön gezeichnete Furniere liefert. Maserfurniere werden aus Maserknollen geschnitten, die sich am Stamm gebildet haben. Sie haben eine faszinierende Zeichnung. Wurzelfurniere stammen aus dem unteren Stammende des Baumes. Sie werden quer zum Faserverlauf geschnitten, so daß die verschlungene Zeichnung voll zur Geltung kommt.

Einige Nußbaumarten

Amerikanischer Nußbaum
Der aus Amerika kommende Nußbaum hat eine markante schwarze Zeichnung. Er wird für Gewehrschäfte und für Flugzeugpropeller verwendet.

Englischer Nußbaum
Er hat eine kräftige, dunkle Zeichnung und eine zart gräuliche Farbe mit charakteristischen dunklen Streifen. Englischer Nußbaum ist selten geworden und nicht immer lieferbar.

Französischer Nußbaum
Er ist feiner gezeichnet und wird im Möbelbau verwendet.

Italienischer Nußbaum
Er ist amerikanischem Nußbaum sehr ähnlich. Das Holz hat eine schwarze Zeichnung und feine Struktur.

Türkischer Nußbaum
Wegen ihrer besonderen lebhaft gemusterten Zeichnung sind Furniere aus diesem Holz sehr begehrt.

OBERFLÄCHENBEHANDLUNG VON NUSSBAUM

Nußbaum wurde wegen seiner natürlichen Schönheit ursprünglich nur gewachst. Da Nußbaum so unterschiedliche Farbtöne und attraktive Maserbilder hat, belassen die meisten Schreiner und Restauratoren auch heute die Oberfläche unverfälscht und versehen sie nur mit einer seidenmatten oder matten Wachs- oder Öloberfläche. Es heißt zwar, daß ein Glanzüberzug von der eigentlichen Schönheit des Holzes ablenken würde, doch kann solch ein Überzug mitunter genauso schön wirken wie eine matte Oberfläche.

Traditionelle Wachsoberfläche für Nußbaum

- Bereiten Sie die Oberfläche wie beschrieben vor. Ein Füllen der Poren ist bei Nußbaum nicht nötig, da das Holz dicht und fein strukturiert ist.
- Starke Farbunterschiede zwischen Splint- und Kernholz können durch Beizen ausgeglichen werden. Beizen Sie den Splint mit Nußbaumkörnerbeize und belassen Sie beim Kernholz den natürlichen Farbton.
- Lassen Sie das Holz nach dem Trocknen mit Schellackpolitur oder einer Schnellschliffgrundierung ein. Mit einem Malpinsel können Sie noch zusätzliche Maserstrukturen einzeichnen.
- Tragen Sie mit einem Tuch oder einem Pinsel Bienenwachs auf und lassen es über Nacht trocknen.
- Nach einem zweiten Wachsauftrag polieren Sie die Flächen mit einem weichen Tuch aus.

Geschlossene Hochglanzoberfläche

- Bereiten Sie die Oberfläche wie beschrieben vor.
- Beizen Sie das Holz, wenn nötig, mit Nußbaumkörnerbeize und lassen es trocknen.
- Tragen Sie den Porenfüller auf und lassen Sie ihn trocknen.
- Tragen Sie mit dem Ballen weiße Schellackpolitur auf. Schleifen Sie die Oberfläche nach dem Durchtrocknen mit 320er-Papier fein zwischen. Tragen Sie eine zweite Schicht Politur auf und polieren Sie sie mit geraden Zügen aus.

Teak

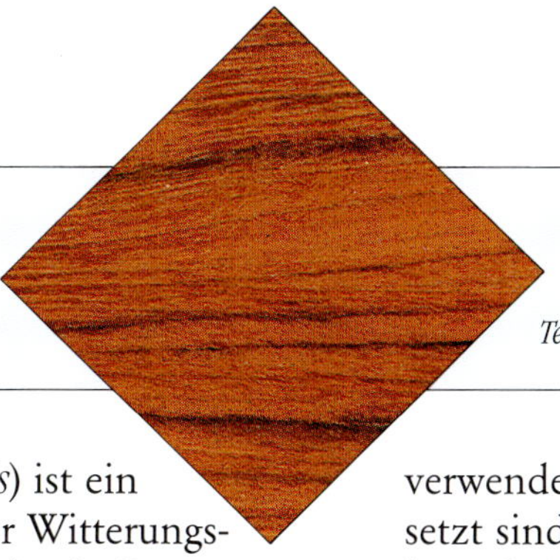

Teak

Teak (*Tectona grandis*) ist ein hartes Holz mit guter Witterungsbeständigkeit. Es wächst in Burma, Indien, Thailand, Malaysia und Sambia. Sein Farbton variiert von goldgelb bis zu dunkelbraun. Da dieses Holz ölhaltig ist, wird es gerne im Schiffsbau und in anderen Bereichen verwendet, die der Feuchtigkeit ausgesetzt sind. Der Fettgehalt des Holzes kann bei einer Oberflächenbehandlung allerdings problematisch werden und zu schlechter Haftung, Blasenbildung und, bei manchen Zweikomponentenlacken, zum Schrumpfen des Lackes führen.

OBERFLÄCHENBEHANDLUNG VON TEAK

Wenn Sie Teakholz anders als mit Öl behandeln, sollten Sie es zuvor mit Schellackgrundierung einlassen. Eine dünne, matte Oberfläche bringt die natürlichen Eigenschaften des Holzes am besten zur Geltung. In der Regel wird Teak mehrmals mit Leinöl eingelassen. Man kann aber auch Teaköl, Danish Oil und Tungöl verwenden. Diese Öle trocknen schneller als Leinöl, lassen sich einfacher auftragen und bieten einen dauerhafteren Schutz. Für eine seidenmatte Oberfläche können Sie das Teakholz mit einem Polyurethanöl behandeln.

Traditionelle Teakoberfläche

- Tragen Sie Teaköl, Danish Oil oder Leinöl mit einem Lappen auf und reiben Sie es kräftig in das Holz.
- Lassen Sie die Oberfläche zwischen den einzelnen Aufträgen immer gut trocknen und schleifen Sie fein zwischen.
- Reiben Sie zum Abschluß die Oberfläche mit feiner Stahlwolle Nr. 000 und Öl ab.

Polyurethanöl-Oberfläche

- Bereiten Sie die Oberfläche wie beschrieben vor.
- Tragen Sie eine Schicht zu 10 % verdünntes Polyurethanöl auf, und reiben Sie es kräftig in das Holz. Lassen Sie die Oberfläche trocknen und schleifen Sie dann mit 320er-Schleifpapier zwischen.
- Bringen Sie mit einem weichen Tuch oder durch Spritzen eine weitere Schicht Polyurethanöl auf, und lassen Sie die Oberfläche wieder trocknen.
- Reiben Sie die Fläche mit feiner Stahlwolle Nr. 000 und etwas Öl blank.

Matte Oberfläche

- Bereiten Sie die Oberfläche wie beschrieben vor.
- Tragen Sie Schellackgrundierung auf und lassen Sie sie bei 18 °C etwa 1 Stunde trocknen.
- Schleifen Sie die Oberfläche mit 320er-Schleifpapier fein zwischen.
- Spritzen Sie die Fläche mit einem matten SH-Lack.

Praktische Hinweise

- Sie können Teakholz auch beizen, doch nimmt es Beize schlecht an. Fügen Sie deshalb Wasserbeizen Salmiakgeist zu (1 Teelöffel Salmiakgeist auf 0,5 l Wasser).
- Dünne, matte oder seidenmatte Oberflächenüberzüge passen am besten zu Teakholz.
- Für die Außenanwendung sollte Teak mit einem wetterbeständigen Lack versehen werden.

Ahorn

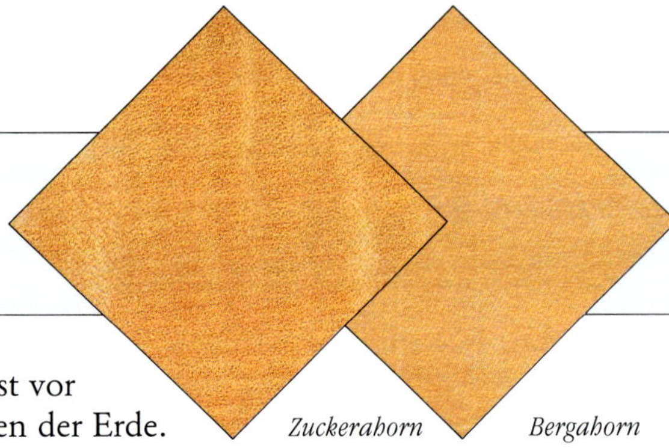

Zuckerahorn *Bergahorn*

Der Ahorn (*Acer* spp.) wächst vor allem in nördlichen Regionen der Erde. Das Holz wird für Möbel, Fußböden, Musikinstrumente und andere Holzwaren verwendet. Der in Nordamerika heimische Zuckerahorn ist schwerer und härter als die in Europa vorkommenden weicheren Ahornarten. Diese sind auch leichter zu bearbeiten. Das als Vogelaugenahorn gehandelte Furnier stammt meist vom Zuckerahorn. Seine sehr dekorative Textur entsteht durch Astknospen, die aber nicht durch die Rinde brechen, sondern einwachsen. Die vor allem beim Bergahorn häufig auftretende Riegeltextur rührt von einem stark welligen Faserverlauf her.

OBERFLÄCHENBEHANDLUNG VON AHORN

Aufgrund seiner dichten und feinen Struktur läßt sich Ahorn mit allen Mitteln sehr gut behandeln. Das Holz kann mit einem matten oder glänzenden Überzug versehen werden. Ein Füllen der Poren ist nicht nötig.

Matte Oberfläche

- Bereiten Sie die Oberfläche wie beschrieben vor.
- Tragen Sie eine Wasserbeize auf, die aus zwei Teilen Mahagoni- und einem Teil Nußbaumbeize besteht. Lassen Sie die Oberflächen trocknen. Grundieren Sie sie anschließend mit Schellackgrundierung.
- Tragen Sie nach dem Trocknen eine Schicht matten SH-Lack auf. So entsteht eine goldbraune, matte Oberfläche, die sich gut für Möbel eignet.

Oberfläche im Naturton

- Bereiten Sie die Oberfläche vor.
- Tragen Sie weiße Schellackpolitur auf und schleifen Sie sie nach dem Trocknen mit 240er-Papier zwischen.
- Tragen Sie zum Abschluß einen zweiten Polituruftrag auf und polieren Sie die Oberfläche dann aus.

Glanzlackoberfläche

- Bereiten Sie die Oberfläche wie beschrieben vor.
- Grundieren Sie sie mit Schnellschliffgrund und lassen Sie sie bei 18 °C etwa eine halbe Stunde trocknen.
- Schleifen Sie mit 320er-Papier leicht zwischen.
- Spritzen Sie die Fläche mit einem Glanz-Nitrolack.
- Auf diese Weise entsteht eine harte, strapazierfähige Glanzoberfläche.

Praktische Hinweise

- Beizt man Ahorn mit einer Mahagonibeize, erhält man einen kirschbaumähnlichen Farbton.
- Ahorn läßt sich gut beizen. Das Holz hat aber einen schönen Naturton, der nicht unbedingt verbessert werden muß.
- Wenn Sie einen Zweikomponenten-SH-Lack verwenden, sollten Sie zuerst eine Grundierung auftragen, denn die Säure kann das Holz rötlich verfärben.

Birke

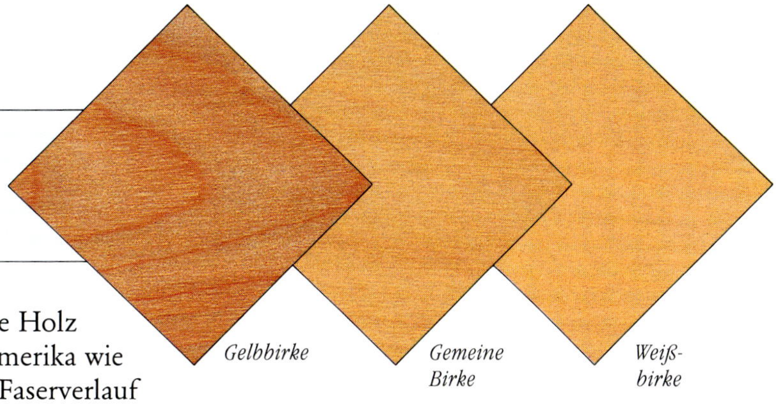

Gelbbirke

Gemeine Birke

Weißbirke

Das sehr fein strukturierte Holz kommt sowohl in Nordamerika wie auch in Europa vor. Der Faserverlauf kann gerade, aber auch unregelmäßig und wellig sein. Man spricht dann von „geflammter“ Birke. Das Kernholz ist rötlichgelb, der Spint etwas heller. Birkenholz wird für Möbel, Wandvertäfelungen, als Furnier und zur Sperrholzherstellung verwendet. Es läßt sich gut bearbeiten und wird, wie Ahorn, gerne auf einen anderen Holzton eingebeizt.

OBERFLÄCHENBEHANDLUNG VON BIRKE

Wegen ihres unregelmäßigen Faserverlaufs muß Birke sehr gut vorbereitet und fein geschliffen werden. Das Holz eignet sich besonders für eine natürliche Oberflächenbehandlung. Da Birke eine extrem feine, dichte Struktur hat, sind meist nur wenige, dünne Überzugsschichten nötig.

Blaugraue Oberfläche

- Bereiten Sie die Oberfläche sorgfältig vor.
- Behandeln Sie die Oberfläche mit einer Lösung aus Kupfersulfat und Wasser. Das Holz erhält dadurch eine blaugraue Färbung, die besonders auf geflammter Birke sehr schön wirkt.
- Es können auch andere Beizen verwendet werden, doch rufen Spiritus- und Ölbeizen oft ein fleckiges Beizbild hervor.

Palisander-Effekt

- Beizen Sie die Fläche mit einer Mahagonibeize und lassen Sie sie anschließend trocknen.
- Schleifen Sie mit 320er-Papier ganz leicht zwischen.
- Tragen Sie eine Schicht weißer Schellackpolitur auf.
- Mischen Sie Spiritusschwarz mit Politur und malen Sie mit einem feinen Haarpinsel eine Palisandermaserung auf. Es bedarf einiger Übung, diesen Effekt auszuführen. Kopieren Sie das Masermuster am besten von einem Stück Palisanderfurnier.
- Überspritzen Sie die so behandelte Fläche mit einem matten oder glänzenden Lack.

Praktische Hinweise

- Bringen Sie nur dünne Überzugsschichten auf.
- Aufgrund des unregelmäßigen Faserverlaufs nehmen einige Stellen die Beize mehr auf als andere. Dadurch entsteht eine ungleichmäßige, fleckige Färbung.
- Es ist deshalb ratsam, die Beizwirkung an einer unauffälligen Stelle oder auf einem Reststück aus dem gleichen Holz zu probieren.

Buche

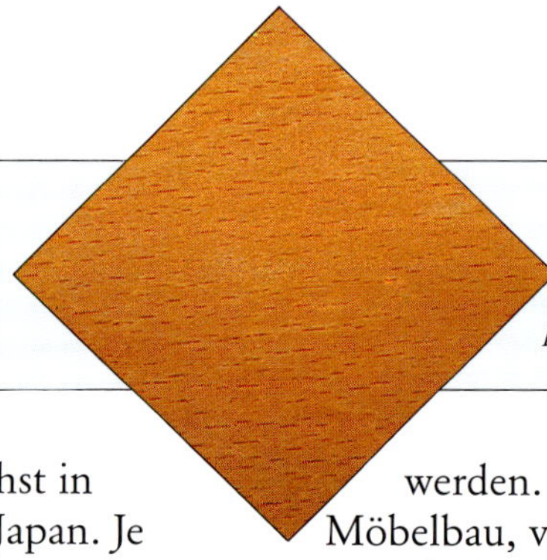

Buche

Die Buche (*Fagus* spp.) wächst in Europa, Nordamerika und Japan. Je nach Wachstumsbedingungen und Klima ist das Holz gelegentlich standortbedingt unterschiedlich. Die Buche ist neben der Eiche das meistgenutzte Holz Europas. Buche ist ein hartes, vielseitig verwendbares, feinstrukturiertes Holz und im allgemeinen geradfaserig. Seine Farbe variiert von einem weißlichen oder blassen Braun bis zu einem dunkleren Rotbraun. Durch Dämpfen kann der rötliche Ton intensiviert werden. Das Holz wird im Möbelbau, vor allem auch für Stühle verwendet, weil es sich gut biegen und formen läßt. Es eignet sich auch gut zum Drechseln und wird deshalb für gedrechselte Stuhlbeine, Griffe und daneben auch für Holzspielzeug verwendet. Buche wird häufig auch auf einen anderen Holzton wie Mahagoni, Nußbaum oder Eiche eingebeizt, und läßt sich gut mit glänzenden, matten, pigmentierten oder wasserlöslichen Lacken behandeln.

OBERFLÄCHENBEHANDLUNG VON BUCHE

Da Buche ein feinjähriges, dichtes Holz ist, ist die Verwendung von Porenfüller nicht nötig. Die Vorbereitung von Hirnholz kann unter Umständen problematisch sein, so daß man beim Endschliff eine Ziehklinge benutzen muß. Falls das Holz gebleicht werden soll, um es aufzuhellen, erzielt man mit einem Zweikomponentenbleichmittel die besten Ergebnisse. Eventuell muß das Holz sogar mehrmals gebleicht werden, um es ganz hell werden zu lassen.

Buche hat einen schönen Naturton. Doch auch farbige Oberflächen eignen sich auf Buche gut, einschließlich einem Blau-, Rot- und einem traditionellen Braunton. Für Farbangleichungen verwendet man Farbextrakte, die aufgespritzt werden, um so eine gleichmäßige, exakte Tönung zu erreichen.

Buche läßt sich zwar gut beizen, Lösungsmittelbeizen können jedoch das Holz angreifen und zu dunklen Verfärbungen führen. Hirnholz sollte man zuvor mit verdünnter Schellackpolitur einlassen, so daß die Beize dort nicht tiefer eindringen und das Holz zu dunkel tönen kann.

Mahagoni-Oberfläche

- Bereiten Sie die Oberfläche wie beschrieben vor.
- Beizen Sie das Holz mit einer kräftigen Mahagoni-Wasserbeize und lassen Sie es trocknen.
- Schleifen Sie vorsichtig mit 320er-Papier über die Oberfläche.
- Tragen Sie eine Schicht Politur auf.
- Wahrscheinlich wird eine Farbangleichung nötig sein. Mischen Sie dazu Spiritusschwarz und Bismarckbraun unter die Politur, um einen warmen Braunton zu bekommen. Tragen Sie diese Mischung mit einem dicken Pinsel oder Schwamm auf.
- Polieren Sie die Oberfläche weiter und lassen Sie dann die Fläche durchtrocknen.
- Schleifen Sie mit 320er-Papier fein zwischen und polieren Sie die Oberfläche dann aus.
- So entsteht eine glänzende Mahagoni Oberfläche mit geschlossenen Poren.

Palisander- und Nußbaum-Oberflächen

- Sie können in der gleichen Weise auch mit anderen Beizen und Farben vorgehen. Verwenden Sie Spiritusfarben und Pigmente zum Abtönen.
- Sie können Palisander und Nußbaum imitieren, indem Sie zuerst in dem entsprechenden Farbton beizen und dann die charakteristische Zeichnung mit einem Pinsel und Spiritusfarben aufmalen. Testen Sie die Beize immer zuerst auf einem Probestück der gleichen Holzart.

Abachi und ähnliche Holzarten

Abachi

Jelutong

Abachi (*Triplochiton scleroxylon*) gehört zu einer Gruppe tropischer Holzarten, zu der auch Jelutong (*Dyera costulata*), Ramin (*Gonystylus macrophyllum*) und der Kautschukbaum (*Hevea brasiliensis*) gehören. Diese Hölzer werden heute häufig im Möbelbau eingesetzt. Sie sind relativ breit verfügbar, da sie recht schnell wachsen und durch eine entsprechende Aufforstung rasch ersetzt werden können. Diese Hölzer lassen sich maschinell und mit der Hand gut bearbeiten. Da sie sehr vielseitig einsetzbar sind, ist zu erwarten, daß sie in Zukunft noch stärkere Verbreitung finden werden.

Diese Holzarten sehen sehr schlicht aus und haben eine sehr geringe Zeichnung. Ihre Färbung reicht von weiß bis zu gelblichen Tönen. Innerhalb der einzelnen Holzarten ist ihre Färbung relativ gleichbleibend, also unterscheidet sich ein Stück kaum vom anderen. Da die Maserung schlicht und ausdruckslos ist, animieren diese Hölzer den Schreiner geradezu, sie interessant und attraktiv zu gestalten, zumal sie sich oberflächenbehandeln lassen. Sie können deshalb als Ersatz für andere seltenere exotische Holzarten verwendet werden.

Es bedarf einer gewissen Erfahrung und Übung, um zu wissen, wie man diese Holzarten am besten oberflächenveredelt. Haben Sie also noch nicht viel Erfahrung mit diesen Hölzern, sollten Sie Beizen und Farben zuerst auf Reststücken ausprobieren, bevor Sie ein ganzes Werkstück oberflächenbehandeln.

OBERFLÄCHENBEHANDLUNG VON KAUTSCHUKBAUM

Früher wurden die Kautschukbäume, nachdem das Latex abgezapft war, gefällt und verbrannt. Heute wird das Holz auch für die Herstellung von Möbeln genutzt. Das Holz des Kautschukbaums ist weiß mit dunkelbraunen Flecken, feinstrukturiert und läßt sich gut polieren. Es nimmt Beizen an, ist aber nicht sehr porös, deshalb erhält man die besten Resultate mit Lösungsmittelbeizen. Ein Füllen der Poren ist nicht notwendig. Matte oder seidenmatte Überzüge sind am geeignetsten. Mit eingefärbten Spritzlacken kann man dem Holz das Aussehen von Mahagoni, Eiche und Nußbaum verleihen. Um Nußbaum zu imitieren, können Sie mit einem Pinsel noch die charakteristische Maserung aufmalen.

OBERFLÄCHENBEHANDLUNG VON JELUTONG

Jelutong ist ein weiches, gelbliches Holz, das sich gut zum Schnitzen eignet. Eiche und Mahagoni lassen sich damit imitieren. Wegen seiner porigen Struktur sollte ein entsprechend gefärbter Porenfüller verwendet werden. Matte oder glänzende Oberflächen entsprechen dem Jelutong am besten.

Kiefer und ähnliche Holzarten

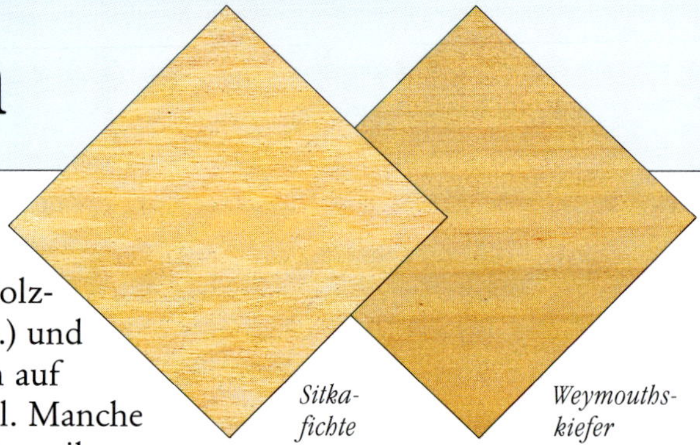

Die meisten Kiefern (*Pinus* spp.) und ähnliche Holzarten wie Tannen (*Abies* spp.) und Fichten (*Picea* spp.) wachsen auf der nördlichen Erdhalbkugel. Manche kommen allerdings aus Südamerika (z. B. Parana-Kiefer). Diese Holzarten wachsen schnell und können leicht wieder aufgeforstet werden. Sie werden vor allem als Bau- und Konstruktionsholz eingesetzt, aber auch zunehmend im Möbelbau. Diese Hölzer werden als Massivholz oder Furnier gehandelt, aber auch als Mittellagenmaterial für Tischler- und Sperrholzplatten. Eine entsprechende Oberflächenbehandlung kann das Erscheinungsbild dieser Holzarten verbessern.

Verschiedene Kiefern-, Tannen- und Fichtenarten

Diese Nutzhölzer werden unter verschiedenen Namen gehandelt, die nicht immer ihrer botanischen Abstammung entsprechen. Unter Umständen kann Holz, das unter einer bestimmten Bezeichnung verkauft wird, sogar von verschiedenen Holzarten herrühren. Einige handelsüblichen Bezeichnungen sind:

Kiefer
(*Pinus sylvestris*)
Die Gemeine Kiefer, auch Föhre genannt, hat eine gelblich-rötliche Farbe und eine feine bis markante Maserung. Das Holz wird als Bauholz, für den Innenausbau und für einfache Kiefernmöbel verwendet. Je nach Harzgehalt läßt es sich mehr oder weniger gut beizen und oberflächenbehandeln. Dünne Wachs- oder andere matte Oberflächen entsprechen der Kiefer am besten. Wasserlösliche Lacke ergeben eine besonders natürlich wirkende Oberfläche.

Weymouthskiefer
(*Pinus strobus*)
Das Holz der Weymouthskiefer, auch Strobe genannt, ist weicher und leichter als das der Pinus sylvestris und ist bekannt für seine feine, gleichmäßige Struktur. Die Farbe ist blaßgelb. Mit gefärbten Grundierungen und Polituren läßt es sich gut auf Mahagoni beizen. Das Holz wird für Schreinerarbeiten, im Möbelbau und als Modellholz verwendet. Oberflächenmittel müssen dünn aufgetragen und sehr fein zwischengeschliffen werden, denn das weiche Holz bekommt schnell Kratzer.

Zirbelkiefer
(*Pinus cembra*)
Diese aus dem Gebirge stammende Kiefernart auch Arve genannt, ist sehr begehrt. Das besondere dieser Holzart sind die zahlreichen, fest verwachsenen dunklen Äste und der aromatische Harzduft. Das rötlichbraun nachdunkelnde Holz wird im Innenausbau, für Vertäfelungen und Möbel sehr geschätzt. Eine dünne, natürliche Oberflächenbehandlung entspricht diesem Holz am besten.

Douglasie
(*Pseudotsuga menziesii*)
Dieses Holz wird oft auch als Oregon pine verkauft, obwohl es botanisch nicht zu den Kiefern gehört. Das Holz zeigt meist eine markante Zeichnung und hat eine rötliche Farbe. Es nimmt Lösungsmittelbeizen gut an, Wasser- oder chemische Beizen aufgrund seines Harzgehalts aber nur schlecht.

Fichte und Tanne
Im Holzhandel wird oft die Sammelbezeichnung Fi/Ta gebraucht, jedoch unterscheiden sich die beiden Holzarten deutlich voneinander. Tanne ist weißlich, läßt sich gut beizen (es ist nicht harzhaltig) und alle Überzüge haften gut. Es eignet sich nur bedingt für die Anwendung im Freien. Die Fichte ist meist etwas gelblicher und weist einzelne Harzgallen auf. Trotzdem läßt es sich gut beizen und oberflächenbehandeln. Seidenmatte oder matte Überzüge wirken auf diesem Holz am besten.

Sitkafichte
(*Picea sitchensis*)
Das Holz dieser Fichte besitzt eine hohe Elastizität. Es kann gebeizt werden, neigt aber zum Fleckigwerden und sollte deshalb im Naturton belassen werden.

OBERFLÄCHENBEHANDLUNG VON KIEFER

Die Farbe von Kiefernholz reicht von weißen über gelbe bis zu rosa Tönen und hängt stärker von der Holzart als vom Klima ab. Die helleren Varianten sind ideal für gestrichene Oberflächen. Einige Kiefernarten weisen aufgrund ihrer deutlichen Jahresringe eine markante Zeichnung auf.
Eine sorgfältige Vorbereitung der Holzoberfläche ist wichtig, da der Faserverlauf nicht immer gleichmäßig ist. Verwenden Sie für den Endschliff immer ganz feines Schleifpapier. Beim Zwischenschleifen von Lackschichten sollten diese so kräftig heruntergeschliffen werden, bis es aussieht, als sei der Überzug entfernt. Je feiner und glatter geschliffen wird, desto besser wird die anschließende Oberflächenqualität.
Vor dem Auftrag eines Zweikomponentenlackes sollte das Holz mit Schellackgrundierung oder angefärbter Politur eingelassen werden.
Kiefer läßt sich mit Lösungsmittel- oder Wasserbeizen behandeln. Spiritusbeizen ergeben oft ein fleckiges Beizbild. Dispersionsbeizen können dazu eingesetzt werden, eine andere Holzart zu imitieren, und wirken oft sehr interessant. Für diese Holzart empfehlen sich matte oder seidenmatte Oberflächen.
Hat das Holz eine sehr grobe Zeichnung, kann ein Ausgleichen des Farbtons nötig werden. Nehmen Sie dazu eine braune Spiritusbeize, die Sie mit einem weichen Tuch auftragen. Es steigert die ästhetische Wirkung des Holzes.
Wasserlösliche Lacke wirken auf Kiefernholz besonders angenehm, da sie das Holz beinahe unbehandelt und natürlich aussehen lassen. Auch kräftige Farben wie Rot oder Blau können verwendet werden. Probieren Sie die Farbwirkung aber zuvor auf einem Reststück aus. Diese Empfehlung gilt ebenso für alle anderen Oberflächenmittel, die Sie einsetzen wollen.

Eine natürlich wirkende Tischplatte

- Bereiten Sie die Oberfläche vor.
- Beizen Sie, falls nötig, die Platte und lassen Sie die Fläche trocknen.
- Tragen Sie einen klaren Schnellschliffgrund auf und lassen Sie ihn trocknen.
- Schleifen Sie mit 320er-Schleifpapier ab.
- Auf diese Weise entsteht eine strapazierfähige, natürlich wirkende Kieferntischplatte.

Gescheuerte Kiefer

- Bereiten Sie die Oberfläche wie beschrieben vor.
- Tragen Sie eine Schicht Knopfschellack oder eine hellbraune Lösungsmittelbeize auf und lassen Sie sie trocknen.
- Verdünnen Sie einen cremefarbenen Farblack zu 20%, tragen Sie ihn dünn auf und lassen Sie die Fläche trocknen.
- Schleifen Sie mit 320er-Papier fein zwischen.
- Tragen Sie jetzt, je nach Wunsch, einen Mattlack oder eine Wachspolitur auf.
- Auf diese Weise entsteht ein verwaschener Kiefernton.

Antiker Kiefernton

- Bereiten Sie die Oberfläche wie beschrieben vor.
- Tragen Sie eine dunkle Lösungsmittelbeize auf.
- Reiben Sie Bereiche, die normalerweise stärker abgenutzt werden, mit Stahlwolle Nr. 00 ab (s. Seite 20–21).
- Entstauben Sie die Fläche, grundieren Sie sie anschließend und lassen Sie sie trocknen.
- Schleifen Sie mit 320er-Papier zwischen.
- Tragen Sie zum Abschluß einen matten Nitrolack auf.

Praktische Hinweise

- Überprüfen Sie mit Nadelholz furnierte Flächen immer auf Leimdurchschläge, da diese zu Problemen führen können. Eventuelle Leimflecken müssen vor der Oberflächenbehandlung entfernt werden. Da sie meist so hell wie das Holz selbst sind, sind sie mitunter schwer zu entdecken. Um Leimflecken zu sehen, betrachten Sie die Fläche am besten schräg gegen das Licht.
- Da Kiefer und ähnliche Holzarten eher weich sind, empfiehlt sich für Tischplatten eine abriebfeste, strapazierfähige Oberfläche. Ein matter Polyurethanüberzug ist für diesen Zweck gut geeignet.

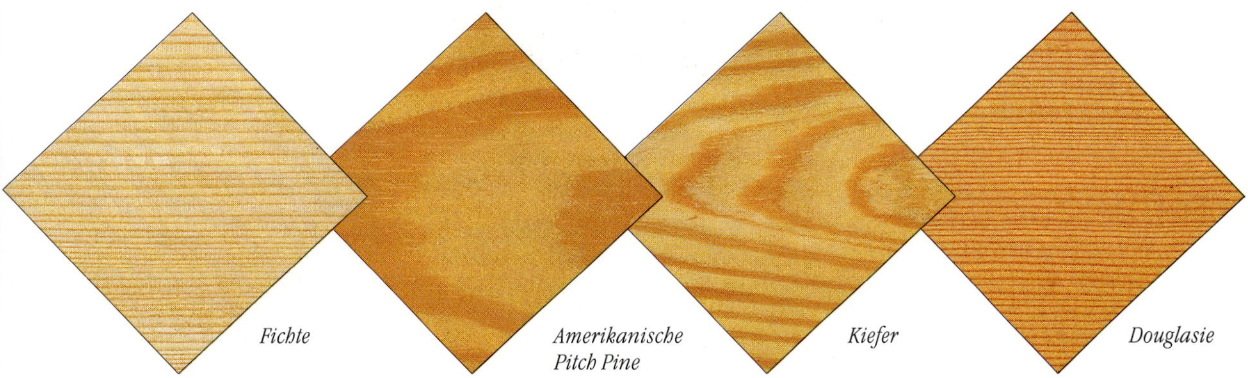

Fichte · *Amerikanische Pitch Pine* · *Kiefer* · *Douglasie*

OBERFLÄCHENFEHLER

Fehler in Schellackoberflächen

Obgleich manche Fehler auf das verwendete Material oder die Werkstattbedingungen zurückzuführen sind, beruhen doch ihre Mehrzahl auf falscher Be- und Verarbeitung. Übung ist deshalb die beste Empfehlung. Die meisten Fehler in einer traditionell behandelten Oberfläche lassen sich aber wieder ausbessern oder herausschleifen, ohne gleich die gesamte Fläche abbeizen und neu aufbauen zu müssen. Das Ölen und das Wachsen sind, verglichen mit der Schellack-Handpolitur, recht unkomplizierte Oberflächenverfahren, und es entstehen in der Regel auch keine Fehler.

Weiße Poren

SYMPTOM: Weiße Flecken oder Poren unter dem Oberflächenfilm.

URSACHE: Porenfüller war nicht trocken oder zu hell.

ABHILFE: Die Politurschicht mit Spiritus abreiben, Öl oder Wachs mit Terpentinersatz beseitigen. Dann die Porenfüllung mit einer steifen Bürste herausbürsten.

VORBEUGUNG: Porenfüller gründlich trocknen lassen oder dunkleren Porenfüller verwenden.

Gekräuselte Oberfläche

MERKMAL: Die Oberfläche wirkt nach dem Polieren wellig und mit kleinen Kräuseln bedeckt.

URSACHE: Falsche Benutzung des Polierballens.

ABHILFE: Mit einem in Spiritus getränkten Polierballen herauspolieren.

VORBEUGUNG: Der Druck auf den Polierballen muß gleichmäßig sein. Arbeiten Sie in Kreisbewegungen und achten Sie auf einen gleichbleibenden Druck auf den Polierballen, wenn Sie auf sich zu oder von sich weg polieren.

Risse

MERKMAL: Es zeigen sich nach einiger Zeit dünne Risse in der Oberfläche.

URSACHE: Unter dem Oberflächenfilm eingeschlossene Leinölreste.

ABHILFE: Die Oberfläche mit feinem Schleifpapier anschleifen und neu polieren. Handelt es sich um große Risse, muß die Fläche mit Spiritus abgerieben und neu aufgebaut werden.

VORBEUGUNG: Verwenden Sie beim Polieren weniger Leinöl und bringen Sie keine zu dicken Politurschichten auf eine geölte Fläche.

Ausschwitzen

MERKMAL: Die polierte Fläche bleibt klebrig.

URSACHE: Unter der Politurschicht sind Leinölreste eingeschlossen, oder es wurde überlagerte Schellackpolitur verwendet.

ABHILFE: Reiben Sie die Oberfläche kräftig mit Spiritus im Polierballen ab, lassen Sie die Fläche trocknen und polieren Sie sie neu auf.

Risse

Grauanlaufen

MERKMAL: Es zeigen sich graue Schleier in der Oberfläche.

URSACHE: Feuchte und zu kalte Luft in der Werkstatt.

ABHILFE: Schleifen Sie die Fläche ab und bauen Sie sie neu auf.

VORBEUGUNG: Sorgen Sie für trockene Luft in der Werkstatt. Die Raumtemperatur darf nicht unter 18 °C liegen.

Kondensausschlag

MERKMAL: Es bildet sich ein weißlicher Kondensationsfilm in der fertigen Oberfläche.

URSACHE: Feuchtigkeit in der Werkstatt.

ABHILFE: Schleifen Sie die Fläche ab und bauen Sie sie neu auf.

VORBEUGUNG: Überprüfen Sie die Luftfeuchtigkeit in Ihrer Werkstatt und sorgen Sie für eine gute Belüftung. Eventuell müssen Sie einen Lufttrockner verwenden.

Krakeleerisse

MERKMAL: Feine Krakeleerisse auf der Oberfläche.

URSACHE: Beim Polieren wurde zu viel Öl verwendet.

ABHILFE: Schleifen Sie die Oberfläche mit feinem Schleifpapier ab und polieren Sie sie neu. Bei starker

Kondensausschlag

Rißbildung müssen Sie die Fläche abbeizen und völlig neu aufbauen.

VORBEUGUNG: Bevor Sie mit dem Polierballen über die Oberfläche gehen, sollten Sie den Ballen auf ein Stück Papier oder Holz drücken, um das überschüssige Öl herauszupressen.

Politurränder

MERKMAL: An den Kanten von Tischplatten und an den Ecken von Beinen bilden sich Politurwülste.

URSACHE: Fährt man mit dem Polierballen unter zu starkem Druck über die Kanten, lagert sich dort mehr Politur an.

Krakeleerisse

ABHILFE: Schleifen Sie die Wülste mit feinem Schleifpapier ab und polieren Sie dann neu.

VORBEUGUNG: Sie müssen überschüssige Politur wieder mit dem Ballen aufnehmen, so daß sich keine Ablagerungen bilden können.

Wischer

MERKMAL: Es bilden sich kreisförmige Erhebungen hinter dem Polierballen.

URSACHE: Der Polierballen ist zu naß.

ABHILFE: Lassen Sie die Fläche trocknen. Schleifen Sie dann fein ab oder bearbeiten Sie sie mit einem nur in Spiritus getränkten Ballen so lange, bis sie glatt und eben ist.

VORBEUGUNG: Tränken Sie den Polierballen nicht zu stark mit Politur.

Weiße Kanten

MERKMAL: Die Kanten wirken weiß, da die Beize abgerieben wurde.

URSACHE: Nach dem Auftragen der Beize wurde unsachgemäß geschliffen.

ABHILFE: Tragen Sie ganz normal Politur auf und retuschieren Sie die Stellen mit Spiritusfarben oder Pigmenten, wenn die Fläche vollkommen durchgetrocknet ist.

VORBEUGUNG: Seien Sie beim Schleifen gebeizter Flächen an Kanten und Ecken besonders vorsichtig.

Trübung

MERKMAL: Es bildet sich ein stumpfer, trüber Film auf der Oberfläche.

URSACHE: Die Raumtemperatur ist zu niedrig.

ABHILFE: Polieren Sie die Fläche mit einem in Spiritus getränkten Polierballen neu auf.

VORBEUGUNG: Die Temperatur in der Werkstatt darf nicht unter 18 °C fallen.

Fehler in Spritzlackoberflächen

Es wird oft gesagt, daß sich das wahre Talent eines guten Schreiners darin zeigt, Fehler verschwinden zu lassen. Dies gilt auch für Oberflächenfehler. Keine Fehler zu machen ist natürlich der Idealzustand. Doch wer erreicht den schon.

Trübung

Traditionelle Oberflächen lassen sich relativ leicht ausbessern, ohne daß man gleich abbeizen oder abschleifen muß. Spritzlacke lassen sich hingegen nur schlecht ausbessern. Also ist Abbeizen oft das einzige Mittel, das bei einem gravierenden Fehler hilft. Sie müssen also, um Fehler möglichst zu vermeiden, genau wissen, was Sie tun und wie sie Fehlern vorbeugen können.

HINWEISE UND TIPS

- Lassen Sie die Oberfläche immer gut austrocknen, bevor Sie versuchen, Fehler zu beseitigen.
- Tragen Sie besser mehrere dünne, anstatt wenige stärkere Schichten auf.
- Verarbeiten Sie die Oberflächenmittel immer nach Herstellerangaben.
- Bevor Sie mit der Mängelbeseitigung beginnen, sollten Sie die Fehlerursache klären.
- Verwenden Sie zum Verdünnen von Spritzlacken nur die empfohlene Spezialverdünnung.
- Bei Zweikomponentenlacken muß der richtige Härter in der richtigen Dosierung verwendet werden.

Nebenluft

MERKMAL: Luft zischt aus den Luftaustrittdüsen in der Luftkappe.

MÖGLICHE URSACHEN: Es befinden sich Fremdkörper im Ventil; das Luftventil ist abgenutzt oder beschädigt; die Ventilfeder ist gebrochen; der Ventilschaft muß geschmiert werden; der Ventilschaft ist verbogen; die Dichtungsmutter sitzt zu fest.

ABHILFE: Überprüfen und reparieren Sie die defekten Teile.

VORBEUGUNG: Warten und reinigen Sie die Spritzpistole regelmäßig.

Nebelbildung

MERKMAL: Das Spritzgut kommt als Nebel aus der Düse.

MÖGLICHE URSACHEN: Das Spritzmaterial ist zu dünn; der Luftdruck ist zu hoch; der Abstand zwischen Spritzpistole und Oberfläche ist zu groß.

VORBEUGUNG: Tragen Sie die Grundierung dicker auf oder bauen Sie die Farbschicht mit weniger Verdünnung neu auf; reduzieren Sie den Luftdruck; halten Sie die Spritzpistole dichter an die Oberfläche.

Nadelstiche

MERKMAL: Während der Lack trocknet, bilden sich kleine, porenartige Vertiefungen in der Lackoberfläche.

URSACHE: Der Lack wurde zu dick aufgetragen. Unter der Lackschicht sind Lösungsmittel eingeschlossen, die nach oben drücken, um zu entweichen.

ABHILFE: Schleifen Sie die Oberfläche ab und beginnen Sie den Lackauftrag neu.

VORBEUGUNG: Stellen Sie den Lack dünner ein; bewegen Sie die Spritzpistole schneller und vergrößern Sie den Abstand zwischen Pistole und Oberfläche.

Spritznebelniederschlag

MERKMAL: Die Oberfläche fühlt sich rauh an, da der Spritznebel auf bereits fertig gespritze Flächen fiel und dort trocknete.

URSACHE: Mangelhafte Sorgfalt beim Spritzen.

ABHILFE: Schleifen Sie die Oberfläche ganz fein an und spritzen Sie sie neu.

VORBEUGUNG: Lassen Sie nach jedem Spritzstreifen den Fingerabzug los. Spritzen Sie mit geringerem Druck.

Nadelstiche

Stockender Materialfluß

MERKMAL: Luft und Spritzmaterial kommen nur stoßweise oder reduziert aus der Luftkappe.

MÖGLICHE URSACHEN: Becher nicht ausreichend mit Material gefüllt; Becher zu stark geneigt; Durchlauf verstopft; Ansaugrohr im Becher gebrochen; Spritzdüse beschädigt; Spritzmaterial zu dick; Entlüftungskappe im Deckel verstopft; Druckluftleitung beschädigt oder Kupplung verschmutzt; Fingerabzugeinstellung falsch.

ABHILFE: Überprüfen Sie alle Teile und reparieren Sie sie gegebenenfalls. Verdünnen Sie das verwendete Material.

Spritznebelniederschlag

VORBEUGUNG: Pflegen Sie die Spritzpistole regelmäßig und reinigen Sie sie nach jedem Gebrauch gründlich. Verdünnen Sie den Lack nach den Anweisungen des Herstellers.

Ausfließen

MERKMAL: Das Spritzmaterial fließt aus der Spritzdüse der Pistole.

MÖGLICHE URSACHEN: Verschmutzte oder abgenutzte Düse; die Lacknadel klemmt aufgrund eines verstopften Teils; die Nadeldichtschraube ist zu fest; die Nadel ist gebrochen; es wurde eine falsche Nadel verwendet.

ABHILFE: Überprüfen Sie alle Teile, ersetzen Sie defekte Teile und stellen Sie die Pistole neu ein.

VORBEUGUNG: Reinigen Sie die Spritzpistole gründlich und schmieren Sie die beweglichen Teile.

Orangenhaut

MERKMAL: Unregelmäßige, runzlige Lackoberfläche, die einer Orangenschale ähnlich sieht.

MÖGLICHE URSACHEN: Der Lackauftrag ist zu stark; die Spritzpistole wurde zu dicht an der Oberfläche geführt.

ABHILFE: Ziehen oder schleifen Sie die Oberfläche ab und spritzen Sie sie neu.

VORBEUGUNG: Halten Sie immer einen Abstand von etwa 20 cm zwischen Spritzpistole und Oberfläche. Verdünnen Sie den Lack richtig, d. h. auch, daß Sie ihn nicht zu stark verdünnen dürfen.

Lackblasen

MERKMALE: Kleine, runde Flecke, die wie winzige Krater wirken.

URSACHE: Fett, Öl oder Silikon in der Oberfläche stößt nachfolgende Lackschichten ab.

ABHILFE: Schleifen Sie die Fläche gründlich ab und spritzen Sie sie neu.

Orangenhauteffekt

VORBEUGUNG: Bereiten Sie die Oberfläche vor dem Lackspritzen sorgfältig vor.

Grauanlaufen

MERKMAL: Die Lackschicht läuft grau an.

URSACHE: Feuchte und zu kalte Luft in der Werkstatt.

Lackblasen

ABHILFE: Beizen Sie die Fläche ab und spritzen Sie sie neu.

VORBEUGUNG: Halten Sie die Werkstattemperatur über 18 °C; isolieren Sie die Werkstatträume gut, um die Luftfeuchtigkeit zu reduzieren.

Lackläufer

MERKMAL: Der Lack fließt von der Fläche.

MÖGLICHE URSACHEN: Die Spritzpistole wurde zu dicht an der Oberfläche geführt; es wurde zu viel Material aufgetragen; die gleiche Stelle wurde zweimal überspritzt.

ABHILFE: Lassen Sie die Fläche trocknen, schleifen Sie dann mit feinem Siliziumkarbidpapier ab und spritzen Sie sie neu.

VORBEUGUNG: Führen Sie die Pistole mit größerem Abstand zur Werkstückfläche; probieren Sie vorher den gleichmäßigen Spritzauftrag; ein Spritzstreifen soll den anderen nie mehr als um die Hälfte überlappen.

Luftblasen

MERKMAL: Kleine Luftbläschen in der Lackschicht trüben die Fläche.

MÖGLICHE URSACHEN: Die Lackschicht ist zu stark (Luft oder Lösungsmittel sind unter der Schicht eingeschlossen); es wurde mit zu hohem Spritzdruck gearbeitet, der die Fläche zu schnell trocknen ließ, so daß die Luft oder das Lösungsmittel nicht mehr entweichen konnte.

ABHILFE: Spritzen Sie eine dünne, nasse Farbschicht darüber oder ziehen Sie die Fläche ab und spritzen Sie sie neu.

VORBEUGUNG: Bewegen Sie die Spritzpistole rascher und führen Sie sie nicht zu dicht an der Oberfläche.

Blasen

MERKMAL: Kleine Blasen auf der Oberfläche.

URSACHE: Wasser oder Fettpartikel in der Luftleitung, die sich mit dem zerstäubten Lack vermischen.

ABHILFE: Schleifen Sie die Fläche ab und spritzen Sie sie neu.

Blasen

VORBEUGUNG: Reinigen Sie die Luftleitung und kontrollieren Sie den Wasserabscheider.

Runzel- oder Rißbildung

MERKMAL: Unerwünschte Risse oder Runzeln auf der Oberfläche.

URSACHE: Trägt man eine zweite Lackschicht auf, bevor die erste durchgetrocknet ist, trocknen die beiden Schichten unterschiedlich schnell.

ABHILFE: Schleifen Sie die Fläche ab und spritzen Sie sie neu. Sind die Risse zu tief, beizen Sie die Fläche ab und machen einen erneuten Lackauftrag.

VORBEUGUNG: Beachten Sie die Herstellerangaben hinsichtlich Trokkenzeit, Verdünnen und Aushärten. Prüfen Sie, ob der erste Lackauftrag trocken ist, bevor Sie den zweiten Überzug aufbringen.

Abblättern

MERKMAL: Der Lackfilm blättert im Laufe der Zeit ab.

URSACHE: Zu viel Öl in der Beize oder im Porenfüller.

ABHILFE: Beizen Sie die Fläche ab, bürsten Sie den Porenfüller aus und mischen Sie einen erneuten Lackauftrag.

VORBEUGUNG: Prüfen Sie, ob sich der Lack mit dem verwendeten Porenfüller, der Beize oder dem Kitt verarbeiten läßt.

Weiße Poren

MERKMAL: Weiße Flecken unter der Lackschicht.

URSACHE: Porenfüller war nicht richtig trocken. Porenfüller und Lack sind unverträglich.

ABHILFE: Beizen Sie die Fläche ab und spritzen Sie sie neu.

VORBEUGUNG: Überschüssiger Porenfüller muß sorgfältig entfernt werden. Der Porenfüller muß vor dem Lackieren vollkommen getrocknet sein.

Weiße Poren

GESUNDHEIT UND SICHERHEIT

Einige der für die Oberflächenbehandlung verwendeten Materialien sind gefährlich – manche sind sogar giftig, feuergefährlich oder ätzend. Gehen Sie also immer sehr vorsichtig mit diesen Mitteln um. Lagern Sie die Materialien an einem sicheren Platz und sorgen Sie für eine umweltgerechte Entsorgung der Abfälle. Gehen Sie achtsam mit feuergefährlichen Materialien um und beugen Sie einer eventuellen Brandgefahr vor. Tragen Sie bei der Arbeit Schutzkleidung.
Oberflächenmittel dürfen auf keinen Fall in Lebensmittelbehältern oder diesen ähnelnden Gefäßen aufbewahrt oder abgefüllt werden, da es so zu lebensgefährlichen Verwechslungen kommen kann.

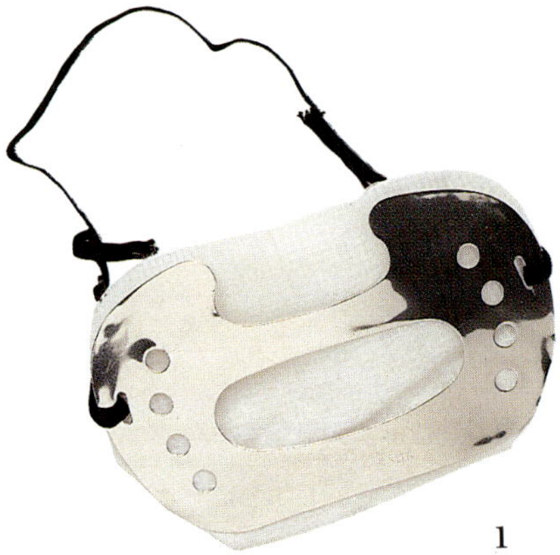

1

2

3

1 *Diese Maske hat einen Ganzfilter, den man nach Gebrauch auswechseln kann.*

2 *Diese Staubmaske eignet sich besonders zum Schleifen. Sie besitzt einen Nasenbügel, den man sich dicht über die Nase klemmt, so daß kein Staub eindringen kann.*

3 *Beim Lackieren und Schleifen verwendet man diese Gesichtsschutzmaske mit austauschbarem Filter, so daß weder Staub noch Dämpfe eingeatmet werden müssen.*

Schutzkleidung und Schutzausstattung

Die Hände kommen am häufigsten in Kontakt mit Chemikalien. Verwenden Sie ätzende Abbeizer, sollten Sie feste, lange Industriehandschuhe tragen. Bei der Arbeit mit anderen Materialien genügen normale PVC-Handschuhe. Zum Polieren können Sie dünne Gummihandschuhe verwenden.
Arbeiten Sie mit Chemikalien oder bei großer Staubentwicklung, sollten Sie eine Schutzbrille tragen, um Ihre Augen zu schützen. Sie können allerdings auch eine Gesichtsschutzmaske mit Schild tragen. Sie ist für Sie vielleicht praktischer als eine Schutzbrille. Es gibt einfache Masken oder Atemschutzmasken mit austauschbaren Filtern. Je nach Art der Arbeit, genügt aber meist eine einfache Maske. Eine Maske mit Atemschutzfilter ist nur bei Schleifarbeiten mit starker Staubentwicklung und natürlich beim Spritzen nötig.
Ein Arbeitsoverall schützt nicht nur Haut und Kleider, sondern verringert auch die Gefahr, daß Haare und Stoffasern auf die Oberfläche des bearbeiteten Werkstücks gelangen. Beim Spritzen sollten Sie einen Overall mit Kapuze verwenden. Er schützt Ihre Haare besser vor dem Lacknebel. Hantieren Sie mit Bleichmitteln, Abbeizern und anderen Chemikalien, tragen Sie besser eine PVC-Schürze. Eine Stoffschürze bietet keinen ausreichenden Schutz, da sich Chemikalien durch den Stoff ätzen können und auf die Haut gelangen.
Schleif- und andere Maschinen machen meist einen ohrenbetäubenden Lärm. Deshalb sollten Sie bei der Arbeit mit Maschinen einen Gehörschutz tragen. Es ist aber nicht immer einfach, den Gehörschutz zusammen mit Schutzbrille und -maske zu tragen. Ohrstöpsel sind oft ein bequemerer, aber nicht so effektiver Ersatz. Um eine Ohreninfektion zu vermeiden, müssen die

Ohrstöpsel regelmäßig gereinigt und in einem geschlossenen Gefäß aufbewahrt werden.

Aufbewahrung ätzender Materialien

Ätzende Materialien müssen in einem abgeschlossenen Schrank aufbewahrt werden, wenn sie nicht benutzt werden. Lassen Sie die Materialien immer in den Behältern, in denen sie geliefert wurden, und achten Sie darauf, daß das Etikett immer lesbar ist. Ätzende Materialien dürfen nur vorsichtig in ein säurefestes Gefäß aus Glas, Kunststoff oder Ton umgefüllt werden. Bleiben von diesen abgefüllten Materialien etwaige Reste, dürfen sie nicht in den ursprünglichen Behälter zurückgegossen werden. Tragen Sie Schutzhandschuhe, wenn Sie mit ätzenden Materialien umgehen. Beschriften Sie die Behälter sorgfältig und verwenden Sie zur Aufbewahrung ätzender oder giftiger Substanzen auf keinen Fall Lebensmittelbehälter oder solche, die diesen ähnlich sind. Bewahren Sie diese Materialien sicher vor dem Zugriff von Kindern auf!

Abfallentsorgung

Werkstattabfälle enthalten oft ätzende Substanzen. Eine umweltgerechte Entsorgung ist deshalb äußerst wichtig. Schütten Sie niemals Reste von Oberflächenmitteln in den Abfluß. Erkundigen Sie sich bei den örtlichen Behörden nach entsprechenden Entsorgungsmöglichkeiten für Problemabfälle.

Beschriftung

Entfernen Sie nie das Herstelleretikett vom Behälter. Das Etikett enthält wichtige Herstellerinformationen und -warnungen. Notieren Sie sich das Kaufdatum auf Lack- und anderen Gebinden, denn einige der Oberflächenmaterialien lassen sich nur sehr begrenzt lagern. Materialien, deren Lagerfrist abgelaufen ist, sollte man nicht mehr verwenden.

Staub und Dämpfe

Ebenso wie chemische Dämpfe, ist auch Staub gesundheitsschädlich, vor allem wenn Sie Allergiker sind oder an Heuschnupfen, Asthma oder anderen Erkrankungen der Atemwege leiden. Außerdem gilt als erwiesen, daß Holzstaub Nasenkrebs verursachen kann, obwohl hier nur Menschen gefährdet sind, die großen Holzstaubmengen ausgesetzt sind.
Oberflächenmittel, die als Lösungsmittel Kohlenwasserstoffe enthalten, können Schwindel verursachen. Das kann zu Unfällen führen. Deshalb sollte man beim Schleifen und Lackieren eine Atemschutzmaske tragen.
Bevor Sie einen Filter für Ihre Maske kaufen, sollten Sie die Herstellerempfehlungen auf der Verpakkung lesen, damit Ihnen die Maske einen ausreichenden Schutz vor feinem Staub und gefährlichen Dämpfen bietet. Manche Filter bieten nur einen Schutz gegen Grobstaub und eignen sich nicht für einen längeren Gebrauch.

Brandschutzmaßnahmen

Feuergefährliche Materialien müssen in einem feuerfesten Metallschrank oder in einem feuerfesten Behälter mit Deckel aufbewahrt werden. Behälter und Schränke müssen verschlossen sein und ein Warnschild tragen, das auf die feuergefährlichkeit des Inhalts hinweist.
Größere Mengen an Chemikalien und andere brennbare Materialien müssen in einem separaten Gebäude mit einer Schutzmauer gelagert werden. An der Außenseite des Gebäudes muß gut sichtbar ein Warnschild angebracht werden. Benötigen Sie nähere Informationen über Brandschutzbestimmungen, wenden Sie sich an die örtliche Feuerpolizei, die Ihnen gerne weiterhelfen wird.
Auf jeden Fall sollten Sie Brandschutzdecken, Feuerlöscher und mit Sand gefüllte Eimer (zum Aufsaugen verschütteter Materialien) in der Werkstatt bereit halten. Ein guter Feuerlöscher, der für die Bekämpfung der häufigsten Brandarten geeignet ist, ist sehr wichtig. Bringen Sie ein gut sichtbares Rauchverbotsschild an und installieren Sie einen oder mehrere Rauchmelder in der Werkstatt.
Halten Sie die Werkstatt so sauber wie möglich. Auch Staub ist eine Brandquelle. Bei einer Explosion in der Werkstatt wird der feine Staub aufgewirbelt und kann sich leicht entzünden. Diese durch Staubwolken ausgelösten Sekundärexplosionen können noch mehr Schaden anrichten und schlimmere Verbrennungen verursachen als die Erstexplosion.
Vermeiden Sie unbedingt offene Flammen in der Nähe feuergefährlicher Substanzen. Doch sogar scheinbar harmlose Substanzen können unter Umständen gefährlich werden. Beispielsweise trocknet Leinöl durch Oxidation. Dabei kann sich ein mit Leinöl getränkter Lappen erhitzen und sich selbst entzünden. Werfen Sie deshalb nie mit Leinöl getränkte Lappen in den Abfalleimer, sondern werfen Sie sie in einen mit Wasser gefüllten Eimer. Wollen Sie die Lappen weiterverwenden, so hängen Sie sie zum Trocknen ins Freie. Auch Zweikomponentenlacke sind feuergefährlich, da sie beim Aushärten Hitze entwikkeln. Man muß deshalb vorsichtig mit ihnen umgehen.

Glossar

Abbeizen Das Entfernen einer Überzugsschicht mit Hilfe von Lösungsmitteln, stark alkalischen Abbeizmitteln (Laugen) oder Abbeizpasten. Ein Heißluftfön ist ebenfalls zum Abbeizen geeignet, doch wird dabei das Holz oft leicht verbrannt.

Abpolieren Mit einem weichen Tuch oder einer weichen Stoffscheibe glänzend reiben.

Auspolieren Der Arbeitsgang beim Polieren, bei dem der Polierballen fast nur noch mit Spiritus getränkt wird, um einen Hochglanz zu erzeugen.

Bar Metrische Maßeinheit des Drucks.

Beize Eine Flüssigkeit, die den Farbton des Holzes verändert, ohne einen Film auf der Oberfläche zu bilden oder die Maserung zu verschleiern. Spirituslösliche Beizen bestehen aus in Spiritus gelösten Anilinfarben. Lösungsmittelbeizen sind öllösliche Farbstoffe, in Terpentin oder Testbenzin gelöst. Wasserbeizen bestehen aus in Wasser gelösten Farbstoffen.

Bimsmehl Feines Schleifpulver zum Mattreiben einer Fläche. Wird mit einer Mattierbürste aufgetragen.

Chemische Beizen In Wasser gelöste Chemikalien, die auf die Holzoberfläche aufgetragen, den Farbton des Holzes aufgrund einer chemischen Reaktion verändern.

Danish Oil Ein aus England stammendes Ölpräparat, das durch Oxidation aushärtet. Besonders geeignet für ölhaltige Holzarten.

Deckpolieren Beim Schellackpolieren jener Arbeitsgang, bei dem die eigentliche Politurschicht aufgebaut wird.

Eisenvitriol Eine chemische Beize, die eine grüne bis graue Färbung bewirkt.

Essigsäure Essigsäure wird zum Neutralisieren von Zweikomponenten-Bleichmitteln verwendet.

Fasen Abschrägen von scharfen Kanten mit Hobel oder Stecheisen.

Festkörpergehalt Der Gehalt an Festkörpern eines Lacks, die nach dem Verdunsten der Löse- und Verdünnungsmittel den Lackfilm bilden und, falls Pigmente beigefügt wurden, diese an die Oberfläche binden.

Gesättigte Lösung Lösung, in der kein weiterer Stoff mehr gelöst werden kann.

Grat Die scharfe Schneidkante an einer Ziehklinge, mit der feinste Späne von einer Holzoberfläche abgeschabt werden.

Härterlacke Siehe säurehärtende Lacke.

Harnstoffharzleim Kunstharzleim für den Möbelbau, der oft in Pulverform geliefert und dann mit Wasser angerührt wird.

Karnaubawachs Hartes Wachs mit hohem Schmelzpunkt, das zum Wachsen von Fußböden oder mit Bienenwachs gemischt zum Polieren von Drechselarbeiten verwendet wird.

Kernholz Die Stammitte, die nicht mehr aktiv weiterwächst, und meist dunkler und härter als das Splintholz ist.

Kitt Füllmasse, mit der Löcher und Dellen im Holz gefüllt werden. Unterschieden wird im allgemeinen zwischen Holzkitt, Wachskitt, Schellackkitt und Zweikomponentenkitt.

Klare Politur Blaßgelbliche Politur aus gebleichtem und entwachstem Schellack.

Knopfschellack Goldbraune Schellackpolitur, in Spiritus löslich, und in Knopfform im Handel.

Körnung Bezeichnung der Korngröße auf dem Schleifpapier. Hohe Nummern, wie etwa die Bezeichnung 360, weisen auf eine sehr feine Körnung hin, während die Körnung 80 ein grobes Schleifmittel kennzeichnet.

Kürschner Bezeichnung für Blasen in einer Furnierfläche.

Lasur Ein transparentes oder durchscheinendes, farbloses oder eingefärbtes Überzugsmittel, das über eine Untergrundfarbe gestrichen und für spezielle Effekte wie Maserieren oder Marmorieren verwendet wird. Hierzu zählen Lösungsmittelbeizen, Spiritusfarben, Anilinfarben und Farbstoffe, die entweder in Alkohol oder Spiritus gelöst werden, um eine transparente Tönung zu erreichen.

Markstrahlen Speicherzellen, die quer zur Faserrichtung liegen und sich vom umgebenden Holz hell abheben. Sie sind besonders deutlich auf Radialschnitten von Eiche sichtbar.

MDF-Platte Aus Holzfasern hergestellte und mit einem Harz als Bindemittel versetzte mitteldichte Holzfaserplatte, die der Spanplatte ähnlich, aber dichter ist.

Neutralisieren Bezeichnung für das chemisch neutral machen (weder säurehaltig noch alkalisch).

Nigrosinbeize Einfache schwarze Wasserbeize zum Schwarzbeizen.

Nitroverdünnung Lösungsmittel zum Verdünnen von Nitrozelluloselacken und zum Reinigen von Geräten. Es sollen immer nur Verdünnung und Lack des gleichen Herstellers verwendet werden.

Nitrozelluloselack Schnelltrocknender Lack, der hochglänzend oder matt, klar oder abgetönt erhältlich ist. Er läßt sich spritzen oder streichen.

Nußbaumkörnerbeize Wasserbeize aus Van-Dyck-Braun (Erdpigment), die dem Holz einen schönen Nußbaumton verleiht.

Ölen Bezeichnung für das Einlassen einer Holzoberfläche mit Öl, z. B. mit Leinöl oder Danish Oil.

Oxalsäurekristalle Weiße Kristalle, die in Wasser aufgelöst als mildes Bleichmittel verwendet werden und als gesättigte Lösung zur Rost- und Fleckentfernung dienen.

Pigmente Farbsubstanzen, die sich nicht auflösen, sondern in einem Bindemittel fein verteilt sind und deckende Farben ergeben. Sie werden unter Farben, Lasuren und Beizen gemischt.

Polierballen Ein Watteballen, der in ein weißes Baumwolltuch gewickelt ist und zum Polieren mit Schellack verwendet wird.

Polierwatte Langfaserige Zellulose- oder Mischwatte.

Polyesterlack Ein Zweikomponentenlack, der durch chemische Reaktion der beiden Komponenten aushärtet. Der Härter dient als Katalysator.

Polymerisation Die chemische Reaktion, bei der sich die Moleküle einer Substanz verbinden, oft auch mit anderen Bestandteilen quervernetzen, um ein Polymer zu bilden. Siehe auch säurehärtende Lacke.

Polyurethanöl Ein auf synthetischer Basis hergestelltes Öl.

Porenfüller Eine Mischung aus Füllmittel, Bindemittel, Lösungsmittel und Pigmenten, das mit Sackleinen auf die Holzfläche aufgetragen wird, um die Poren zu füllen.

Rundpinsel Runder, dicker Pinsel mit weichen Haaren zum Auftragen von Farbe und Beize. Er wird auch als Vergolderpinsel bezeichnet.

Säurehärtende Lacke (Härterlacke) Bezeichnung für Lacke, die meist aus einem Harnstoff- oder Melaminharz bestehen und nach der Zugabe eines Härters (Säure) chemisch aushärten. Sie lassen sich verstreichen, spritzen und rollen. Diese Lacke sind als Glanz- und Mattlack erhältlich, und können abgetönt werden.

Schellack Das Harzsekret der Lacklaus, das nur in Alkohol oder einer alkalischen Wasserlösung löslich ist. In Alkohol gelöst als Schellackpolitur bekannt.

Schellackgrundierung Eine Grundierung auf Schellackbasis, die ebenfalls ein Schleifhilfsmittel enthält, um die Poren des Holzes zu füllen.

Schellackpolitur In Spiritus gelöster Schellack, der als Granat-, Knopf-, blonde, weiße und klare Politur erhältlich ist.

Schleif- oder Schwabbelpaste Bezeichnung für eine feine Paste, die mit einem weichen Tuch über die Lackoberfläche gerieben wird, um Hochglanz zu erreichen.

Schnellschliffgrund Bezeichnung für eine Grundierung, die ein Schleifhilfsmittel enthält, und das nachfolgende Zwischenschleifen erleichtert.

Schraubzwingen Hilfswerkzeug beim Verleimen von Holzverbindungen und beim Anpressen von Furnierblasen (Kürschnern).

Sikkative Trockenmittel in Farben und Ölen.

Siliziumkarbidpapier Bezeichnung für ein sogenanntes selbstschmierendes Schleifpapier, auch Lackschleifpapier genannt. Enthält ein Pulver, das den Staub, der die Oberfläche zerkratzen kann, entfernt. Früher meist für den Naßschliff verwendet.

Splintholz Bezeichnung für das neue, junge Holz um den härteren Holzkern.

Terpentinersatz Ein Kohlenwasserstoff, der zum Verdünnen von Ölbeizen, Lasuren, Anlegeöl usw. verwendet wird.

Thixotropiermittel Ein gelartiges Zusatzmittel zu Lacken und Farben, das die Viskosität erhöht und den Lack vor allem bei senkrechten Flächen am Ablaufen hindert.

Tungöl Ein pflanzliches Öl, das auch einigen Farben und Lacken beigemischt ist.

Van-Dyck-Braun Eine Erdfarbe, aus der die sogenannte Nußbaumkörnerbeize hergestellt wird. Auch als Kasslerbraun bezeichnet.

Verdünnung Lösungsmittel zum Verdünnen von Oberflächenmitteln (vor allem Lacken).

Versiegelung Bezeichnung für den erster Lack- oder Politurauftrag, der die Holzoberfläche versiegelt, bevor weitere Überzüge folgen.

Wachsbeizen Eine Kombination aus Beize und Wachs, die in verschiedenen Farbtönen erhältlich ist.

Wachskittstangen Farbiger Wachskitt aus mit Pigmenten vermischtem Hartwachs zum Ausfüllen von kleinen Löchern und Dellen.

Wässern Das Befeuchten einer Holzfläche mit Wasser, so daß sich angedrückte Holzfasern aufrichten und nach dem Trocknen fein abgeschliffen werden können.

Wasserbeize Eine Beize aus in Wasser gelösten Farbstoffen.

Watteballen Ein konisch geformter Wattebausch zum Auftragen von Schellackpolitur in Ecken und Winkeln. Bildet auch den Kern eines Polierballens.

Weiße Politur Schellackpolitur aus gebleichtem Schellack für helle oder naturfarbene Oberflächen.

Ziehklingenstahl Bezeichnung für ein Werkzeug, mit dem an die Ziehklinge ein scharfer Grat angestrichen wird, indem man es in einem Winkel von 5 Grad über die Kanten der Ziehklinge zieht.

Zwischenschleifen Das Schleifen mit feinem Schleifpapier, um eine bereits behandelte Oberfläche vor einem Folgeauftrag glatt zu schleifen.

Register

A

B

C

D

E

F

G

H

I

J

K

L

M

N

O

P